卷烟生产过程

数字化和智能化技术研究及应用

唐 军 何邦华 易 斌 周 冰 王文才 编著

西南交通大学出版社

·成 都·

图书在版编目（CIP）数据

卷烟生产过程数字化和智能化技术研究及应用 / 唐军等编著. -- 成都：西南交通大学出版社，2025. 1.
ISBN 978-7-5774-0300-7

Ⅰ. TS452-39

中国国家版本馆 CIP 数据核字第 2025Y66T35 号

Juanyan Shengchan Guocheng Shuzihua he Zhinenghua Jishu Yanjiu ji Yingyong

卷烟生产过程数字化和智能化技术研究及应用

唐　军　何邦华　易　斌　周　冰　王文才　**编著**

策 划 编 辑	李芳芳　张少华
责 任 编 辑	姜锡伟
封 面 设 计	GT 工作室
出 版 发 行	西南交通大学出版社 （四川省成都市金牛区二环路北一段 111 号 西南交通大学创新大厦 21 楼）
营销部电话	028-87600564　028-87600533
邮 政 编 码	610031
网 　　址	https://www.xnjdcbs.com
印 　　刷	四川玖艺呈现印刷有限公司
成 品 尺 寸	210 mm×285 mm
印 　　张	17
字 　　数	478 千
版 　　次	2025 年 1 月第 1 版
印 　　次	2025 年 1 月第 1 次
书 　　号	ISBN 978-7-5774-0300-7
定 　　价	98.00 元

编委会

前　言

　　烟草行业是国民经济体系的重要组成部分之一。加快实现烟草行业高质量发展，是有力支撑国民经济的重要举措。当前，数字化转型和智能制造是推动新一轮科技革命和产业革命的重要引擎，是实现烟草行业高质量发展的必然选择。云计算、大数据、人工智能等现代信息技术的发展塑造了全新的经济形态并为烟草行业深度赋能，已越来越成为卷烟制造过程中的关键要素。目前，市面上关于数字化和智能化技术在交通、教育、医疗等领域应用方面的书籍较多，但是针对卷烟制造过程应用的专题书籍鲜见。随着数字化和智能化技术与卷烟制造的深度融合，亟须这样一本专题图书，为从事烟草行业数字化转型和智能制造研究的人员提供指导或参考依据。本书首先介绍了 5 种数字化和智能化技术，然后重点阐述了计算机仿真技术和大数据技术在卷烟加工过程中的应用，并简要分析了其面临的挑战和未来发展趋势。

　　本书内容分为 6 章。其中：第 1 章"绪论"介绍了计算机仿真、大数据、云计算、区块链和物联网共 5 种数字化和智能化技术，着重从定义、基本原理、技术特点、应用领域等方面进行了分析；第 2 章阐述了计算机仿真技术在加料、薄板干燥、气流干燥和加香工艺过程"白箱化"研究中的应用，主要包括烟叶烟丝几何模型及加工设备几何模型构建、烟叶烟丝运动状态及空间分布特征、料液雾化状态和空间分布、气固和液固耦合作用等；第 3 章阐述了计算机仿真技术在加料、薄板干燥、气流干燥和加香工艺过程工艺参数对加工质量的影响规律研究中的应用，主要包括加料工艺参数对烟叶运动空间分布和料液雾化效果及液固耦合作用的影响规律、薄板干燥工艺参数对烟丝离散程度和烟丝干燥效果的影响规律、气流干燥工艺参数对烟丝空间分布和烟丝干燥效果的影响规律、加香工艺参数对烟丝香料重叠空间和加香效果的影响规律；第 4 章阐述了计算机仿真技术在烟丝和梗签风选过程仿真和参数优化设计研究中的应用，主要包括烟丝和梗签几何模型及圆形和方形风选设备几何模型的构建、圆形和方形风选过程中流线分布及中轴线速度分布、不同条件下纯烟丝和纯梗签及烟丝梗签混合物分别在圆形和方形风选过程中的运动轨迹、圆形和方形风选设备参数和工艺参数优化设计及效果验证；第 5 章阐述了大数据技术在制丝过程复杂网络关系挖掘中的应用，主要包括基于全局寻优的制丝过程复杂网络方法建立、制丝过程 5 个关键工序内复杂网络模型构建、制丝过程关键工序间复杂网络模型构建、制丝过程复杂网络关系模型迁移学习能力评价；第 6 章分析了面临的挑战和未来发展趋势，围绕数字化转型和智能制造方向提出了 6 个方面的挑战，围绕烟草行业高质量发展提出了 5 个方面的发展方向。全书旨在为读者较为详细地介绍现代数字化技术和智能化技术在卷烟加工过程中的应用，提供一种新的思路和方法，给予读者一些启示。

本书由唐军、何邦华、易斌、周冰、王文才负责全书的统稿；同时，本书集合了该领域诸多技术专家共同进行编写。其中：第 1 章由唐军、杨蕾、李超主持编写；第 2 章由唐军、黄亚宇、周冰主持编写；第 3 章由何邦华、唐军、蔡波主持编写；第 4 章由易斌、阴艳超、林文强主持编写；第 5 章由周冰、王文才、林思地主持编写；第 6 章由刘春波、王文元、唐丽主持编写；其他编写人员为本书提供了相关资料，参与书稿的校对等。

本书在编写过程中得到了昆明理工大学袁锐波教授、刘玥老师和顾文娟老师的大力支持和帮助，得到了大连达硕信息技术有限公司曾仲大教授、文里梁高级工程师的大力支持和帮助，同时参阅了大量专家学者的研究成果；本书的出版得到了西南交通大学出版社的大力支持。在此，谨向所有为本书构思、编写、出版等提供过帮助的单位和个人表示诚挚的感谢。

由于本书涉及的内容庞杂浩繁，加之编者水平有限，书中瑕疵和纰漏在所难免，敬请读者予以指出并提出宝贵意见。

编　　者

2024 年 7 月

目 录

第 1 章

绪　论

随着信息技术的飞速发展，德国、美国先后提出"工业 4.0""工业互联网"等概念，云计算、大数据和物联网等数字技术日益成熟，全球经济开始向数字经济转型。数字化对社会经济的重大影响已成为重要共识，数字经济已经成为我国经济发展的重要驱动。本章围绕计算机仿真技术、大数据技术、云计算技术、区块链技术和物联网技术，从基本原理、技术特点和应用领域等方面进行了综述。

1.1　计算机仿真技术

1.1.1　简　介

计算机仿真技术（Computer Simulation Technology）是一种研究和分析计算机系统运行原理、探索计算机系统运行规律和动态运行过程的技术，是仿真技术的一个关键分支[1]。计算机仿真技术，其实质是对某现实存在的系统进行某一方面特征的抽象模拟。人类运用这样的系统模型进行相关试验研究，从而获取人类所需的信息，帮助人类对现实世界某一领域的问题作出解答。计算机仿真技术是一个相对抽象的理论概念。仿真模型无论再逼真，都只是对现实系统本身某些特征和属性的形象模仿。计算机仿真技术是有级别划分的，既要有针对性地处理和解决系统的内在问题，又必须针对问题发起人的层级需求进行设计，否则会导致采用计算机仿真技术模拟实现的仿真系统很难评测。因此，计算机仿真技术是利用计算机科学和技术，来构建被仿真系统模型，并在实验过程中结合某些前提条件对所构建模型进行动态研究的一门现代科学技术。此外，计算机仿真技术具有效率高、安全便捷、受外界因素影响小、时间控制灵活等优势，目前已成为系统分析、设计优化、运行管理、体系评价等领域工作中的重要工具。

1.1.2　基本原理

计算机仿真技术的基本原理如图 1.1 所示。

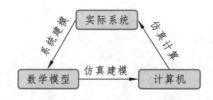

图 1.1　计算机仿真技术的基本原理

计算机仿真的实质是以实际系统为对象，以理论模型为基础，以计算机为工具，根据研究目标，建立仿真模型并进行计算，对研究对象进行认识与改造的过程。计算机仿真包含三个基本要素，即实际系统、数学模型和计算机[2]。实际系统是研究的对象，数学模型是实际系统的本质抽象和简化，计算机计算是仿真实验过程。

1. 模型的建立

计算机一般是不能够直接认知和处理实际系统的，这就需要建立一个能够反映实际系统又容易被计算机处理的数学模型。因此，把我们所研究的系统用数学的方式表示出来，进而建立数学模型。

2. 模型的转换

模型转换是将上一步建立的数学模型通过各种适合的算法及计算机语言转换成计算机能够处理的形式。这种形式就是通常所说的仿真模型。

3. 仿真实验

将得到的仿真模型输入计算机内，按照设置好的方案进行仿真计算，获得仿真的结果。

4. 校验与验证

校验和验证是仿真实验不可或缺的组成部分，也是仿真实验能否解决实际问题的关键。

1.1.3 工作步骤

计算机仿真技术的一般工作步骤如图 1.2 所示。

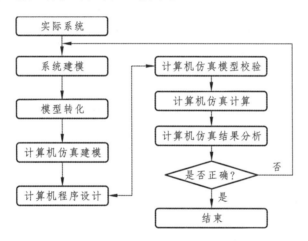

图 1.2 计算机仿真技术的一般工作步骤

计算机仿真是基于模型的活动，第一步是要针对实际系统进行系统建模与模型转化。一方面，根据研究和分析的目的，确定实际系统的边界及约束条件；另一方面，为了使模型具有可信性，需具备系统的先验知识及必要的实验数据；另外，还需对模型进行必要的形式化处理，以得到计算机仿真所要求的数学描述。

第二步是计算机仿真建模，其主要任务是根据系统的特点和仿真的要求选择合适的算法。当采用该算法建立仿真模型时，其计算的稳定性、计算精度、计算速度应能满足仿真的需要。

第三步是计算机程序设计，主要是将仿真模型用计算机能执行的程序来描述。程序设计中还应包括仿真实验的要求，例如设置仿真运行参数、控制参数、输出要求等等。

第四步是仿真模型校验，主要通过程序调试来检验所选仿真算法的合理性。

第五步是计算机仿真计算，即仿真实验活动，亦即根据仿真的目的对模型进行多方面实验，并得到模型的输出。

第六步是对计算机仿真输出的结果进行分析。输出结果分析直接决定着仿真实验的有效性。输出结果分析既是对模型数据的处理以便对系统性能作出评价，同时也是对模型可信性的检验，如果计算机仿真结果输出不符合实际情况，则需要返回到系统建模处重新进行仿真建模与仿真计算。

1.1.4　技术特点

计算机仿真技术具有其他学科难以代替的求解高度复杂问题的能力，目前已成为人类科学中的一项重要技术手段。它具有如下的技术特点：

（1）模型参数可根据要求任意调整、修改和补充。人们可以得到各种可能的仿真效果，为进一步完善研究方案提供了可能。与传统的纯物理实验相比，计算机仿真技术具有运行费用低、无风险、方便灵活等优点。

（2）系统模型求解速度快。运用计算机仿真，能够在较短时间内得到仿真结果，为生产实践提供最及时的指导。

（3）仿真计算结果可靠和准确。只要系统模型、仿真模型、仿真程序科学合理，仿真结果一般是准确无误的。

（4）仿真实验受环境条件的约束少、可改变时间空间比例尺寸，可以广泛应用于分析、设计、运行、评价、培训系统，尤其是复杂系统中。

1.1.5　应用领域

目前，计算机仿真技术在军事、交通、教育、医疗、制造等领域都得到了广泛应用[3-7]。

1. 军事领域

军事领域是国内最先应用计算机仿真技术的重要战略领域。运用计算机仿真技术，能够掌握武器装备的研制、设计、改良、装备生产、使用方式和日常维护的详细过程。在先进装备武器的研发过程中，利用计算机仿真技术对武器装备进行测试和调试，可减少时间浪费，加快研制进程。在武器装备生产阶段，可运用计算机仿真技术近似构建系统模型来测试新型装备武器的整体结构组成构件、制造过程工位序列以及出厂性能质量，进而保证新型装备武器的质量和性能符合标准。在新型装备武器的设计改良阶段，运用计算机仿真技术，对处于设计改良初期阶段的新型装备武器进行仿真实验，可使得设计改良过程中可能存在的风险大大降低。在武器装备日常维护阶段，同样可运用计算机仿真技术构建创造出该系统模型，对新型装备武器的各项特征性能，采取客观、合理的评价。

2. 交通领域

交通是一个复杂的人机系统。交通安全，需要考虑的因素也较多，如行人、机动车、非机动车、交通信号灯等。只有充分考虑，交通系统的安全性才能得到保障。在交通领域运用计算机仿真技术，可以使整个交通系统变得可视化，便于让专业的工作人员发掘交通事故的诱因，例如可以利用实时联网技术，将道路具体情况以及实时天气等因素输入计算机，仿真出比较贴合实际的交通运行情况，这样一来就可以有效减少交通事故，为人们的出行提供极大的便利。运用计算机仿真技术，还可以对交通安全进行系统评价。首先建立虚拟环境，然后在这个虚拟环境中加入各种可以诱发事故的因素，最后对某路段和某区域的交通安全水平施行全程的有效跟踪与评价。

3. 教育领域

在教育领域，计算机仿真技术可以为学生提供丰富多彩的图片、视频和音频等资料；在教学模式上，教师可以进行自主设计，从而形成针对性强、效果良好的教学方式。和多媒体技术相比，计算机仿真技术的应用充分迎合了教师和学生的爱好，例如教师在进行实验教学时，可以充分考虑到每个学生的心理活动过程和动手能力、学生在实验过程中存在的一系列潜在安全因素、仪器的数量和状态、实验室的实时环境情况、实验的具体步骤、教师的指导过程等多个环节，并把这些环节的每一个细节都以计算机语言的形式输入计算机，从而得到一个真实的三维模拟动画。从动画中，教师和学生能够清楚地看到每一个人的实验过程以及在实验过程中可能发生的任何问题，以此来指导教师在实际实验教学中的操作，同时也指导学生学会正确地运用实验仪器及掌握实验的具体步骤。因此，计算机仿真技术在教学领域的应用能改变传统教与学、理论与实践的关系，发挥研究人员的主动性。同时，计算机仿真技术可以加深对相关理论的理解，提高实验水平，提升教学效率。

4. 医疗领域

医疗技术一直以来备受人们关注，一项医疗技术的创造往往能引起世界性的轰动。计算机仿真技术在医疗中能发挥重要作用。例如，在我们常见的外科手术中，经常会遇到难以解决的问题，但是做手术的机会往往只有一次，不能把人体当作实验的标本，这时就可以利用计算机仿真技术结合病人的实际进行仿真实验，通过实验找出最适合该病人的手术方式，为病人提供最优质的医疗服务。因此，计算机仿真技术在医疗领域有着非同寻常的优势。

5. 制造领域

计算机仿真技术在制造行业中的应用可以减少损失、节约经费、缩短产品开发周期、提高产品质量。在制造行业中，计算机仿真技术涵盖了产品的设计、制造、测试运行的全过程，已经成为制造业不可或缺的重要技术手段。例如，计算机仿真技术中的虚拟现实技术可以使用户通过计算机屏幕进入一个三维世界，它可以为产品提供一个可视化的三维环境，对物体进行交互操作，从而对质量和数量进行综合决策。这种可视化的解决策略可以对快速化及批量化生产的发展起到推动作用。虚拟现实技术可以实现人机互动，对产品的性能和运行状况进行测试与监控。这种技术结合了计算机图文学、高仿真技术、计算机传感技术等多种技术手段，可支持产品的各个阶段，可以检验产品的各个部件是否合格、各个性能是否稳定，也可以检验产品功能的实用性。

1.1.6 发展方向

目前，计算机仿真技术正向以"数字化、高效化、网络化、智能化、服务化、普适化"为特征的现代化方向发展，主要包括虚拟现实、网络化仿真、智能化仿真、高性能仿真、数据驱动仿真 5 个方面。

1. 虚拟现实

虚拟现实又称沉浸式多媒体或计算机仿真现实，是以计算机技术为核心，生成与一定范围真实环境在视、听、触感等方面近似的数字化环境，用户借助必要的装备与其进行交互，可获得亲临对应真实环境的感受和体验。虚拟现实系统实际上是一种可创建和体验虚拟世界的计算机系统。此种虚拟世界由计算机生成，可以是现实世界的再现，也可以是构想中的世界，用户可借助视觉、听觉及触觉等多种传感通道与虚拟世界进行自然的交互。虚拟现实技术与人工智能技术的融合是未来发展方向。

2. 网络化仿真

网络化仿真也是分布式仿真,是指以现代网络技术为支撑实现系统建模、仿真运行实验、评估等活动的一类技术。网络化仿真依托网络进行,包含三个层次的含义:一是模型通过网络互联进行仿真运行,这是传统的网络化仿真,以分布式交互仿真(DIS)、聚合级仿真协议(ALSP)及高层体系结构(HLA)为代表;二是通过网络协作完成一次仿真实验,以基于全球广域网(WEB)的仿真为代表;三是基于网络形成的领域仿真环境,实现复杂系统建模、仿真运行及结果分析等整体高效的仿真目标,以云仿真、边缘仿真为代表。

3. 智能化仿真

智能化仿真是仿真学科与人工智能相结合的产物,既包括利用人工智能技术辅助仿真建模、交互与分析,又包括对智能系统(包含人的系统以及复杂自适应系统)、人工智能系统(类脑智能机器人)、智能大脑(人脑和生物脑)的建模。但是,无论是对脑智能、智能系统、新型人工智能系统进行建模,还是将人工智能技术应用于仿真过程中,都离不开人工智能与仿真的结合。多智能体仿真与强化学习结合的多智能强化学习技术是未来发展方向。

4. 高性能仿真

高性能仿真是指采用高性能计算平台进行仿真运行实验的仿真。高性能仿真能有效利用高性能计算机高效的多层次、多节点计算、通信、存储等资源,采用多级多粒度并行计算运行仿真应用,从而达到减少仿真运行时间、提高仿真效率的目的。随着云计算、人工智能、大数据、物联网、移动通信等技术的快速发展,高性能仿真正与它们深度融合,为复杂系统研究、辅助决策支持等提供有效的支撑。

5. 数据驱动仿真

动态数据驱动的仿真是基于数据驱动,而非准确模型进行仿真,包括动态数据驱动仿真、数字孪生、平行仿真、数字双胞胎、嵌入式仿真、共生仿真等。数据驱动仿真是一种全新的仿真应用和测量模式,旨在将仿真和实验/试验有机结合,使仿真可以在执行过程中动态地从实际系统接收数据并作出响应;反之,仿真结果也可以动态地控制实际系统的运行,指导测量的进行。仿真和测量之间构成了一个相互协作的共生的动态反馈控制系统。

1.2 大数据技术

1.2.1 简 介

大数据是指无法在一定时间内用常规软件工具对其内容进行抓取、管理和处理的数据集合。大数据技术(Big Data Technology)是指从各种各样类型的数据中,快速获得有价值信息的能力。传统的数据处理技术和工具往往无法胜任海量数据的存储和处理,而大数据技术则能够有效地处理这些规模巨大的数据集。大数据的产生速度非常快,需要在数据产生的同时进行实时处理和分析。大数据的数据种类和形式非常多样化,包括结构化数据(如数据库中的表格数据)、半结构化数据(如日志文件、XML 文件等)和非结构化数据(如文本、图像和视频等)。随着互联网的快速发展和技术的日新月异,大数据已成为当今社会不可或缺的一部分,具有广泛的应用场景和丰富的信息价值。

1.2.2 基本原理

大数据技术的基本原理包括数据收集与存储、数据预处理、数据分析与挖掘和数据可视化输出 4 个方面,具体如图 1.3 所示。

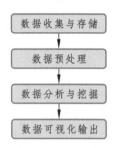

图 1.3 大数据技术的基本原理

(1)数据收集与存储,主要涉及收集海量的数据并将其存储到合适的存储介质中。数据的来源可以包括传感器、数据库、互联网等,其种类可以是结构化数据、半结构化数据和非结构化数据。在存储方面,可以选择分布式存储系统,例如 Hadoop 分布式文件系统或 Amazon S3 等。这些系统具有分布式存储和容错性强的特点,能够存储海量的数据,并且保证数据的可靠性和可用性。

(2)数据预处理,主要用于清洗和转换原始数据,以便后续的分析处理。数据在采集和存储过程中可能会出现噪声、缺失值、重复值等问题,这些问题需要在预处理阶段进行处理,以确保数据的准确性和完整性。常见的数据预处理方法包括数据清洗、数据集成、数据变换和数据规约等。

(3)数据分析与挖掘,也是大数据技术的核心环节,主要用于发现数据中的潜在模式、规模和关联关系。目前,数据分析方法主要包括统计分析、机器学习、数据挖掘等。

(4)数据可视化输出,即将分析结果进行可视化和呈现。通过数据可视化技术,可以将分析结果以图表、图像、报告等形式展示出来,使得数据分析结果更易于理解和应用。

1.2.3 基本特征

一般来说,大数据技术具有 4V 特征,即 Volume(容量大)、Variety(种类多)、Velocity(速度快)和最重要的 Value(价值密度低)[8]。

1. Volume 特征

Volume 特征是指大数据拥有巨大的数据量和数据完整性。过去,由于存储方式、科技手段和分析成本等的限制,当时许多数据都无法得到记录和保存。即使是可以保存的信号,大多也采用模拟信号保存,在将其转变为数字信号时,由于信号的采样和转换,都不可避免地存在数据的遗漏与丢失。现在,大数据的出现,使得信号能以原始状态保存,数据量的大小已不是最重要的,数据的完整性才是最重要的。

2. Variety 特征

Variety 特征是要在海量、种类繁多的数据间发现其内在关联。现在的数据类型不仅是文本形式，更多的是图片、视频、音频、地理位置信息等多类型的数据，个性化数据占绝对多数。因此，数据量的爆炸式增长和信息多样性的现状，就必然要在各种各样的数据中发现数据信息之间的相互关联，把看似无用的信息转变为有效的信息，从而作出正确的判断。

3. Velocity 特征

Velocity 特征是要更快地满足实时性需求。目前，对于数据智能化和实时性的要求越来越高，数据处理遵循"1 秒定律"，可从各种类型的数据中快速获得高价值的信息，例如开车时会利用智能导航系统查询最短路线，吃饭时会了解其他用户对这家饭店的评价等。这些都不可避免地带来数据交换，而数据交换的关键是降低延迟，以近乎实时的方式呈现。

4. Value 特征

Value 特征是指大数据的价值密度低。大数据时代数据的价值就像沙子淘金，数据量越大，里面真正有价值的东西就越少。现在的任务就是对这些拍字节（PB）、泽字节（ZB）级的数据，利用云计算、智能化开源实现平台等技术，提取出有价值的信息，并将信息转化为知识，发现规律，最后用知识和规律促成正确的决策和行动。

1.2.4 技术特点

随着数字化时代的到来，大数据技术的应用已经越来越普及。一般来说，大数据技术拥有如下技术特点：

1. 基于数据驱动掌握客观规律，实施科学决策

大数据收集了全局的数据和准确的数据。通过大数据技术，掌握事物发展过程的真相，分析出事物发展的客观规律，进而帮助人们进行科学决策。

2. 改变过去的经验思维，建立数据思维

大数据包含多种维度的数据、行为的数据、情绪的数据、实时数据。通过大数据分析技术，帮助企业了解大众需求，抛弃过去的经验思维和惯性思维，建立数据思维，真正识别客户需求，改进产品或服务，预测市场趋势等。

3. 提升生产质量和效率，提升产品质量和竞争力

通过大数据分析技术，一方面可以对生产过程关键质量指标进行分析和预测，提升生产过程质量和产品质量的稳定性；另一方面可以对生产流程如供应链、物流、仓储等环节进行优化，提高生产效率和降低生产成本，进而达到提升产品质量和企业核心竞争力的目的。

4. 改善客户体验，提升顾客满意度

利用大数据分析技术，可以为企业提供个性化的产品和服务，从而更好地满足顾客的需要。同时，大数据也能让企业更好地理解顾客的意见，以便对产品和服务及时进行改善，从而提升顾客的满意度。

1.2.5 关键技术

大数据技术主要包括可视化分析、数据挖掘、预测分析、语义分析和数据管理五个方面的关

键技术。

1. 可视化分析技术

可视化分析是展示分析过程以及分析结果的有效技术，旨在借助图形化手段，清晰、有效地传达与沟通信息，用户得以通过人机交互界面直观地了解和掌握数据中隐含的规律，明确所需的分析结果。

2. 数据挖掘技术

数据挖掘是指借助数学模型、机器学习算法、专家系统、模式识别等诸多工具和算法，从大量数据中搜索出隐藏于其中的信息，实现数据有效提取的过程。

3. 预测分析

通过数据挖掘技术获取数据所隐含的规律，根据可视化分析以及数据挖掘结果可以进一步作出预测分析，对生产过程中可能出现的故障风险提前进行预防，或者对企业生产业绩进行合理预测。

4. 语义分析

大数据中存在着大量的结构化数据以及非结构化数据，这些多样性的数据给分析带来了新的挑战，需要一系列的工具去解析、提取、分析。为了从文本、图片、音频、视频、地理位置信息中解析出所需的数据，语义分析技术被提出，用以从这些多样性的数据中提取相应信息。

5. 数据管理

随着互联网技术的发展，数据量呈现出爆炸式的增长，传统的数据库技术不能满足海量数据的管理需求，并行数据库、分布式文件管理系统等技术以及 Hadoop 等大数据工具被提出，以适应大数据时代的数据管理需求。

1.2.6　应用领域

目前，大数据技术在制造、金融、教育、交通等领域均得到了广泛应用[9-15]。

1. 制造领域

大数据技术在产品设计与开发、生产计划与调度、质量控制与改进、运营管理与优化等各制造环节中的应用，能挖掘出潜在的模式、规律和知识，为生产制造决策提供科学依据，提高生产效率和质量水平。

在产品设计与开发环节上，大数据技术可以提供全新的视角和能力，帮助企业更好理解市场需求、优化产品设计、加速产品开发和提高产品质量。例如，在产品开发过程中，大数据技术可以帮助企业实现快速原型制作和验证。通过收集和分析产品设计和制造过程中产生的大量数据，可以对产品设计进行快速迭代和优化。同时，可以基于大数据分析结果，快速制作产品原型，并通过实时监测和反馈数据，验证产品的设计和性能，加速产品开发过程。

在生产计划与调度环节上，大数据技术可以在预测与优化需求、实时监控生产过程、调配资源与提升利用率、风险管理与应急响应等各方面进行应用。例如，在预测与优化需求方面，利用大数据技术，可分析历史销售数据、市场趋势数据和市场反馈数据，预测市场需求，并据此来制订生产计划，同时还可以通过大数据分析揭示隐藏在大量数据中的模式和规律，预测出需求变化，优化生产计划。在实时监控生产过程方面，利用大数据技术，可以实时监控生产过程中的各项指标和关键数据，如设备运行状态、生产效率和质量指标等。通过分析实时数据，可以快速发现生产过程中的异常情况，并及时调整生产计划和资源分配，提高生产效率和响应能力。

在质量控制和改进环节上，大数据技术可以在预测故障及诊断、优化生产过程、供应链质量管理、统计质量控制等方面进行应用，更好地监控和改进产品质量。例如，在预测故障和诊断方面，通过大数据分析传感器数据、设备数据和生产过程数据，可以实时监测设备状态和性能，发现潜在故障和质量问题。大数据分析可以识别设备异常行为的模式和规律，预测故障并进行及时诊断。在优化生产过程方面，大数据分析可以深入了解生产过程中的各项参数和关键指标，发现生产过程中的瓶颈和潜在问题。通过大数据分析，可以优化生产过程中的参数设置，提高生产效率和产品质量。

在运营管理与优化环节上，利用大数据技术，通过分析生产数据、供应链数据和人力资源数据等，可以识别生产过程中的低效环节和资源浪费，并采取相应的优化措施，提高资源利用率和产能利用率，提升运营效率。

2. 金融领域

金融业在经济生活中扮演了重要角色，而数据作为金融业的重要资产，发挥其应有的价值在于对其进行有效的应用。大数据技术在构建学习模型、解决测算分析、根据趋势预测未来等方面能让金融服务更加高效，可以有效地让金融产品的颗粒度精准定位到每个人，通过历史预测未来的财务状况和征信情况，更好地调整授信额度。例如，彭博数据终端被全球央行、投资银行和基金公司广泛使用，能够监测到客户所热衷查询的信息页面。

3. 教育领域

传统的教育方式对于学生的学习效率、整体水平、未来发展的采集与分析十分困难，且模式单一，而大数据技术能够为高校或机构教育教学管理提供稳定的数据库作为支撑，充分发挥广泛收集和分析海量数据的优势，帮助其更好地进行教育规划，为不同的学生定制不同的培养方案，真正做到因材施教，从而提升学习效率，促进学生全面发展，保证教学工作的顺利开展。同时，也可以跨平台、地区广泛搜集教育资源，通过在线教育平台提供不同需求的教育服务，通过互动的方式采集用户的各项数据，从而更好地为用户提供配套的适应性服务。教师是教育的关键所在，大数据技术能促进教师教学资源的自治化管理和资源共享，进而提高教师的工作效率，提升教师的教学质量。

4. 交通领域

在时代的推动下，智能交通成为国内交通运输业的未来发展方向，大数据技术在交通领域起到了重要作用，能够进一步突破发展瓶颈。大量的交通数据出现和滞留成为主要问题，而大数据能有效处理这些冗杂的数据。依赖摄像机等设备进行数据信息的采集，对于比较重要的参数如路段的实时车流量、平均车道占用率等，计算分析这些信息能够对交通运行情况进行全面监测。智能交通信息控制中心离不开大数据的帮助，它能充分整合信息并共享，及时协调道路拥塞、紧急事故让行等情况对交通进行引导。铁路和航空方面更需要及时对乘次、到发、运输径路给出精确数据，采用大数据技术后系统可以通过互联网向交通管理部门和社会公众提供服务，从而使交通系统从相对封闭变为开放。

1.3 云计算技术

1.3.1 简 介

云计算技术（Cloud Computing Technology）是一种通过网络连接远程服务来存储、管理和处理数据的计算模式[15]。云计算将计算和存储资源功能集中在云端，提供按需使用的弹性计算能力和大规模的数据存储能力。通过云计算，用户可以根据实际需求获取所需的计算资源，无须购买和维护昂贵的硬件设备，从而降低了成本并提高了效率。

1.3.2 层 次

云计算技术可以划分为基础设施层、平台层和软件服务层三个层次，对应英文简称分别为IaaS、PaaS 和 SaaS，各层相互配合，提供不同的服务模式，用户根据需求可以选择任何一个层次的服务。

1. 基础设施层（Infrastructure as a Service，IaaS）

基础设施层是云计算技术中最基本的一层，指为用户提供服务的基础设施。传统意义上的这些基础软硬件需要各企业或单位自行建设，而云计算则由服务提供商提供。这些基础设施包含设备的虚拟化、存储、网络设备。用户可以根据自身的需要，租用提供商提供的基础能力，在此基础上配置自己的操作系统、数据库、应用软件等。对于 IaaS，用户一般是企业或单位的系统管理员，他们需要在此基础上进行操作系统、业务软件的部署和管理。

2. 平台层（Platform as a Service，PaaS）

平台层是在 IaaS 基础上提供的服务，为用户提供了开发、测试和部署应用程序的平台。供应商在 IaaS 基础上提供操作系统、中间件、数据软件等平台基础软件，通过容器化，在软件层上划分出虚拟块对外提供能力。用户只需要根据自己的需要，在上面部署业务应用软件，选定合适的操作系统、数据库类型即可使用。

3. 软件服务层（Software as a Service，SaaS）

软件服务层在 PaaS 基础上提供行业软件或特定的计算服务，用户无须购买和维护自己的软件和设备，只需要通过租用应用软件或特定的计算服务。供应商分配用户 ID，用户按需为应用软件或特定服务付费；企业或单位根据实际需求，节约对本单位软硬件能力的要求。

1.3.3 技术特点

一般来说，云计算技术主要包括灵活性、可扩展性和高效性三个技术特点。

1. 灵活性

云计算技术可以根据用户的需求，按需提供计算资源和服务。用户可以根据自己的需求，随时调整计算资源和服务的使用量，无须购买和维护自己的计算设备。

2. 可扩展性

云计算技术可以根据用户的需求，快速扩展计算资源和服务。用户可以根据自己的需求，随时增加或减少计算资源和服务的使用量，无须购买和维护自己的计算设备。

3. 高效性

云计算技术可以提供高效的计算资源和服务，满足不同规模和需求的用户。用户可以通过云计算技术，快速搭建自己的计算环境，提高工作效率和质量。

1.3.4 技术优势

1. 成本优势

通过云计算技术，企业可以节省硬件和软件购买、维护及升级的费用。同时，云计算服务提供商通常按照使用量收费，这使得企业可以灵活调整资源需求，控制成本。

2. 安全优势

云计算服务提供商通常具有专业的安全团队和强大的安全措施，可以保障用户数据的安全性。同时，数据备份和容灾在云端也更加容易实现，降低了数据丢失的风险。

3. 性能优势

云计算可以提供强大的计算和存储能力，具备高度可扩展性，能够满足企业不断增长的业务需求。此外，云计算还可以实现跨地域的数据存储和处理，提高业务响应速度和连续性。

1.3.5 应用领域

云计算技术的迅猛发展已成为现代计算的重要趋势，目前已广泛应用于工业、电力、教育和医疗等各个领域[16-22]。

1.3.5.1 工业领域

云计算技术在工业数字化转型中扮演着重要角色，主要包括以下 4 个方面的应用。

1. 数据管理和存储

运用云计算技术，工业企业能够安全可靠地存储和管理大量数据，并获得可靠、高容量的数据存储服务。

2. 数据分析和挖掘

云计算技术利用先进的计算能力和机器学习算法对工业数据进行深度分析和挖掘，从中获得有价值的信息和见解。通过云平台提供数据分析服务，工业企业可以实现智能生产优化和预测性维护，提高生产效率和产品品质。

3. 远程监测和控制

云计算技术允许工业设备通过互联网连接到云平台，进行远程监测和控制。云平台可以对工业设备的工作状态和性能进行实时监控，并进行远程操作和调整。通过此方法，用户能够实现远程设备管理和故障排除，从而提升生产的灵活性和可靠性。

4. 协作与共享

云计算技术还可以实现工业企业之间的协同合作和资源共享，并在联合项目上协作。通过这种方式，各行业可以更好地利用各自的专业知识和资源，从而提高创新能力和竞争力。

1.3.5.2　电力领域

云计算技术在电力领域的应用主要包括电力调度、智能电网、数据分析等方面。

1. 在电网调度中的应用

云计算在调度中的应用，涉及的核心技术主要有虚拟化技术和分布式技术。虚拟化技术包含三个部分：一是存储虚拟化，针对调度中所包含的异构数据展开虚拟管理，可根据需要调取数据，也能使管理更加方便；二是主机虚拟化，需要就可以应用；三是桌面虚拟化，现阶段调度对相关方面需求还不是很强。分布式计算是云计算的主要部分，包含并行计算技术与分布式数据库。并行计算技术应用可对各层级电网数据进行采集，针对的是关键数据，可实现统一采集与管理，也能进行动态与实时监控，以及需要并行计算。基于云计算的电力系统调度体系架构需要从不同层面展开，涉及模型云、数据云、搜索云、计算云、计划云、桌面云、调度云。过程中利用"云"整合与管理，由此形成到调度资源库，利用该技术电力调度质量会提高。

2. 在智能电网中的应用

在智能电网建设中，智能变电站逐渐形成，云计算在其中的应用，能够实现对各种电力数据的监测与采集，同时可自动传输与储存，最终通过云计算高效处理，进而对数据信息进行利用。在电力数据采集与利用一体化的情况下，系统运行会更好。电力系统时域仿真计算是一项重要工作，随着电网规模的扩大，计算量增加比较多，而且仿真需要的时间也增加。云计算应用可快速完成计量与仿真模拟，有助于智能电网可靠与稳定运行。

3. 在电网数据分析中的应用

电力大数据分析处理极为重要，从采集到最后分析计算涉及中间环节，一旦出现遗漏，或者是数据信息不准确的情况，最终分析就会存在问题，不利于数据信息利用与价值发挥，也会对电力系统运行产生不良影响。通常在大数据采集以后，先要将其置于缓冲池中，并要构建档案数据库，一些情况下要对信息进行更新，然后将更新的信息进行云储存，以确保数据的完整与真实。必须要根据业务逻辑展开，在完成以后要将结果传入云存储系统，自动与智能筛选，找到与客户需求一致的信息，利用其服务客户。基于此档案数据计算完成以后，一定要将其同步到数据库。云计算在大数据分析中的应用，还可采用分层次处理技术、SQL（结构查询语言）语句、数据处理检测技术，它们具有处理速率高、存储空间大、兼容性强的优势。

1.3.5.3　教育领域

相比传统教学模式，云计算技术在电子技术教学中应用具有显著优势。

1. 灵活性和便捷性

学生可以通过云平台随时随地访问教学资源和课程内容，无须受时间和地点的限制，可以根据自己的进度学习，方便自主安排学习时间。

2. 资源共享和更新

云计算平台可以集中存储和管理大量的教学资源，包括课件、实验指导、仿真软件等。教师可以及时更新和分享资源，保证学生获得最新的知识和技术。

3. 个性化学习支持

基于云计算技术，教学系统可以根据学生的学习进度和兴趣，推荐个性化的学习路径和资源。这样可以更好地满足学生的需求，提供更有针对性和有效的学习体验。

4. 数据分析和个性化反馈

云计算技术可以收集学生的学习数据，并通过数据分析工具对学生的学习情况进行评估。教师可以根据数据提供个性化的反馈和辅导，帮助学生改进学习策略和提升学习成效。

5. 远程教学和跨地域合作

云计算技术支持远程教学模式，学生无须在同一地点便可参与课堂活动和实验操作。这为跨地域的教学和学习提供了可能，打破了时间和空间的限制。

1.3.5.4　医疗领域

云计算技术在医疗领域的应用非常广泛，主要涵盖了医疗服务、医学研究和医疗管理等方面。

1. 医疗数据存储和管理

云计算提供了大规模的数据存储和高效的处理能力，医疗机构可以将患者的健康记录、影像数据、实验室检测结果等数据存储在云端，方便快捷访问和管理。

2. 远程医疗和远程诊断

通过云计算，医生可以在云平台上与患者进行远程会诊和诊断。同时，影像数据可以上传至云端，由专家进行远程诊断，提高医疗资源的利用率。

3. 医学影像处理和分析

云计算能够提供强大的图像处理和分析能力，帮助医生更准确地解释医学影像、作出诊断和手术规划。

4. 基因组学研究

基因组学数据量巨大，云计算提供了高性能计算和存储资源，支持基因组学数据的存储、处理和分析，为精准医学研究提供支持。

 # 1.4　区块链技术

1.4.1　简　介

区块链（Blockchain）起源于比特币（Bitcoin），最初由中本聪（Satoshi Nakamoto）在 2008

年提出，是一种块链式存储、不可篡改、安全可信的去中心化分布式账本。区块链技术（Blockchain Technology）也叫分布式账本技术，是一种互联网数据库技术。它将数据以区块的形式链接在一起，形成一个不可篡改的链式结构。每个区块都包含了前一个区块的哈希值，这种链接关系使得区块链具有高度的安全性和可信度。

1.4.2 基本要素

区块链包括三个基本要素，即交易（一次操作，导致账本状态的一次改变）、区块（记录一段时间内发生的交易和状态结果，是对当前账本状态的一次共识）和链（由一个个区块按照发生顺序串联而成，是整个状态变化的日志记录）。区块链中每个区块保存规定时间段内的数据记录（即交易），并通过密码学的方式构建一条安全可信的链条，形成一个不可篡改、全员共有的分布式账本。通俗地说，区块链是一个收录所有历史交易的账本，不同节点各持一份，节点间通过共识算法确保所有人的账本最终趋于一致。区块链中的每一个区块就是账本的每一页，记录了一个批次下的交易条目。这样一来，所有交易的细节都被记录在一个任何节点都可以看得到的公开账本上，如果想要修改一个已经记录的交易，需要所有持有账本的节点同时修改。同时，由于区块链账本里面的每一页都记录了上一页的一个摘要信息，如果修改了某一页的账本（也就是篡改了某一个区块），其摘要就会跟下一页上记录的摘要不匹配，这时候就要连带修改下一页的内容，这就进一步导致了下一页的摘要与下下页的记录不匹配。如此循环，一个交易的篡改会导致后续所有区块摘要的修改，考虑到还要让所有人承认这些改变，这将是一个工作量巨大到近乎不可能完成的工作。正是从这个角度看，区块链具有不可篡改的特性。

1.4.3 发展历程

区块链的发展历程可以划分为三个阶段，即区块链 1.0、区块链 2.0 和区块链 3.0。目前，人类社会已经进入区块链 3.0 阶段。

2008 年，一位化名为中本聪的学者介绍了一种使用区块链作为底层技术的加密货币——比特币，这一事件正式标志着区块链 1.0 的到来。区块链 1.0 是区块链发展的最初阶段。在这个阶段中，区块链被视为一种分布式账本底层技术，旨在为加密货币建立一种去中心化、可信任、公开透明的分布式账本网络，为可信任的数字货币交易奠定了基础，并为后续区块链 3.0 的技术发展打下了良好的框架。

2013 年，Vitalik Buterin 发布了以太坊白皮书，正式推出了基于区块链和智能合约的新一代加密货币——以太坊，标志着区块链 2.0 时代的到来。区块链 2.0 是区块链发展的第二个阶段。相比于区块链 1.0 主要关注加密货币的交易不同，区块链 2.0 在引入了智能合约的基础之上，扩展了区块链的功能和应用领域，并带来了更多的功能和灵活性[23]。此外，区块链 2.0 推动了去中心化应用的发展，通过智能合约和去中心化特性的结合，实现了更高程度的透明、安全和可信任，进一步为区块链 3.0 的发展奠定了扎实的技术基础和理论框架。同时，其可扩展性差、性能低、跨链交互不足等缺点，严重限制了区块链 2.0 的发展，但也为区块链 3.0 的发展指明了方向。

2016 年，Luu 等提出了第一个基于分片的公有链共识协议——Elastico，区块链 3.0 开始萌芽。2017 年，跨链项目 Polkadot 和 Cosmos 提出了搭建跨链基础平台的方案，并且可以兼容所有区块链应用，区块链 3.0 开始走向成熟。2021 年，去中心化虚拟世界元宇宙大火，此年也被称为"元宇宙元年"。元宇宙是指基于一定的现实基础，利用区块链、虚拟现实、数字孪生等技术生成的一个独立而又映射于现实世界的虚拟世界[24]。通过区块链 3.0 可以实现元宇宙中的资产所有权、身份验证、交易结算等的去中心化管理。

综上，区块链 1.0 主要研究在金融领域内加密货币的应用，实现了点对点、去中心化的数字货币交易体系。区块链 2.0 在 1.0 的基础上引进了智能合约机制，通过可编程语言在区块链网络上实现自动化合约的执行，为去中心化应用的发展奠定了坚实的基础，开启了去中心化应用的新时代。而区块链 3.0 则将区块链技术与传统领域相结合，旨在改变、解决传统领域内出现的种种问题，推动全球数字化的进程，更好地造福人类。

1.4.4　划分类别

根据去中心化程度，区块链系统可以划分为公有链、联盟链和私有链三类。三类区块链的特征对比情况见表 1.1。

表 1.1　三类区块链特征对比情况

特征	公有链	联盟链	私有链
参与者	所有参与者	组织成员	组织内部
去中心化程度	去中心化	多中心化	（多）中心化
共识机制	PoW/PoS/DPoS 等	分布式一致性算法	分布式一致性算法
数据一致性	概率（弱）	确定（强）	确定（强）
交易处理速度	慢	中等速度	高速
典型应用	加密货币、存证	支付、清算	审计

1. 公有链

由于公有链系统对节点是开放的，公有链通常规模较大，所以达成共识难度较高，吞吐量较低，效率较低。在公有链环境中，由于节点数量不确定，节点的身份也未知，因此为了保证系统的可靠可信，需要确定合适的共识算法来保证数据的一致性和设计激励机制去维护系统持续运行。典型的公有链系统有比特币和以太坊。

2. 联盟链

联盟链通常是由具有相同行业背景的多家不同机构组成的，其应用场景为多个银行之间的支付结算、多种企业之间的供应链管理、政府部门之间的信息共享等。联盟链中的共识节点来自联盟内各个机构，且提供节点审查、验证管理机制，节点数目远小于公有链，因此吞吐量较高，可以实现毫秒级确认。链上数据仅在联盟机构内部共享，拥有更好的安全隐私保护。联盟链有Fabric、Corda 平台和企业以太坊联盟等。

3. 私有链

私有链通常部署于单个机构内，适用于内部数据管理与审计，共识节点均来自机构内部。私有链一般网络规模较小，因此比联盟链效率更高，甚至可以与中心化数据库的性能相当。联盟链和私有链由于准入门槛的限制，可以有效地减少恶意节点做乱的风险，容易达成数据的强一致性。

1.4.5　技术特点

区块链技术作为一种去中心化、分布式的账本技术，具有以下几个特点。

1. 去中心化

传统的中心化系统存在单点故障的风险，而区块链技术通过去中心化的方式避免了单点故障的问题。区块链中的节点可以自由加入或退出，而且每个节点都有一份完整的账本副本，所有节点的账本副本相互独立、相互验证。因此，区块链技术可以实现去中心化的交易，消除了中间环节，提高了交易效率，并降低了交易成本。

2. 不可篡改性

区块链中的每个区块都包含了前一个区块的哈希值，这就保证了每个区块的数据不可篡改。如果有人想要篡改一个区块中的数据，就必须同时修改该区块之后的所有区块，这样会导致整个区块链的一致性受到破坏，因此攻击者很难修改区块链中的数据。

3. 安全性

传统的中心化数据库容易成为黑客攻击的目标，而区块链技术通过分布式的特性和加密算法，使得数据更加安全。每个区块链节点都保存了完整的数据副本，这意味着即使某个节点被攻击，其他节点仍然保留了完整的数据备份，具有较高的安全性。

4. 透明性

区块链技术采用公开透明的方式存储数据，任何人都可以查看区块链上的数据。这使得区块链技术在防止数据篡改和保证数据可信度方面具有天然优势。

5. 可追溯性

区块链技术采用带时间戳的块链式存储结构，有利于追溯交易从源头状态到最近状态的整个过程。时间戳作为区块数据存在的证明，有助于将区块链应用于公证、知识产权注册等时间敏感领域。

1.4.6 应用领域

目前，区块链技术已广泛应用于金融、交通、教育、医疗等[25-29]各大领域，以解决现实生活中存在的各种问题。特别是区块链技术在这些领域的应用将重新定义人类和数字经济的互动方式，提供更高效、安全和可信的解决方案，同时能推动社会的可持续发展。

1.4.6.1 金融领域

1. 身份验证和反欺诈

在金融领域，身份验证和反欺诈是两个极为关键的环节。由于区块链技术的去中心化特性和不可篡改性，它为身份验证和反欺诈带来了新的可能性。通过在区块链上记录身份信息，可以创建一个全球、跨机构的身份验证系统。这个系统可以大大减少重复的身份验证工作，提高效率。同时，区块链数据的不可篡改性，能提高身份验证的安全性。区块链技术还能提高反欺诈的能力，例如通过在区块链上记录交易信息，可以创建一个透明、可追溯的交易系统，将大大增加欺诈行为的难度和成本。

2. 透明度和审计性

区块链上的所有交易都是公开透明的，这意味着所有的参与者都能够查看和验证交易。这种透明度可以增加市场的公平性，减少信息不对称，从而降低市场风险。此外，区块链数据的不可篡改性，还可以提供一个高效、可信的审计工具。通过查看区块链数据，审计员可以追踪每笔交易的全过程，从而大大提高审计的效率和准确性。

3. 风险管理

智能合约是区块链技术的一个重要应用，它可以在满足预设条件时自动执行合约内容。这意味着，通过智能合约可以实现自动化的风险管理。例如可以通过智能合约实现自动保险理赔。当满足理赔条件时，智能合约自动执行，无须人工介入。这不仅可以提高理赔的效率，还可以避免人为错误和欺诈行为。此外，还可以通过智能合约实现自动的风险对冲。

4. 风险共享和分散

区块链技术的分布式特性为风险共享和分散提供新的可能性。传统的风险管理通常依赖于中心化的风险共担机制，但是这种中心化的机制往往存在效率低下、信任成本高等问题。通过区块链技术，可以创建去中心化的风险共担平台。在这个平台上，风险可以被自动、公平地分散到所有的参与者中，从而降低每个人的风险暴露。同时，由于具有去中心化的特性，这个平台可以大大降低信任成本、提高效率。

1.4.6.2 教育领域

1. 学历认证

传统的学历认证方法存在诸多问题，例如容易造假、信息不对称等。而区块链技术可以为学历认证提供一种更加安全、可靠的解决方案。应用区块链技术，将学生的个人信息、学习成绩、证书等数据存储到区块链上，并通过智能合约的自动化执行，实现学历的认证。在这个过程中，区块链技术的去中心化、不可篡改、匿名性等特点，为学历认证提供了极大的保障。同时，区块链技术的可溯源性，也使得学历信息的查询和验证更加方便。

2. 学籍管理

传统学籍管理主要依靠人工操作，容易存在伪造、篡改等问题。而区块链技术为学籍管理带来了一种新的解决方案。在学生身份认证方面，区块链技术可以实现学生身份认证的去中心化管理，防止学生身份的伪造和篡改。学生的身份信息可以通过区块链上的智能合约进行验证，同时也可以确保学生个人信息的隐私和安全。在学生信息的存储与共享方面，区块链技术可以实现学生信息的去中心化存储与共享，保证学生信息的公开透明和安全可靠。学生的个人信息、学习记录和成绩等信息可以通过区块链上的智能合约进行管理，保证信息的真实性和可靠性。在学生学习记录和成绩记录方面，区块链技术可以实现学生学习记录和成绩的去中心化记录，确保学生学习成果的真实性和可靠性。学习的学习记录和成绩可以通过区块链上的智能合约进行记录，保证信息的公开透明和不可篡改性。

3. 教育资源共享

教育资源共享是教育行业中一个重要的应用场景，主要包括教学资料、教学视频、在线课程等多种形式。应用区块链技术，可以更好地实现教育资源的共享和交换。通过将教育资源上链，可以保证资源的版权和来源可追溯，同时可防止资源被篡改或者盗用。同时，教育资源共享也可以实现教育资源的去中心化管理，可以让更多的人通过共享获得高质量的教育资源，从而提高教育资源的利用效率。

4. 教学质量评估

传统的教学质量评估主要依赖于教师和学生的自我评估和互评，这种方法不够客观和科学，容易受到主观因素的影响。区块链技术可为教学质量评估带来一种新的解决方案。区块链技术可以在教学过程中实现数据的实时记录和不可篡改性，从而提高教学质量的客观性和可靠性。教学质量评估过程中的各种数据，例如教师的授课时间、学生的出勤情况、学生的作业和考试成绩等，可以被记录在区块链上。这些数据可以帮助学校和教师更好地了解学生的学习情况，及时调整教学方案，提高教学效果。同时，基于区块链的教学质量评估可以提供更加客观和公正的评估结果，减少人为因素的干扰。学校可以利用智能合约来制定教学质量评估标准和流程，并根据评估结果来对教师和学生进行奖惩。

1.4.6.3 交通运输领域

1. 在管理信息化中的应用

应用区块链技术，可以打造统一的交通运输信息化管理系统，实现交通运输的高效、安全和可追溯性。在交通运输管理信息化系统中应用区块链技术后，可以将交通输运数据存储在多个节点上，并使用密码学算法进行加密和验证，确保数据的完整性和安全性，提高了交通运输数据的可信度和准确性。借助区块链技术，可以建立智能合约来自动执行交通运输的支付和结算过程。参与交通运输的各方可以通过区块链网络进行直接的点对点交易，减少中间环节，提高支付和结算的效率和安全性。

2. 在智慧监控中的应用

应用区块链技术，可以提高运输效率、保障交通安全和加强数据安全。区块链技术的应用可以实现交通运输的智能化监控。通过将车辆、道路和交通信号灯等各个环节的数据记录在区块链上，可以实现实时监控和追踪，交通管理部门可以准确了解道路拥堵情况、车辆行驶轨迹等信息，从而及时采取措施调整交通流量，提高道路通行效率。同时，通过智能合约的应用，可以实现交通违法行为的自动处罚，提高交通管理的效能。

3. 在信息发布系统中的应用

区块链技术为交通运输信息发布系统提供了新的可能性和机遇。首先可为交通运输信息发布提供依据。在传统的交通运输信息发布系统中，由于数据的存储和传输存在中心化的问题，往往容易出现数据被篡改或丢失的情况。而区块链技术的去中心化特点，可以保证交通运输信息的安全性和完整性。每条信息都被记录在不同节点的区块中，且每个节点都需要经过共识机制的验证，确保信息的真实性和可信度。基于此，交通运输信息发布系统可以更加准确和可靠地向用户提供各种路况、车辆位置、交通事故等信息，帮助用户作出更明智的出行决策。其次可提高信息发布和更新的效率。在传统的交通运输信息发布系统中，由于信息的管理和控制权集中在某个中心机构手中，信息的把控和监管存在一定的难度。通过区块链技术，交通运输信息可以在多个节点上进行分布式存储和管理，不仅可以提高信息的可访问性和共享性，还可以降低信息管理的成本和风险。同时，区块链技术还可以通过智能合约的方式，实现信息的自动化处理和执行，提高信息发布和更新的效率。最后可促进交通运输信息的透明度和公平性。在传统的交通运输信息发布系统中，信息的获取和传播往往受到某些特定机构或个人的控制和限制，导致信息的不对称和不公平。而区块链技术的开放性和公开性，可以确保每个参与者都能够平等地获取和使用交通运输信息；同时，区块链上的信息不可篡改和可追溯，可以提高信息的透明度和可信度，避免信息的操纵和虚假传播。

4. 在电子收费系统中的应用

传统的交通收费系统往往存在着信息不对称、数据篡改以及安全性问题，容易引起纠纷，而区块链技术的应用为这些问题提供了解决方案。区块链技术去中心化的结构可以提高交通运输电子收费系统的安全性和可信度。区块链技术的分布式账本可以将交通收费数据存储在多个节点上，每个节点都可以验证和维护数据的准确性，可以防止数据的篡改，确保交易的公正性和透明性。同时，在网络技术的支持下，区块链技术在电子收费系统中的应用可以实现交通收费数据的实时共享和更新。

1.5 物联网技术

1.5.1 简 介

物联网是指通过射频识别（RFID）、红外感应器、全球导航卫星系统、激光扫描等信息传感设备，按约定的协议，将任何物体与网络相连接，物体通过信息传播媒介进行信息交换和通信，以实现智能化识别、定位、跟踪、监管和管理的一种网络[30]。物联网是指各类传感器和现有的互联网相互衔接的一种新技术。物联网是在计算机互联网的基础上，利用 RFID、无线数据通信等技术，构造一个覆盖世界上万事万物的网络。在这个网络中，物体能够彼此进行交流，而无须人的干预。其实质是利用 RFID 技术，通过计算机互联网实现物体的自动识别和信息的互联与共享。

1.5.2 网络结构

物联网可以归纳为是对物与物之间信息的感知、传输和处理。物联网网络结构被认为由感知层、网络层、应用层和公共技术组成。

1. 感知层

感知层主要实现智能感知功能，包括信息采集、捕获、物体识别。数据采集与感知主要用于采集物理世界中发生的物理事件和数据。

2. 网络层

网络层主要实现信息的传递和通信。网络层能够把感知到的信息无障碍、高可靠性、高安全性地进行传送，需要传感器网络与移动通信技术、互联网技术相融合。

3. 应用层

应用层主要包含应用支撑平台子层和应用服务子层。其中应用支撑平台子层用于支撑跨行业、跨应用、跨系统之间的信息协同、共享、互通的功能。应用服务子层包括智能交通、智能医疗、智能家居、智能物流、智能电力等行业应用。

4. 公共技术

公共技术不属于物联网技术的某个特定层面，而是与物联网技术架构的三层都有关系，它包括标识与解析、安全技术、网络管理和服务质量管理。

1.5.3　**核心技术**

1. 射频识别技术

射频识别（Radio Frequency Identification，RFID）技术是一种非接触式的自动识别技术，通过射频信号自动识别目标对象，并获取相关数据，识别无须人工干预，可工作于任何恶劣环境。RFID 系统由阅读器、应答器（标签）和应用系统三部分组成，通过电波在响应媒介和询问媒介间传递信息。阅读器，一般是一台内含天线和芯片解码器的阅读设备，可设计为手持式或固定式。阅读器可无接触地读取并识别电子标签中所保存的电子数据，从而达到自动识别体的目的。通常阅读器与计算机相连，所读取的标签信息被传送到计算机上进行下一步处理。每个标签具有唯一的产品电子码 EPC 码（电子产品代码），EPC 码可存入硅芯片做成的电子标签内，并附在被标识产品上，以被高层的信息处理软件识别、传递和查询，进而在互联网的基础上形成专为供应链企业服务的各种信息服务。应用系统一般是由计算机支撑的有线或无线管理系统。视不同应用要求，对于实时型的智能型控制器，不一定必须要有后台应用系统。

2. 传感器技术

传感器技术同计算机技术与通信技术一起被称为信息技术的三大支柱。传感器技术是主要研究关于从自然信源获取信息，并对之进行处理和识别的一门多学科交叉的现代科学与工程技术。传感器技术的核心即传感器，它是负责实现物联网中物与物、物与人信息交互的必要组成部分。目前，无线传感器网络的大部分应用集中在简单、低复杂度的信息获取上，只能获取和处理物理世界的标量信息，然而这些标量信息无法刻画丰富多彩的物理世界，难以实现真正意义上的人与物理世界的沟通。

3. 无线传感器网络技术

无线传感器网络技术的基本功能是将一系列空间分散的传感器单元通过自组织的无线网络进行连接，从而将各自采集的数据通过无线网络进行传输汇总，以实现对空间分散范围内的物理或环境状况的协作监控，并根据这些信息进行相应的分析和处理。无线传感器网络技术贯穿物联网的三个层面，是结合计算、通信、传感器三项技术的一门新兴技术，具有较大范围、低成本、高密度、灵活布设、实时采集、全天候工作的优势，且对物联网其他产业具有显著带动作用。

4. 智能嵌入技术

智能嵌入技术是将计算机作为一个信息处理部件,嵌入应用系统中的一种技术。它将软件固化集成到硬件系统中,使硬件系统与软件系统一体化。控制器已经在家庭和工业的各个领域得到了应用,通称嵌入式系统,因为计算机芯片是嵌入在有关的设备中的,没有自己独立的外壳。目前,大多数嵌入式系统还处于单独应用的阶段,以控制器为核心,与一些监测、伺服、指示设备配合实现一定的功能。

5. 纳米技术

纳米技术研究结构尺寸在 0.1 ~ 100 nm 范围内材料的性质和应用,主要包括纳米体系物理学、纳米化学、纳米材料学、纳米电子学等。使用传感器技术就能探测到物体物理状态,物体中的嵌入式智能可以通过在网络边界转移信息处理能力而增强网络的能力,而纳米技术的优势意味着物联网中体积越来越小的物体能够进行交互和连接。

1.5.4　基本特征和功能

1.5.4.1　基本特征

从通信对象和过程来看,物与物、人与物之间的信息交互是物联网的核心。物联网的基本特征可概括为整体感知、可靠传输和智能处理三个方面。

1. 整体感知

可以利用射频识别、二维码、智能传感器等感知设备感知获取物体的各类信息。

2. 可靠传输

通过对互联网、无线网络的融合,将物体的信息实时、准确地传送,以便信息交流和分享。

3. 智能处理

使用各种智能技术,对感知和传送到的数据、信息进行分析处理,实现监测与控制的智能化。

1.5.4.2　基本功能

1. 获取信息的功能

获取信息主要是指信息的感知、识别。信息的感知是指对事物属性状态及其变化方式的知觉和敏感。信息的识别指能把所感受到的事物状态用一定方式表示出来。

2. 传送信息的功能

传送信息主要是指信息发送、传输、接收等环节,最后把获取的事物状态信息及其变化的方式从时间或空间上的一点传送到另一点的任务,也就是通信过程。

3. 处理信息的功能

处理信息主要是指信息的加工过程,即利用已有的信息或感知的信息产生新的信息,实际是制定决策的过程。

4. 施效信息的功能

施效信息主要是指信息最终发挥效用的过程,有很多表现形式,比较重要的是通过调节对象事物的状态及其变换方式,始终使对象处于预先设计的状态。

1.5.5 应用领域

物联网是继计算机、互联网与移动通信网之后的又一次信息产业浪潮。目前,物联网已在智慧交通、智慧物流、智慧医疗、智能制造、智慧农业等领域[31-37]得到了广泛应用。

1.5.5.1 智慧交通领域

1. 构建大数据中心

在构建大数据中心的过程中,首先需要对车辆运行数据、交通流量数据、道路状况数据等各类交通数据进行高效、准确、实时地采集和传输,这需要使用到无线通信技术、物联网传感器技术等,通过这些技术将各种交通数据传输到数据中心,实现数据的集中管理和存储。在数据中心,通过对海量数据进行处理和分析,可以提取出交通流量情况、车辆行驶轨迹、道路拥堵状况等各种有用的信息。

2. 设计交通引导模式

交通拥堵是城市交通的一大难题。物联网技术可以通过设计交通引导模式,形成基于多部门协作的智慧交通管理模式来优化交通流,提高道路安全性和交通效率。首先,物联网技术可以通过实时监测车辆数量、速度、行驶方向等各项交通流数据,以及道路施工、事故等路况信息,来预测未来的交通状况;其次,物联网技术可以通过智能交通信号控制来优化交通流;最后,物联网技术还可以通过智能停车系统来优化交通流。

3. 设计交通车辆识别系统

交通车辆识别系统是一种利用物联网技术实现交通车辆信息采集、识别和管理的系统。该系统通过安装传感器等设备,实现对车辆的实时监测和信息采集,包括车辆类型、车牌号码、行驶速度等。这些信息可以通过物联网传输到数据中心,实现车辆信息的集中管理和应用。

4. 设计交通救援系统

交通救援系统是一种利用物联网技术实现交通故障及时发现、救援和修复的系统。该系统通过安装传感器等设备,实现对车辆和道路状态的实时监测和信息采集,包括车辆故障、交通事故等。一旦发生交通故障,系统可以立即发出报警,通知救援人员前往现场进行救援和修复。

1.5.5.2 智慧物流领域

1. 运输智能化

在传统的货运流程中,运输货物常常会面临许多不确定因素,如路况、天气、车辆信息等。这些不确定因素可能使得货运时间增加,导致无法按时交货,增加运输成本,进而影响企业的持续健康发展。应用物联网技术可以对商品流通的各个环节进行革新升级。将货物运输与大数据相融合,可增强物流各节点之间的连贯性,降低空载率,提高物流资源的分配效率,提升车辆利用效率。同时,利用定位技术实时监测物流车辆的位置,动态提供最佳路线建议,使运输过程变得更加透明和高效。

2. 仓储智能化

利用先进的信息技术和物联网技术可以对仓储管理体系进行优化并使其智能化。智能化设备的融入,将有效节省人工成本的投入。利用智能化设备替代传统人员劳动力,在减少人力成本支出的同时,还可以提高仓库运营效率。

3. 配送动态化

传统的物流管理方式需要消耗大量的人力和时间来处理货物信息,且容易出现错误和延误。应用物联网技术和自动识别技术,可实现信息的自动化录入和实时更新,极大地提高了工作效率。物流员工只需扫描货物标签信息,系统便可自动获取货物相关信息,并实时记录其位置和状态。这种实时信息识别技术不仅方便了货物追踪,提高了货物安全性,还能帮助管理人员实时精确掌握货物的动态,作出更迅速、更准确的决策。

1.5.5.3 智慧医疗领域

1. 家庭健康管理系统

依托物联网技术开展智慧医疗服务体系的建设,可以将医疗服务触角延伸到个人和家庭中。各种可进行穿戴和无线接触的健康监测设备,将在个人和家庭中获得全方位推广。尤其是可穿戴设备,可以随时随地、不限时间、不限空间收集个人的健康数据信息。依托无线网络,将获取的数据信息直接传输到数据终端系统,以对数据进行第一时间的存储和综合分析。通过各种穿戴设备的有机组合,将其建设为以个人健康作为核心的智慧医疗服务体系,并将传感器获得的数据信息和电子病历进行衔接,以对医院内外的患者进行全生命周期性管理。

2. 医疗设备管理系统

将物联网技术应用在智慧设备管理体系中,主要是通过运用系统的互联互通功能,对医疗设备进行动态化的即时管理。在管理体系中,需包括医疗设备的生产厂家、规格参数、生产日期、失效日期、批号和序列号等,作为医疗设备管理的重要保障。对于手术过程中用到的医疗设备,可以通过后台本身的医疗设备管理系统生成的编码,在后台医院库房入库时,直接运用电子标签记录其数据信息,并通过该技术识别耗材在医院内部进行流转和运用的动态化过程,通过射频自动识别技术对耗材的使用进行相应的溯源管理,真正实现医疗耗材的智能化管理和无人化管理。

3. 区域性健康管理系统

通过对互联网技术的有效运用,获取相应的健康数据信息,并运用智能医疗服务体系本身具备的互联互通功能,形成区域性健康管理系统,是区域性范围内的医疗服务机构数据信息进行衔接、共享、交换的重要保障,也是系统之间进行信息资源整合的重要举措。区域性健康管理系统作为整个智慧医疗服务体系的重要基础,是连接个人和医疗服务体系的重要桥梁。

1.5.5.4　智能制造领域

1. 设备和环境数据的采集

在传统的智能制造中，设备和环境数据的采集以单点形式进行。物联网技术在智能制造的应用场景中，设备和环境数据的采集是以从单点到全局最后掌控全局的形式呈现的。传统的联网方式是逐个采集生产不同品牌的设备数据和环境数据，然后上传到不同的数据库。每个品牌设备的数据标准不同，因此需要对它们进行独立分析。在物联网技术支持下的智能制造系统数据采集可以将不同品牌的生产设备信息上传到同一个数据库，通过智能系统中储存的不同品牌的参数记载，整体分析相应设备的运行数据和环境数据，最后进行全局优化。在这个过程中，设备和环境数据的采集更简单，处理过程更有条理，分析结果更具有价值，更有利于全局决策。

2. 生产设备的故障与检修

在传统工厂的生产设备故障处理与检修过程中，往往是某一个设备出现故障时需进行全面的停电检修工作。当生产需要工序较多时，其中一个产品出现问题时要逐步排查才能知道问题具体出现在哪一道工序，不仅处理过程耗时耗力，而且故障处理效率十分低下，严重影响工厂的生产效率和经济效益。而应用物联网技术，能实时监控设备运行状态，并将设备运行数据上传至系统进行数据分析比对，通过比对预知故障的发生和确定故障发生在哪个环节。一旦发现问题，可以及时甚至提前进行检修更换，以便可以在最短时间内完成生产设备的故障检修工作，同时降低生产过程中因产生故障造成的损失。

3. 降低产品的维护成本和运行风险

许多制造企业都需要对出厂的产品进行定期维护和保养。这不仅是制造企业制造生产过程中的一个必要环节，还会增加企业的成本支出。应用物联网技术的智能制造系统不仅能够根据系统设定和实时监测检查设备运行状态，还能有效保存设备的运行数据，一旦发现错误，可第一时间进行维护检修，降低了设备的售后服务成本。

1.6　本章小结

本章综述了计算机仿真技术、大数据技术、云计算技术、区块链技术、物联网技术的基本原理、技术特点、应用领域等情况。其中：计算机仿真技术具有其他学科难以代替的求解高度复杂问题的能力，具有高效率、安全便捷、受外界因素影响少、时间控制灵活等优势，目前已成为系统分析、设计优化、运行管理、体系评价等领域工作中的重要工具。大数据技术能够有效地处理规模巨大的数据集，具有"4V"特征，即 Volume、Variety、Velocity 和 Value，目前已成为当今社会不可或缺的一部分，具有广泛的应用场景和丰富的信息价值。云计算技术将计算和存储资源功能集中在云端，提供按需使用的弹性计算能力和大规模的数据存储能力，在低成本、安全性和高效性等方面具有较好的优势。区块链技术是一种块链式存储、不可篡改、安全可信的去中心化分布式账本，具有去中心化、不可篡改性、透明性、可追溯性等特点，能重新定义人类和数字经济的互动方式，提供更高效、安全和可信的解决方案。物联网技术是可以实现智能化识别、定位、跟踪、监管和管理的一种网络技术，具有整体感知、可靠传输和智能处理等特点，通过对物与物之间信息的感知、传输和处理，实现物体的自动识别和信息的互联与共享。

综上所述，计算机仿真、大数据、云计算等现代信息技术的发展塑造了全新的经济形态并为传统产业深度赋能，正在引发影响深远的产业变革，形成新的生产方式、产业形态、商业模式和经济增长点。

第 2 章

计算机仿真技术在制丝关键工艺过程"白箱化"研究中的应用

卷烟加工过程是指将烟叶原料加工成合格的卷烟产品所经过的全部工艺过程，主要包括打叶复烤、制丝和卷接包三大工艺环节。其中，制丝过程是按照叶组配方规定，将烟叶原料加工成适合烟支卷制工艺要求烟丝的过程，是卷烟加工过程中最为复杂的工艺过程，其特点是工艺布局复杂、加工模式多样、设备配置繁多，并且每一道工序的质量都会对于下一道工序乃至最终产品质量产生直接或间接的影响。因此，制丝过程是实现产品设计质量及凸显品牌特征的关键因素，是决定卷烟加工质量好坏的关键环节。

制丝过程主要包括松散回潮、润叶加料、叶丝干燥、掺配加香等关键工序，这些工序基本都是密闭空间中进行的，工序中大量采用物理形变、增温增湿、干燥去湿等处理手段，各工序均存在温度、气、液、固、化学反应等物理和化学多场耦合作用，是非常复杂的物理化学过程，不能简单直接观察或通过实验分析获取足够的信息，是典型的"黑箱"系统。然而，目前用于制丝加工过程的传统研究方法还是单因素、均匀及正交实验设计等实验研究方法，基本属于经验化定性推测方法和物理实验验证方法，对复杂系统问题分析不能揭示其本质和内部过程与特点，也不能揭示多因素的相关性和互相干性等，分析结果具有明显的盲目性、试凑性、答案的局部性（不全面）、优化性差以及多因素多目标优化不可解等缺陷，而且耗资大、费时、模型重用性差，不能提供精准和优化的生产工艺控制参数，导致先进的生产装备能力不能更加有效发挥，成为制造水平和质量提升的瓶颈。

计算机仿真和科学计算是"黑箱"系统"白箱化"的最佳方法，代表和引领现代科技的高水平和高质量发展的方向和趋势。制丝过程关键工艺过程的计算机仿真和科学计算可以实现：

（1）工艺过程视觉白箱化。对密闭空间内不可视加工过程中参与的固相、液相、气相和设备结构等各个元素的相互作用和关系，以空间矢量数字化三维静动态模型和计算结果实现透明化和可视化展现。

（2）工艺过程内在机理白箱化。通过对工艺过程现象的多角度、多方位、多层次、多因素静动态直观分析，实现工艺过程原理和本质的展现、揭示、分析和数字化量化。

因此，将制丝过程"黑箱"系统"白箱化"，建立制丝过程"白箱化"模型，揭示制丝过程复杂体系烟叶或烟丝运动、料液喷射雾化特征、热风或蒸汽流动等内在本质规律，从而科学合理地指导生产实际应用，升级卷烟生产制丝线，提升制丝工艺技术水平，提升核心竞争力，是制丝过程工艺技术研究发展的必然选择。

鉴于此，本章利用计算机仿真技术，对制丝过程加料、薄板干燥、气流干燥和加香等关键工序的工艺过程开展了"白箱化"应用研究。

2.1　加料工艺过程"白箱化"研究

加料的工艺任务主要是按照配方规定将料液准确均匀地施加到烟叶上，适当提高烟叶的含水率和温度，改善烟叶的感官特性和物理性能，同时还有保润、防霉、助燃等作用。

2.1.1　烟叶几何模型构建

制丝过程中的烟叶几何形状和片型大小存在多样性。对烟叶形状拓扑统计分析处理可知，烟叶的厚度为 0.1～0.5 mm，而烟叶结构有很大的差别，大都形状不规则，主要有长条形、正方形、三角形、椭圆形及不规则烟叶这五大类。对某品牌烟叶多次取样的统计分析结果见表 2.1。

表 2.1　某品牌烟叶形状拓扑统计分析结果

形状	比例/%	形状尺寸范围/mm
长方形	52 ~ 54.90	长 90 ~ 230、宽 20 ~ 30
正方形	14.55 ~ 16	边长 20 ~ 50
三角形	13.09 ~ 18	边长 20 ~ 50、50 ~ 100、50 ~ 100
椭圆形	8 ~ 12.36	长边 20 ~ 65、短边 12 ~ 30
不规则	5.09 ~ 6	—

从表 2.1 可以看出，烟叶样品形状主要由长方形、正方形、三角形、椭圆形和不规则形组成，每种形状烟叶的比例存在一定的差异，但变化范围基本在 ±10% 内。针对上述情况，烟叶几何模型可采用长方形、正方形、三角形和椭圆形 4 典型形状进行描述。为了方便计算，将 4 种烟叶形状占比进行相应简化，并将 5% 左右的不规则形状类型分摊到 4 种典型形状中，得到烟叶几何模型设定见表 2.2。

表 2.2　烟叶几何模型形状分布和尺寸范围设定

形状	比例/%	形状尺寸范围/mm
长条形	55	长 90 ~ 230、宽 20 ~ 30
正方形	15	边长 20 ~ 50
三角形	15	边长 20 ~ 50、50 ~ 100
椭圆形	15	长边 20 ~ 65、短边 12 ~ 30

进一步，为节约计算时间提高效率，烟叶厚度采用 0.5 mm，将长方形、正方形、三角形和椭圆形烟叶按照实际大小用球形颗粒进行网格化，建立起 4 种烟叶典型几何模型，如图 2.1 所示。

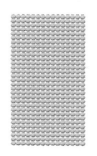

（a）长方形烟叶几何模型

（b）正方形烟叶几何模型

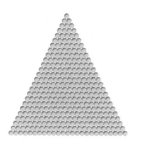

（c）三角形烟叶几何模型

（d）椭圆形烟叶几何模型

图 2.1　四种典型烟叶几何模型

2.1.2　加料滚筒几何结构模型构建

基于制丝生产线和搭建的透明加料实验验证平台实际情况，并考虑仿真计算效率，采用 CAD 三维建模方法，建立了 3 种不同尺寸的加料滚筒几何结构模型，分别如图 2.2、图 2.3 和图 2.4 所示。

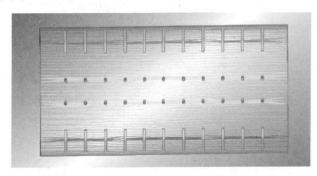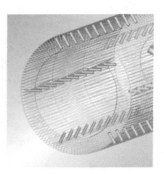

图 2.2　小规模加料滚筒空间几何结构模型（直径 0.5 m×长 1.0 m）

图 2.3　透明加料试验滚筒几何结构模型（直径 0.8 m×长 3.0 m）

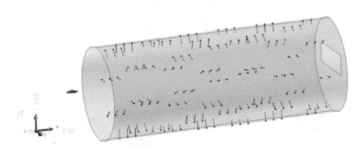

图 2.4　制丝生产线加料滚筒几何结构模型（直径 2.2 m×长 5.0 m）

2.1.3　烟叶运动状态

对烟叶在滚筒尺寸为 0.5 m×1.0 m 和滚筒尺寸为 0.8 m×3.0 m 两种滚筒中的运动行为进行了数字化表征研究。其中，滚筒尺寸为 0.5 m×1.0 m 的边界条件为：烟叶数量为 1 000 片，滚筒倾角为 9° 和 12°，滚筒转速为 7 r/min、9 r/min、13 r/min 和 15 r/min；滚筒尺寸为 0.8 m×3.0 m 的边界条件为：烟叶流量为 60 kg/h、70 kg/h 和 80kg/h，滚筒倾角为 1.5°、3° 和 5°，滚筒转速为 7 r/min、9 r/min 和 11 r/min。

1. 单片烟叶运动状态数字化表征

从仿真计算结果中提取某一烟叶随时间变化时在滚筒中空间运动的位置数据，得到了该烟叶在滚筒中的运动轨迹，如图 2.5、图 2.6 和图 2.7 所示。

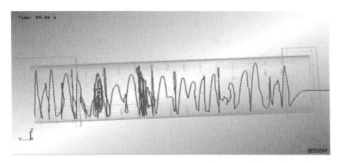

图 2.5　单片烟叶运动轨迹正面观测图

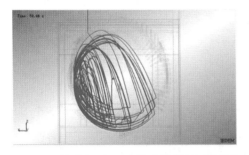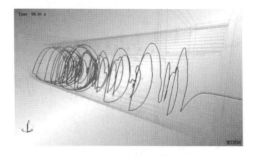

图 2.6　单片烟叶运动轨迹横截面观测图　　　图 2.7　单片烟叶运动轨迹斜二侧方观测图

设定烟叶在加料滚筒内运动一圈为一个运动单元。从图 2.5 中可以看出，该烟叶的每个运动单元之间存在较大的波动，表现为最高点之间、最低点之间呈现显著差异；与滚筒后端比较，烟叶在滚筒前端的运动单元运动距离较远。从图 2.6 和图 2.7 可以看出，该烟叶的抛洒高度和抛洒次数，随着烟叶向滚筒出口方向运动而逐渐增加。这是由于所选定烟叶在滚筒内受滚筒转速、倾角的影响，导致烟叶在滚筒中呈螺旋状向前运动，不断经历抛洒与扬起，使得所选烟叶在烟叶群中的位置不断发生变化，进而影响该烟叶运动单元的变化。

进一步，以滚筒出料端为原点，建立直角坐标系，从数字化表征研究结果中随机提取某烟叶从 0.11 s 运动到 0.24 s 时的空间位置和 X、Y、Z 坐标的速度矢量数据，见表 2.3。

表 2.3　单片烟叶运动位置及速度数据信息

运动时间/s	运动位置/m			运动速度/（m·s⁻¹）		
	X 坐标	Y 坐标	Z 坐标	X 方向	Y 方向	Z 方向
0.11	2.112 92	−0.130 43	0.656 749	0.772 678	−0.375 01	−1.400 2
0.12	2.112 79	−0.130 47	0.645 043	0.012 305	−0.687 73	−1.787 25
0.13	2.112 80	−0.130 46	0.633 371	0.170 969	0.312 017	−1.563 85
0.14	2.112 86	−0.130 38	0.619 637	−0.188 560	−0.280 82	−1.611 52
0.15	2.112 67	−0.130 28	0.604 425	0.102 809	−0.001 33	−1.745 03
0.16	2.112 60	−0.129 67	0.588 484	0.134 204	0.231 588	−1.643 23
0.17	2.112 65	−0.130 17	0.573 556	0.093 032	0.054 117	−1.551 4
0.18	2.112 61	−0.130 39	0.558 135	−0.076 11	−0.054 66	−1.597 68
0.19	2.112 61	−0.130 43	0.540 572	0.079 765	0.009 009	−1.952 15
0.20	2.112 63	−0.130 03	0.520 068	0.126 354	0.223 27	−0.487 31
0.21	2.113 40	−0.119 66	0.513 576	0.184 649	1.202 96	−1.381 97
0.22	2.112 92	−0.106 87	0.498 035	−0.328 79	1.554 79	−1.735 81
0.23	2.111 13	0.095 238	0.477 769	−0.030 18	0.905 019	−2.178 63
0.24	2.109 96	0.086 719	0.454 897	−0.152 81	0.753 203	−2.378 27

从表 2.3 中可以看出,运动时间从 0.11 s 到 0.24 s,该片烟叶从滚筒中空间位置(2.112 92 m, −0.130 43 m, 0.656 749 m) 运动到了滚筒空间位置(2.109 96 m, −0.086 719 m, 0.454 897 m), 运动速度从(0.772 678 m/s, −0.375 01 m/s, −1.400 2 m/s)变化到(−0.152 81 m/s, 0.753 203 m/s, −2.378 27 m/s),说明该片烟叶在这段时间中正沿 Z 轴往下抛落。采用同样的方法可以得到滚筒 中任意烟叶或粒群烟叶组随时间的空间与位置变化情况及其基本分布和运动特征。

2. 烟叶组运动状态数字化表征

从仿真计算结果中提取一组烟叶随时间变化在滚筒中的空间运动数据,得到了该烟叶组在 滚筒中的运动轨迹,如图 2.8 所示。对烟叶组运动轨迹进行统计平均处理,得到该烟叶组在滚筒 中的平均运动轨迹,如图 2.9 所示。

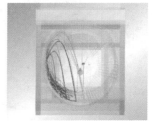

图 2.8　烟叶组在加料滚筒中的运动轨迹

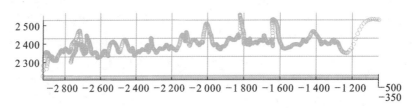

图 2.9　烟叶组在加料滚筒中的平均运动轨迹

从图 2.9 可以看出,该烟叶组的上升和抛洒处于 9∶00 ~ 10∶00 钟区域,且抛洒点较高区域 集中在沿滚筒轴向位置的中部,平均运动单元数为 18 个。

进一步,从仿真计算结果中提取 1 000 片烟叶组从进入滚筒到离开滚筒的轨迹和时间数据, 通过统计分析并取平均值,可得到该烟叶组在滚筒中运动的平均运动路程和平均运动时间。为进 一步精确研究烟叶在滚筒中的抛洒和上升运动状态,可通过烟叶在滚筒空间的位置及与滚筒筒 壁的距离之间的关系进行判定,得到烟叶抛洒和上升轨迹,如图 2.10 所示,其中红色表示烟叶 的上升轨迹,蓝色表示抛洒轨迹。得到的 1 000 片烟叶组运动路程、运动时间、抛洒路程、上升 路程、抛洒时间等结果见表 2.4。

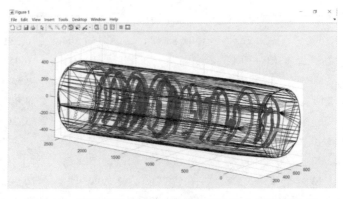

图 2.10　烟叶组运动轨迹中处于抛洒和上升状态分析

表 2.4　烟叶组平均运动路程和运动停留时间

运动特征参数	总运动路程/m	平均运动路程/m	平均运动时间/s	平均抛洒路程/m	平均上升路程/m	平均抛洒时间/s
1 000 片烟叶组	4 024.5	4.024 5	55.38	2.511 6	1.043 0	31.46

从表 2.4 中可以看出,烟叶组在滚筒中总的运动路程为 4 024.5 m,平均运动路程为 4.024 5 m,其中处于抛洒状态的平均路程为 2.511 6 m,处于上升状态的平均路程为 1.043 0 m,平均运动时间或停留时间为 55.38 s,其中处于抛洒状态的平均时间为 31.46 s。

2.1.4　烟叶组空间分布状态

烟叶在滚筒模式加工中的空间分布状态对烟叶的混合、增温增湿、受热干燥、加香加料等加工效果具有重要的影响。对边界条件为烟叶数量 1 000 片、滚筒尺寸 0.5 m×1.0 m、滚筒倾角 12°、滚筒转速 11 r/mim 下的烟叶在滚筒中的空间分布状态进行数字化表征研究。

2.1.4.1　数字化表征方法

由于烟叶空间分布状态的分析研究需要以特定空间区域为边界范围进行,通过采用区域分割的方式分割计算滚筒中具体的空间位置,通过从数字化表征结果中提取选定时间和空间范围内的烟叶数量及位置信息,来表征烟叶在滚筒空间内的分布状态。其中,区域分割的方式可以是矩形区域、环形区域及其他形状区域,展现的方式可以是图示或数据表。

1. 矩形区域分割法

采用边长为 0.2 m 的正方体空间区域对 1 000 片烟叶在滚筒(0.5 m×1.0 m)中运动 6.855 s 时的整个滚筒空间进行分割,如图 2.11 所示。通过统计被分割区域内特征烟叶颗粒的分布数量,就可得到在特定运动时间下烟叶在滚筒空间的分布状态的数字化表征。

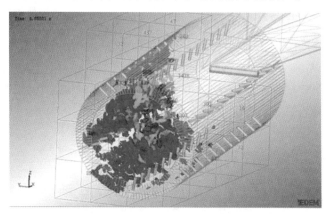

图 2.11　采用正方体区域分割滚筒空间图

因此,采用矩形区域对整个滚筒空间进行分割可总体分析烟叶在滚筒空间的分布情况。同样,也可以采用矩形区域分割方法对滚筒内局部空间进行烟叶运动空间分布状态的分析。采用长 0.3 m×宽 0.2 m×高 0.1 m 的长方体区域分割了烟叶运动 5.165 s 时刻的烟叶在滚筒局部上升某空间,如图 2.12 所示。通过数据提取与统计分析,该滚筒空间区域内的烟叶颗粒数量为 7 375 个。

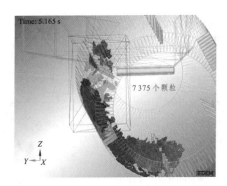

图 2.12　采用长方体区域分割滚筒内局部空间区域图

2. 环形区域分割法

采用环形区域分割滚筒内空间的方式，通过提取滚筒纵向和横向特定区域的烟叶空间分布情况来数字化表征烟叶运动空间分布规律。采用直径 0.8 m×高 0.2 m 的圆柱体区域分割烟叶运动 4.635 s 时刻的距滚筒（0.5 m×1.0 m）入口 0.3 m 处的滚筒空间，如图 2.13 所示。通过提取数据并统计分析，该滚筒空间区域内的烟叶颗粒数量为 26 129 个。

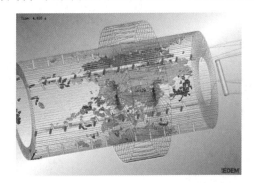

图 2.13　采用圆柱体区域分割距滚筒入口 0.3 m 处的滚筒空间区域图

2.1.4.2　数字化表征结果

运用上述区域分割方法，针对烟叶在滚筒空间中运动的仿真计算结果，采用直径 0.6 m×高 0.1 m 的圆柱体区域，分别对距滚筒入口 0.18 m、0.5 m 和 0.9 m 处的滚筒空间进行分割，如图 2.14 所示。从烟叶运动数字化表征的仿真结果中提取烟叶运动到 4.105 s 时刻的数据，对代表滚筒入料端、中部和出料端的三个特定滚筒空间（距离滚筒入口 0.19 m、0.5 m 和 0.9 m）的烟叶分布进行了数字化表征与分析。

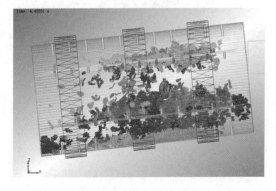

图 2.14　滚筒入料端、中部和出料端特定空间区域的分割图

1. 滚筒入料端截断空间烟叶分布数字化表征

距离滚筒入口 0.19 m 处的入料端滚筒特征截断空间情况和状态如图 2.15 所示。其中，左图为烟叶运动到 4.105 s 时的原始状态，右图为按 8×8 矩阵分割空间，每个矩形框中显示的是烟叶颗粒数。

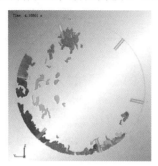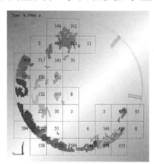

图 2.15　滚筒入料端截断烟叶空间分布及区域分割情况

从图 2.15 中可以看出，在烟叶运动到 4.105 s 时，距离入料端 0.19 m 处滚筒空间里烟叶正处于抛洒的起始状态。依据烟叶在滚筒中的抛洒、上升和落料三个运动状态及无烟叶空间，可将滚筒空间分成抛洒区域、持料区域、落料区域和无料区域。采用 8×8 矩阵进一步分割该滚筒的截断空间，提取各区域及区域上烟叶颗粒数并进行统计分析，得到滚筒入料端截断空间烟叶分布数字化表征结果，见表 2.5。

表 2.5　滚筒入料端截断空间烟叶分布数字化表征结果

表征项目	颗粒总数	抛洒颗粒数	持料颗粒数	落料颗粒数	抛洒区域体积	持料区域体积	落料区域体积	无料区域体积
数值	13 503	3 000	7 926	2 577	5.5×10^{-3}	2.8×10^{-3}	3.4×10^{-3}	8.0×10^{-3}
占比/%	100	22.22	58.70	19.08	28.13	14.06	17.19	40.62

注：滚筒入料端截断空间体积为 19.63×10^{-3} m³。

从表 2.5 中可以看出，滚筒入料端截断空间中烟叶的总颗粒数为 13 503 个，烟叶在抛洒区、持料区和落料区均有分布，具体烟叶颗粒数分别为 3 000、7 926 和 2 577，具体的占比分别为 22.22%、58.70%和 19.08%，说明烟叶在该滚筒空间中主要以持料运动为主。并对烟叶运动的区域体积与占比进行了表征，具体抛洒区、持料区、落料区和无料区体积和占比分别为 5.5×10^{-3} m、2.8×10^{-3} m、3.4×10^{-3} m、8.0×10^{-3} m 和 28.13%、14.06%、17.19%和 40.62%。

2. 滚筒中部截断空间烟叶分布数字化表征

距离滚筒入口 0.5 m 处的滚筒中部截断空间烟叶分布及区域分割情况如图 2.16 所示。采用上述相同方法对滚筒中部截断空间数字化表征进行研究与分析，结果见表 2.6。

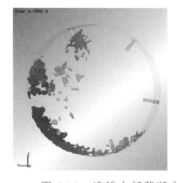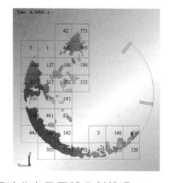

图 2.16　滚筒中部截断空间烟叶分布及区域分割情况

表 2.6 滚筒中部截断空间烟叶分布数字化表征结果

表征项目	颗粒总数	抛洒 颗粒数	持料 颗粒数	落料 颗粒数	抛洒区域 体积	持料区域 体积	落料区域 体积	无料区域 体积
数 值	18 228	4 653	10 887	2 688	4.3×10^{-3}	2.5×10^{-3}	2.1×10^{-3}	10.7×10^{-3}
占 比/%	100	25.53	59.73	14.75	21.88	12.50	10.94	54.69

注：滚筒入料端截断空间体积为 19.63×10^{-3} m³。

从表 2.6 中可以看出，滚筒中部截断空间中烟叶的总颗粒数为 18 228 个，烟叶在抛洒区、持料区和落料区均有分布，具体烟叶颗粒数分别为 4 653、10 887 和 2 688 个，具体的占比分别为 25.53%、59.73% 和 14.75%，说明烟叶在该滚筒空间中主要以持料运动为主。并对烟叶运动的区域体积与占比进行了表征，具体抛洒区、持料区、落料区和无料区体积和占比分别为 4.3×10^{-3} m、2.5×10^{-3} m、2.1×10^{-3} m、10.7×10^{-3} m 和 21.88%、12.50%、10.94% 和 54.69%。

3. 滚筒出料端截断空间烟叶分布数字化表征

距离滚筒入口 0.9 m 处的滚筒出料端截断空间烟叶分布及区域分割情况如图 2.17 所示。采用上述相同方法对滚筒出料端截断空间数字化表征进行研究与分析，结果见表 2.7。

从表 2.7 中可以看出，滚筒出料端截断空间中烟叶的总颗粒数为 14 130 个，烟叶在抛洒区、持料区和落料区均有分布，具体烟叶颗粒数分别为 3 653、7 944 和 2 533 个，具体的占比分别为 25.85%、56.22% 和 17.10%，说明烟叶在该滚筒空间中主要以持料运动为主。并对烟叶运动的区域体积与占比进行了表征，具体抛洒区、持料区、落料区和无料区体积和占比分别为 4.6×10^{-3} m、2.8×10^{-3} m、0.1×10^{-3} m、10.9×10^{-3} m 和 23.44%、14.06%、7.08% 和 55.42%。

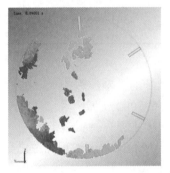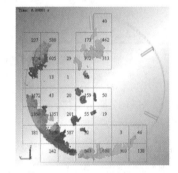

图 2.17 滚筒出料端截断空间烟叶分布及区域分割情况

表 2.7 滚筒出料端截断空间烟叶分布数字化表征结果

表征项目	颗粒总数	抛洒 颗粒数	持料 颗粒数	落料 颗粒数	抛洒区域 体积	持料区域 体积	落料区域 体积	无料区域 体积
数 值	14 130	3 653	7 944	2 533	4.6×10^{-3}	2.8×10^{-3}	0.1×10^{-3}	10.9×10^{-3}
占 比/%	100	25.85	56.22	17.10	23.44	14.06	7.08	55.42

注：滚筒入料端截断空间体积为 19.63×10^{-3} m³。

2.1.5 烟叶组运动单元

烟叶在滚筒内旋转运动一圈为一个运动单元，是影响加料工艺效果的主要运动特征。按照烟叶的运动状态，烟叶在滚筒中运动的每个运动单元均包括持料上升、抛洒和落料 3 种典型运动状态。通过数字化建模和仿真计算，对边界条件为烟叶数量 1 000 片、滚筒尺寸 0.5 m×1.0 m、滚筒倾角 9°、滚筒转速 9 r/min 下的烟叶运动单元中持料上升、抛洒和落料状态进行了烟叶运动关键特征分析。

2.1.5.1　持料上升运动表征

考虑到烟叶运动的连续性和区域性特点，以两排耙钉之间滚筒空间中的烟叶为分析对象，提取烟叶在滚筒空间中运动的仿真计算结果数据并进行统计分析。当烟叶运动时间为 5.19 ~ 5.66 s 时，烟叶运动为典型的持料上升运动状态，如图 2.18 所示。

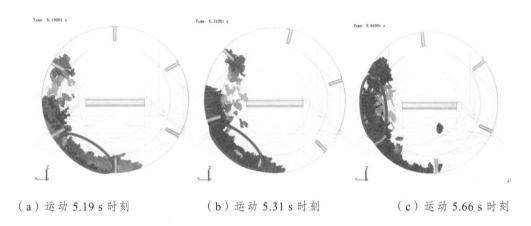

（a）运动 5.19 s 时刻　　　　　（b）运动 5.31 s 时刻　　　　　（c）运动 5.66 s 时刻

图 2.18　烟叶运动单元中持料上升状态

从图 2.18 中可以看出，持料上升状态是从烟叶运动到 5.19 s 开始的，此时烟叶区域的尾部位置在 5：00 钟位置左右，上部位置在 10：00 钟位置左右；从 5.19 s 到 5.31 s 期间，持料上升部分的烟叶整体随滚筒上升，没有明显的滑落，在 5.31 s 时，烟叶区域的顶部位置处开始出现向下滑落，如图 2.18（b）中的红圈区域所示。当烟叶运动到 5.66 s 时刻时，持料上升状态基本结束，进而转入抛洒运动状态，其间有一个短暂的过渡。烟叶运动到 5.81 s 时的烟叶运动状态（整体和局部运动矢量）如图 2.19 所示。

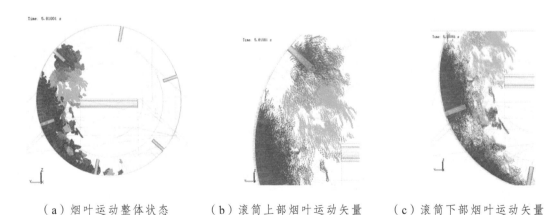

（a）烟叶运动整体状态　　　（b）滚筒上部烟叶运动矢量　　　（c）滚筒下部烟叶运动矢量

图 2.19　烟叶运动到 5.81 s 时的烟叶运动状态

从图 2.19 中可以看出，烟叶运动到 5.81 s 时，烟叶的运动依然明显表现出以持料上升为主的运动状态。此时，在滚筒空间的 9:30—11:00 钟位置区域，已有部分烟叶被抛洒离开滚筒，处于抛洒的空间离散状运动状态，该部分烟叶比例约为 26%~30%。滚筒空间中 6:30—9:30 钟位置区域仍然为持料上升区域，该区域的烟叶运动可分为两种状态：一种是以相互牵绊被扒钉和筒壁驱使上升的烟叶运动状态，比例约为 39%~45%；另一种是在烟叶表面向下翻滚滑移的烟叶运动状态，比例约为 25%~35%。滚筒空间中 5:30—6:30 钟位置区域为落料区域，该时刻在落料区域中的烟叶较少。

2.1.5.2　抛洒运动表征

同样，提取烟叶运动仿真计算结果数据分析可知，当烟叶运动时间为 5.81~6.00 s 时，该滚筒空间中烟叶运动为典型的多点位抛洒运动状态，如图 2.20 中红圈区域所示。

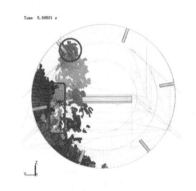

（a）运动 5.88 s 时刻　　　　　　　　　　（b）运动 5.98 s 时刻

图 2.20　烟叶运动单元中抛料抛洒状态

从图 2.20 中可以看出，烟叶运动到 5.88 s 时刻，在滚筒空间 9:30—11:00 钟位置区域烟叶均呈现抛洒状态，在滚筒空间 8:00—9:30 钟位置区域烟叶呈现持料上升和翻滚滑移两种状态，且在滚筒空间 9:30 钟位置区域，出现抛洒烟叶与滑移烟叶连成一片的现象。当烟叶运动到 5.98 s 时刻，抛洒烟叶呈进一步向下抛洒状态，同时持料上升的烟叶继续上升到滚筒空间 10:30 钟位置区域，为下一步烟叶抛洒做准备。

2.1.5.3　落料运动表征

同样，提取烟叶在滚筒空间中运动的仿真计算结果数据，并进行相应统计分析，当烟叶运动时间为 6.00~6.22 s 时，该滚筒空间中烟叶运动为典型的落料状态，如图 2.21 所示。

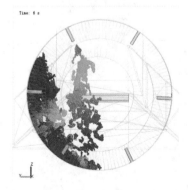
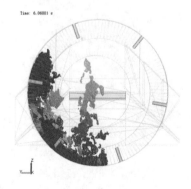
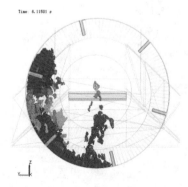

（a）运动 6.00 s 时刻　　　　　　（b）运动 6.06 s 时刻　　　　　　（c）运动 6.11 s 时刻

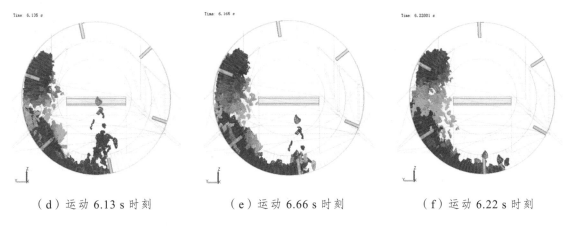

| （d）运动 6.13 s 时刻 | （e）运动 6.66 s 时刻 | （f）运动 6.22 s 时刻 |

图 2.21　烟叶运动单元中落料状态

从图 2.21 中可以看出，运动时间 6.00~6.22 s 刚好为一个落料的整过程，落料区域为滚筒空间 5:30—6:00 钟位置区域，落料过程的同时，已落料的烟叶沿滚筒筒壁不断持料上升，到 6.22 s 时刻，落料状态基本结束，进而转入下一个持料上升状态。

2.1.6　料液雾化状态

加料工艺过程的主要目的就是要实现料液和烟叶充分均匀地接触和润透，料液通过喷嘴喷入加料滚筒并雾化，物化料液在喷射惯性等作用下在滚筒空间内运动和扩散并与烟叶接触。因此，料液的运动特征对加料工艺效果影响重大。料液雾化过程的基本特征主要包括雾化锥角、雾化区域、雾化粒径等的效果和特征。采用仿真计算技术，可对料液雾化过程重要特征雾化锥角、雾化区域、雾化粒径等开展数字化表征研究。

2.1.6.1　雾化锥角数字化表征

雾化锥角指喷嘴出口到喷雾炬外包络线的两条切线之间的夹角，雾化锥角的大小很大程度上决定了雾化场的范围。在制丝过程加料工序中，雾化锥角对于加料效果有着重要的影响。当雾化锥角过小时，料液雾化并不能够完全覆盖烟叶运动的抛洒面，有的烟叶并不能与料液接触，造成加料的不均匀。但是当雾化锥角过大时，料液的雾化场超过了烟叶运动的抛洒面，料液喷洒到了无烟叶区，甚至直接喷射到滚筒壁上造成料液的浪费，从而降低了料液的利用率。因此，雾化锥角是影响雾化效果的一个重要指标。以下对两种外混式空气雾化喷嘴的雾化锥角进行数字化表征，一种为透明滚筒加料试验平台喷嘴，一种为制丝生产线加料工序生产喷嘴。

1. 透明滚筒加料试验平台喷嘴雾化锥角表征

对边界条件为料液流量 20 kg/h、料液温度 45 ℃、雾化压力 0.2 MPa 条件下的试验平台喷嘴雾化锥角进行了数字化表征。其中，计算模型中湍流模型选择可实现（Realizable）k-ε 双方程模型，雾化液滴离散相选择 DPM（可形变模型）。仿真计算收敛后，得到该条件下平台喷嘴的雾化液滴形状如图 2.22 所示。

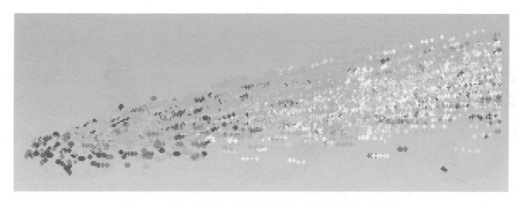

图 2.22　透明滚筒加料试验平台喷嘴雾化液滴形状

从图 2.22 中可以看出，雾化液滴的边缘并不是规则的线形，这是由于细小的边缘雾滴粒径很小，在脱离喷嘴直至到达靶标的过程中会不断蒸发，大部分会在达到靶标之前就消失。因此，这给雾化锥角的测量带来了不确定因素。为了减小误差、提高测量的准确度，根据喷嘴雾化锥角的定义，针对既定工况下喷雾时的数值计算，截取稳定状态下 10 次计算结果，并输出 10 张雾化滴液形状图，利用测量软件对 10 张图片进行测量，并对 10 次测量值求算数平均值。得到该平台喷嘴在料液流量 20 kg/h、料液温度 45 ℃、雾化压力 0.2 MPa 条件下的雾化锥角为 28.51°，如图 2.23 所示。

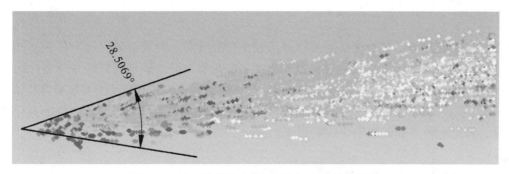

图 2.23　透明滚筒加料试验平台喷嘴雾化锥角

2. 制丝生产线加料工序喷嘴雾化锥角表征

对边界条件为料液流量 20 kg/h、料液温度 45 ℃、雾化压力 0.25 MPa 条件下的制丝生产线加料工序喷嘴雾化锥角进行了数字化表征。仿真计算收敛后，得到了该条件下生产喷嘴的雾化液滴形状如图 2.24 所示。采用与平台喷嘴雾化锥角相同的测量方法，得到该条件下生产喷嘴雾化锥角为 32.56°。

图 2.24　制丝生产线加料工序喷嘴雾化液滴形形状

2.1.6.2　雾化区域和雾化粒径数字化表征

雾化区域是指喷嘴雾化后液滴分布所形成的区域。在实际的喷嘴雾化过程中，液体雾化后会形成大小不同的液滴组，各个液滴组间尺寸可能相差几十倍，液滴形状也不规范，并且喷雾场中的液滴分布也有较大差别。平均直径是一个假设值，当有一个粒径形状近似球形、分布均匀的雾化场来代替真实的雾化场时，这个等效雾化场的粒径就是平均直径。本小节对透明加料试验平台喷嘴和制丝生产线加料喷嘴的雾化区域和雾化粒径进行了数字化表征。其中雾化粒径采用的是索特尔平均直径。

1. 透明滚筒加料试验平台喷嘴雾化区域和雾化粒径表征

对边界条件为料液流量 20 kg/h、料液温度 45 ℃、雾化压力 0.2 MPa 条件下平台喷嘴雾化区域和雾化粒径进行了数字化表征，结果分别如图 2.25 和图 2.26 所示。

从图 2.25 和图 2.26 中可以看出，在料液流量 20 kg/h、料液温度 45 ℃、雾化压力 0.2 MPa 条件下，平台喷嘴雾化液滴的颗粒数为 458 530 个，雾化液滴最小粒径为 $4.11×10^{-7}$ m，雾化液滴最大粒径为 $5.0×10^{-3}$ m，雾化液滴索特尔平均直径为 $3.06×10^{-4}$ m。

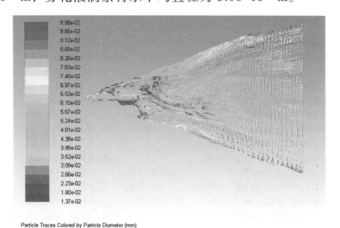

图 2.25　透明滚筒加料试验平台喷嘴雾化区域

```
for diameter
 total number = 458530
 mean = 4.859e-05
 min  = 4.1104e-07
 max  = 0.0005
 sum  = 22.28
 standard deviation = 6.93418e-05

 minimum diameter                  = 4.1104e-07
 maximum diameter                  = 0.0005
 RR spread error                   = 0.139837
 RR spread parameter               = 1.7722
 RR diameter            (D_RR) = 0.000100065
 mean diameter          (D_10) = 4.859e-05
 mean surface area      (D_20) = 8.46715e-05
 mean volume            (D_30) = 0.00012999
 mean surface diameter  (D_21) = 0.000147546
 mean volume diameter   (D_31) = 0.000212614
 mean Sauter diameter   (D_32) = 0.000306377
 mean De Brouckere diameter (D_43) = 0.000397159
```

图 2.26　透明滚筒加料试验平台喷嘴雾化粒径

2. 制丝生产线加料工序喷嘴雾化区域和雾化粒径表征

对边界条件为料液流量 20 kg/h、料液温度 45 ℃、雾化压力 0.2 MPa 条件下的制丝生产线加料工序喷嘴雾化区域和雾化粒径进行了数字化表征，结果分别如图 2.27 和图 2.28 所示。

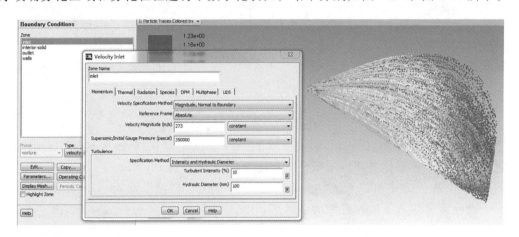

图 2.27 制丝生产线加料工序喷嘴雾化区域

```
Total number of parcels           : 14846
Total number of particles         : 1.140182e+04
Total mass                        : 2.464491e-05   (kg)
Overall RR Spread Parameter       : 3.408274e+00
Maximum Error in RR fit           : 5.944183e-03
Overall RR diameter        (D_RR) : 2.433816e-04   (m)
Maximum RMS distance from injector: 3.060714e-01   (m)
Maximum particle diameter         : 4.375811e-04   (m)
Minimum particle diameter         : 5.209403e-05   (m)
Overall mean diameter      (D_10) : 1.302975e-04   (m)
Overall mean surface area  (D_20) : 1.460391e-04   (m)
Overall mean volume        (D_30) : 1.609573e-04   (m)
Overall surface diameter   (D_21) : 1.636825e-04   (m)
Overall volume diameter    (D_31) : 1.788948e-04   (m)
Overall Sauter diameter    (D_32) : 1.955209e-04   (m)
Overall De Brouckere diameter (D_43): 2.226164e-04 (m)
```

图 2.28 制丝生产线加料工序喷嘴雾化粒径

2.1.7 料液雾化空间区域分布

仿真计算表明，在加工条件稳定的情况下，雾化液滴粒径随喷雾距离逐渐变小，雾化液滴与烟叶接触时的液滴粒径大小对加料质量有重要影响。液滴粒径太大，不利于烟叶的吸附。液滴粒径太小，一方面液滴受加工过程中的热风、蒸汽等流场影响较大，不能对烟叶或烟丝实施准确施加；另一方面容易被排潮风门带走，造成料液的损失。液滴粒径分布不均匀造成施加料液不均匀，从而造成烟叶加料的不均匀。因此，研究料液雾化在滚筒空间内的分布状态意义重大。

根据喷嘴雾化破碎机理和仿真计算结果，按照料液破碎状态或雾化液滴粒径大小，将液相雾化空间区域划分成 3 个特征区域：喷射区、雾化区和扩散区（图 2.29）。其中，以料液雾化特征粒径（0.05 ~ 0.8 mm）和特征粒径料液在横截面上的分布离散度为临界判据，对喷射结果进行分界分析处理，当离散度小于临界离散度时，是为喷射区；当离散度大于临界离散度时，是为扩散区；喷射区和扩散区之间为雾化区。

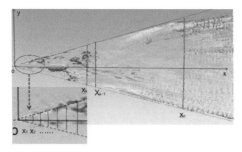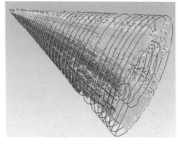

图 2.29　料液雾化空间区域划分示意图

对边界条件为雾化压力 0.35 MPa、料液流量 30 kg/h、料液温度 55 ℃的生产线喷嘴雾化空间区域进行了喷射区、雾化区和扩散区的三区划分，结果见表 2.8。

表 2.8　料液雾化空间区域划分结果

加工条件	喷射区/m	雾化区/m	扩散区/m
压力 0.35 MPa、流量 30 kg/h、温度 55 ℃	<0.316	0.316~2.188	>2.188

从表 2.8 中可以看出，料液喷射的喷射区、雾化区和扩散区分别为<0.316 m、0.316 ~ 2.188 m 和>2.188 m。不难理解，烟叶加料的最佳区域为雾化区，即从喷嘴开始向滚筒内延伸的 0.316 ~ 2.188 m 范围内，同时烟叶应该避开料液雾化锥角 32.56°范围。这就需要进行烟叶料液在加料过程中运动的耦合分析。

2.1.8　烟叶料液耦合运动状态

基于烟叶和料液运动状态分析结果，烟叶在滚筒中的运动在滚筒横截面方向上按持料上升、抛洒和落料运动的周期性旋转基本规律进行，并按相应状态分布；烟叶在滚筒轴线方向的运动，按滚筒每旋转一圈为一个运动单元，在把钉螺旋布置和滚筒倾角等的联合作用下，各运动单元内按照烟叶沿滚筒轴线方向从入料端向出料端移动的基本规律运动。料液的喷射和雾化，按照料液破碎的粒径和分布也表现出以喷射区、扩散区和雾化区为特征的基本运动和分布规律。烟叶在滚筒中周向旋转运动和轴向前移运动中，一定会通过料液在滚筒中的某个特征区域与料液接触，实现加料作用，如图 2.30 所示。其中，左图为料液喷射区域示意图，右图为烟叶在料液喷射区域空间的横截面运动和分布状态。

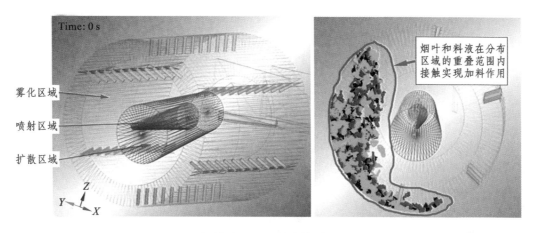

图 2.30　加料过程烟叶料液接触作用示意图

由此得到烟叶料液接触和产生加料作用与效果的基本状态和规律表现如下：

（1）在滚筒横截面方向上，烟叶的持料上升、抛洒和落料运动分布区域与料液喷射的雾化区域重叠，在该区域内从持料上升开始，烟叶群的表面就与雾化料液接触和黏附并逐渐吸入，在上升过程中烟叶的翻转和相互接触会使料液在烟叶间传递和扩散，增加接触和均匀化吸附，到抛洒和落料阶段，烟叶和料液接触概率和接触面越大，黏附和吸入效果更显著，直到落料到滚筒底部进入下一个运动单元的循环。显然，由于烟叶持料上升、抛洒和落料的运动状态的差异，以及料液在重叠区域的分布状态差异，加料效果会有明显的差异。

（2）对于烟叶在滚筒内的轴向前移运动，就透明试验滚筒而言，烟叶从进入滚筒到离开滚筒平均运动单元数为18，意味着烟叶和料液有18次周期旋转运动的接触（加料）机会，由于料液分布并非均匀一致，因此，不同的运动单元烟叶料液接触的效果也不一样，加料作用效果也不一样。

加料过程基本特征的分析是基于烟叶料液单独建模计算结果进行的，而在实际的加料过程中，烟叶料液在滚筒中是同时存在和运动的，烟叶和料液之间在加料过程中会相互有力和位移的影响作用，因此，必须对烟叶料液的运动和分布的相互作用的基本特征进行更深入的分析研究。

为了描述烟叶料液实际耦合运动和作用的实际状态和效果，进一步地运用欧拉-欧拉多相流框架的耦合方法对烟叶加料过程进行数字化建模，实现烟叶（颗粒）与料液间的相互作用的描述，包括质量、动量和能量的交换；由于加料过程中料液和烟叶（颗粒）之间的相互作用力主要是曳力，在CFD-DEM（计算流体力学-离散元法）耦合计算中采用曳力计算模型，对欧拉-欧拉多相流烟叶加料耦合模型进行求解，实现烟叶料液相互作用的直接耦合描述和计算。该方法仿真效果良好和直接，但其不足的是计算量巨大，对计算资源要求高，计算时间很长。料液与烟叶耦合计算结果，如图2.31所示，其中，蓝色轨迹线为随机提取的50个料液颗粒在滚筒内运动的分布情况，黄、红、绿色为烟叶在滚筒中运动的分布情况。

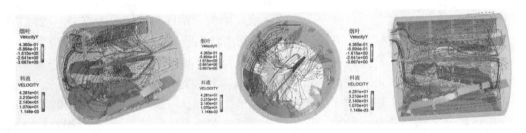

图 2.31　料液与烟叶耦合计算结果

从图2.31中可以看出，滚筒内的烟叶在滚筒转速、滚筒倾角的作用下，表现为在滚筒的一侧持料上升、抛洒和落料三个特征运动状态和区域，料液喷射也表现为喷射区、雾化区和扩散区三个特征区域。由于空间位置的设计和安排，料液经喷嘴雾化进入滚筒后在喷射区与烟叶接触不多，在雾化区和扩散区与烟叶大量接触并相互作用。

2.1.9　烟叶料液耦合作用

基于对料液施加效果的影响分析，对烟叶与料液耦合作用提出了烟叶料液重叠空间、烟叶重叠空间均匀性和料液重叠空间均匀性三个耦合指标，并对其进行了数字化表征研究。

2.1.9.1　烟叶料液重叠空间指标及数字化表征

烟叶料液重叠空间指标是指滚筒内烟叶空间分布与料液空间分布相互重叠的空间体积，是用于描述烟叶料液接触空间大小和空间利用状态的指标。在同一滚筒空间里，烟叶料液重叠空间越大，说明烟叶与料液相互接触越多。

　　滚筒内烟叶空间分布与料液空间分布的区域特征示意图如图 2.32。其中，红色线代表烟叶抛洒区域，黄色线代表料液喷射与雾化区域，绿色线代表料液扩散区域。

　　从图 2.32 中可以看出，依据烟叶和料液在滚筒中的运动分布状态，烟叶运动与料液雾化在滚筒中的重叠空间主要是烟叶抛洒抛料区域与料液喷射雾化区域和扩散区域的重叠区域。采用体积包络法分别得到滚筒中烟叶抛洒区域体积与料液喷射、雾化和扩散区域体积，并在同一坐标系统中截取两个区域的重叠区域体积，即得到烟叶料液重叠空间，具体如图 2.33、图 2.34 和图 2.35 所示。

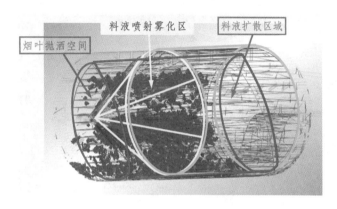

图 2.32　滚筒内烟叶空间分布与料液空间分布的区域特征示意图

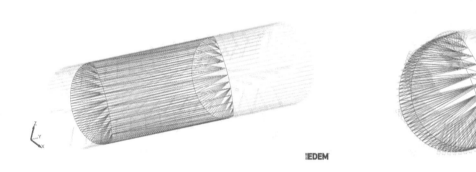

（a）滚筒轴向方向　　　　　　　　　　　　　（b）滚筒径向方向

图 2.33　滚筒中烟叶抛洒区域包络体积

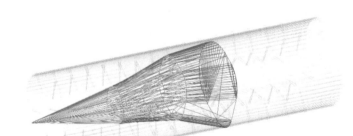

图 2.34　滚筒中料液喷射、雾化和扩散区域体积

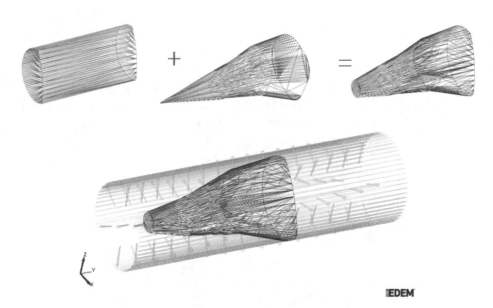

图 2.35　滚筒内烟叶料液重叠空间包络体积

进一步，采用上述体积包络法对边界条件为滚筒尺寸 0.8 m×3.0 m、滚筒倾角 3°、滚筒转速 10 r/min、烟叶流量 60 kg/h、料液流量 20 kg/h、料液温度 55 ℃、雾化压力 250 kPa 的烟叶料液重叠空间进行数字化表征，从计算结果数据中分别提取烟叶抛洒包络空间数据和料液喷射数据，在 MATLAB 系统中分别生成烟叶抛洒和料液喷射包络空间，然后，针对两个空间，在数据域中叠加生成烟叶料液重叠空间，具体结果见表 2.9。

表 2.9　烟叶料液重叠空间的数字化表征结果

数字化表征	滚筒空间	烟叶抛洒空间	料液喷射雾化空间	烟叶料液重叠空间
体积/m³	1.507 9	0.525	0.409	0.325 4
占空比/%	100	34.81	27.12	21.57

从表 2.9 中可以看出，烟叶抛洒空间体积为 0.525 m³，料液喷射雾化空间体积为 0.409 m³，烟叶料液重叠空间体积为 0.325 4 m³。与烟叶抛洒空间体积及料液喷射雾化空间体积相比较，烟叶料液重叠空间体积还有进一步提升空间。

2.1.9.2　料液重叠空间均匀性指标及数字化表征

料液重叠空间均匀性指标是指在烟叶料液重叠空间里料液的分布均匀性状态。同样，料液重叠空间均匀性越好，烟叶与料液接触越均匀，料液施加效果越好。

在前述烟叶料液重叠空间中，采用颗粒分布均匀性方法来研究料液分布均匀性，即料液重叠空间均匀性。

在烟叶料液重叠空间里构造一个料液雾化液滴空间分布的统计量，分为轴向与径向两个部分。下面分别来研究料液重叠空间轴向和径向均匀性。

1. 料液重叠空间轴向均匀性计算方法

首先，沿料液雾化液滴轴向方向，将烟叶料液重叠空间划分为 $n×m$ 个小格，如图 2.36 所示。

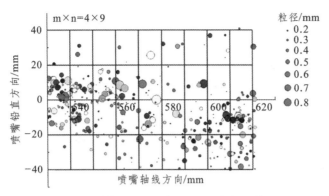

图 2.36　料液重叠空间轴向分布划分情况

然后，采用颗粒分布均匀性方法得到料液重叠空间轴向均匀性统计量 T_p 公式如下：

$$T_p = \lambda_p T_{p1} + (1-\lambda_p)T_{p2} = \lambda_p \sum_{i=1}^{n} \frac{(p_{pi}-p_p)^2}{p_p} + (1-\lambda_p)\sum_{i=1}^{n} \frac{(q_{pi}-q_p)^2}{q_p} \tag{2.1}$$

式中：$T_{p1} = \lambda_p \sum_{i=1}^{n \times m} \frac{(p_{pi}-p_p)^2}{p_p}$

$$T_{p2} = \sum_{i=1}^{n \times m} \frac{(q_{pi}-q_p)^2}{q_p}$$

其中：q_{pi} 表示每个小格内的特征液滴的个数；Q 表示特征液滴的总个数；q_p 表示每个小格内期望含有的特征液滴数量，$q_p = Q/(n \times m)$。另外，s_{pi} 表示每个小格内的特征液滴的面积，S 表示特征液滴的总面积，则 $S = \sum s_{pi}$；设每个小格的面积是 s，p_{pi} 表示每个小格内的颗粒面积比，则 $p_{pi} = \frac{s_{pi}}{s}$；每个小格内期望含有的特征液滴面积 $s_p = S/(n \times m)$；设每个小格内期望含有的特征液滴面积比为 p_p，若特征液滴均匀分布，则 $p_p = \sum p_{pi}/(n \times m)$；$\lambda_p$ 为 T_{p1}、T_{p2} 之间的权重，本项目经过研究判定 $\lambda_p = 0.2$。

下面对 T_{p1}、T_{p2} 进行均匀性分布判定，判定的主要依据是：T_{p1}、T_{p2} 的零分布服从自由度为 $n-1$ 的 χ^2 分布，如果得到的 T_{p1}、T_{p2} 值小于 $\chi_\alpha^2(n-1)$，则可以认定为雾化液滴分布在置信度为 α 的情况下服从均匀性分布，当 T_{p1}、T_{p2} 小于或等于 $\chi_\alpha^2(n-1)$ 时，即得到均匀分布了。从公式（2.1）来看，当 T 的数值越小时，表明图像中特征液滴分布的相对均匀性越好。在理论上，当 $T=0$ 时，图像中雾化液滴的分布是绝对均匀的。

2. 料液重叠空间径向均匀性计算方法

采用同样的方法沿料液雾化液滴径向计算，由于料液雾化液滴径向为圆形，将烟叶料液重叠空间划分为 n 等份，如图 2.37 所示。

得到料液重叠空间径向均匀性统计量 T_a 为：

$$T_a = \lambda_a T_{a1} + (1-\lambda_a)T_{a2} = \lambda_a \sum_{i=1}^{n \times m} \frac{(p_{ai}-p_a)^2}{p_a} + (1-\lambda_a)\sum_{i=1}^{n \times m} \frac{(q_{ai}-q_a)^2}{q_a} \tag{2.2}$$

式中　$T_{a1} = \lambda_a \sum_{i=1}^{n \times m} \frac{(p_{ai}-p_a)^2}{p_a}$

$$T_{a2} = \sum_{i=1}^{n\times m} \frac{(q_{ai}-q_a)^2}{q_a}$$

其中：q_{ai} 表示每个等份内的特征液滴的个数；Q 表示特征液滴的总个数；q_a 表示每个等份内期望含有的特征液滴数量，$q_a = Q/n$。另外，s_{ai} 表示每个等份内的特征液滴的面积，S_a 表示特征液滴的总面积，则 $S = \sum s_{ai}$；设每个小格的面积是 s，p_{ai} 表示每个小格内的颗粒面积比，则 $p_{ai} = \frac{s_{ai}}{s}$；每个小格内期望含有的特征液滴面积 $s_a = S/n$；设每个小格内期望含有的特征液滴面积比为 p_a，若特征液滴均匀分布，则 $p_a = \sum p_{ai}/n$。λ_a 为 T_{a1}、T_{a2} 之间的权重，项目经过研究判定 $\lambda_a=0.2$。

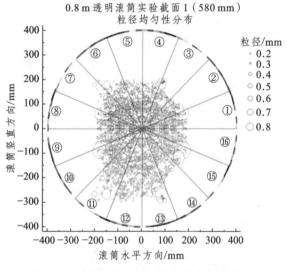

图 2.37　料液重叠空间径向分布划分情况

因此，基于料液重叠空间轴向均匀性 T_p 和料液重叠空间径向均匀性 T_a，可得到料液重叠空间均匀性 T，公式如下：

$$T = \mu T_p + (1-\mu)T_a \tag{2.3}$$

式中：μ 为 T_p、T_a 之间的权重，本项目判定 $\mu=0.3$。

进一步，采用上述方法对边界条件滚筒尺寸 0.8 m×3.0 m、滚筒倾角 3°、滚筒转速 10 r/min、烟叶流量 60 kg/h、料液流量 30 kg/h、料液温度 55 ℃、雾化压力为 200 kPa 的料液重叠空间均匀性进行了数字化表征，结果见表 2.10。

表 2.10　料液重叠空间均匀性数字化表征结果

雾化压力/kPa	料液重叠空间轴向均匀性	料液重叠空间径向均匀性	料液重叠空间均匀性
200	0.195 6	0.253 1	0.212 9

从表 2.10 中可以看出，该加工条件下的料液重叠空间轴向均匀性为 0.195 6，料液重叠空间径向均匀性为 0.253 1，说明料液重叠空间中轴向均匀性较径向均匀性较好，料液重叠空间均匀性为 0.212 9。

2.1.9.3　烟叶重叠空间均匀性指标及数字化表征

烟叶重叠空间均匀性指标是指在烟叶料液重叠空间中烟叶的分布均匀性状态。显然，烟叶重叠空间均匀性越好，烟叶与料液接触越均匀，料液施加效果越好。在烟叶料液重叠空间中，采用区域分割法得到烟叶颗粒分布情况，如图 2.38 所示。

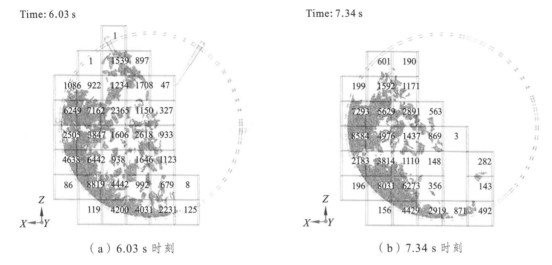

（a）6.03 s 时刻　　　　　　　　　　　　（b）7.34 s 时刻

图 2.38　区域分割法下烟叶颗粒分布情况

采用与料液重叠空间均匀性计算类似的方法，得到烟叶重叠空间均匀性的计算公式：

$$T_p = \lambda_p T_{p1} + (1-\lambda_p)T_{p2} = \lambda_p \sum_{i=1}^{n} \frac{(p_{pi}-p_p)^2}{p_p} + (1-\lambda_p)\sum_{i=1}^{n}\frac{(q_{pi}-q_p)^2}{q_p} \tag{2.4}$$

式中：p_{pi} 表示每个小格内的颗粒体积比，$p_{pi}=\dfrac{s_{pi}}{s}$；p_p 表示每个小格内期望含有的特征颗粒体积比，$p_p = \sum p_{pi}/(n\times m)$；$q_{pi}$ 表示每个小格内的特征颗粒的个数；q_p 表示每个小格内期望含有的特征颗粒数量，$q_p = Q/(n\times m)$；Q 表示特征颗粒的总个数；λ_p 为 T_{p1}、T_{p2} 之间的权重，本项目经过研究判定 λ_p=0.2。

进一步，对边界条件滚筒尺寸 0.8 m×3.0 m、滚筒倾角 3°、滚筒转速 10 r/min、烟叶流量 60 kg/h、料液流量 30 kg/h、料液温度 55 ℃、雾化压力为 200 kPa 的烟叶重叠空间均匀性进行了数字化表征，结果见表 2.11。

表 2.11　不同时刻下的烟叶重叠空间均匀性数字化表征结果

时刻	烟叶总颗粒数	每个小格内期望含有特征烟叶数量	每个小格内期望含有特征烟叶体积比	烟叶个数统计量	烟叶体积统计量	烟叶重叠空间均匀性
6.03 s	76 716	1 198.687 5	0.000 337 13	1.754 856	0.049 384 5	0.390 478 8
6.26 s	74 294	1 160.843 75	0.000 326 49	2.332 387	0.065 7	0.519 037 4
6.50 s	72 915	1 139.296 9	0.000 320 43	2.582 815	0.071 544 5	0.573 798 6
6.87 s	67 423	1 053.484 4	0.000 296 29	2.945 544	0.076 312	0.650 158 4
7.34 s	67 401	1 053.140 6	0.000 296 19	2.542 720	0.064 947	0.560 501 6
7.65 s	66 416	1 037.75	0.000 291 86	2.669 625	0.077 9	0.596 245
7.92 s	65 394	1 021.781 25	0.000 287 376	2.763 464 6	0.079 4	0.616 212 92
8.26 s	64 374	1 005.843 75	0.000 282 894	2.355 218 2	0.066 6	0.524 323 64
8.46 s	64 597	1 009.328 13	0.000 283 874	2.243 793 4	0.063 7	0.499 718 68
8.71 s	66 235	1 034.921 9	0.000 291 072	2.064 589 7	0.060 1	0.460 997 94

从表 2.11 中可以看出，在烟叶运动时刻 6.03 ~ 8.71 s 时，烟叶重叠空间均匀性在 0.39 ~ 0.65 范围内，通过对比各时刻下烟叶在滚筒中的运动状态可知，当烟叶处于抛洒抛料运动状态时，烟叶重叠空间均匀性较小，其均匀性较好，当烟叶处于持料上升运动状态时，烟叶重叠空间均匀性较大，其均匀性较差；结合表 2.10 和表 2.11 可以看出，烟叶重叠空间均匀性较料液重叠空间均匀性大，说明烟叶料液重叠空间中，料液重叠空间均匀性较好。

2.2 薄板干燥工艺过程"白箱化"研究

薄板干燥是烟草行业卷烟企业制丝线上普遍应用的一种烘丝方式，其主要功能是通过热传导和热对流，对烟丝进行干燥。其工艺任务是保证烘丝烘干后的烟丝含水率符合卷烟工艺要求，提高烟丝的成丝率和填充值，并尽量保持烟丝的香气，改善吸味。滚筒干燥过程涉及气、固、液三相之间的传热和传质，是一个高温、密闭的复杂过程，其加工质量受来料状况、干燥设备、控制方式、加工参数等诸多因素的影响，一直是国内外研究的难点、重点和焦点。

2.2.1 烟丝几何模型构建

按照长度尺寸划分，烟丝可分为长丝、中丝、短丝和碎丝。在卷烟加工过程中，烟丝结构对卷烟加工质量有重要影响，短丝和碎丝过多会减小单克烟丝的填充值，增大吸阻率，降低香烟品质。长丝过多不利于气流干燥并且不利于烟丝卷接。因此，为了让仿真计算接近真实情况，分别构建典型烟丝几何模型和烟丝组离散模型。

1. 典型烟丝几何模型构建

与建立烟叶典型几何模型的方法一样，烟丝的几何模型为长条形，烟丝宽度为 1.0 mm，烟丝的厚度为 0.5 mm，采用直径为 0.25 mm 球形颗粒对长丝、中丝和碎丝进行网格化，即可建立 3 种典型烟丝几何模型，如图 2.39 所示。

|（a）长丝|（b）中丝|（c）短丝|

图 2.39　烟丝典型几何模型

2. 烟丝组离散模型构建

采用 AS 400 旋转筛分仪，对某卷烟品牌的烟丝结构进行了检测，结果见表 2.12。

表 2.12　某卷烟品牌烟丝结构测定结果

烟丝长度/mm	>4.75	4.75 ~ 4.0	4.0 ~ 2.5	2.5 ~ 2.0	2.0 ~ 1.6	1.6 ~ 1.0	<1.0
百分比/%	25.85	23.47	27.58	4.11	6.11	8.98	3.91

为便于仿真计算，对表 2.12 中烟丝结构测定数据进行简化，将小于 1.0 mm 长度的烟丝归入烟丝长度 1.0 ~ 1.6 mm 中，并对各烟丝长度的比例进行圆整，得到烟丝组长度的分布情况，具体见表 2.13。

表 2.13　圆整后的烟丝组各烟丝长度的分布情况

烟丝长度/mm	>4.75	4.75~4.0	4.0~2.5	2.5~2.0	2.0~1.6	1.6~1.0
百分比/%	25.85	23.47	27.58	4.11	6.11	12.89

进一步，烟丝宽度设定为 1.0 mm，烟丝厚度设定为 0.5 mm，结合烟丝长度实际分布情况，采用 0.25 mm 直径的球形颗粒对烟丝组中每根烟丝进行网格化，并采用离散元分析系统中有限球体颗粒黏结的方法对烟丝组进行离散化，建立烟丝组离散模型，如图 2.40 所示。

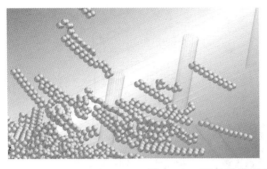

图 2.40　烟丝组离散模型

2.2.2　薄板滚筒几何结构模型构建

薄板烘丝采用滚筒模式加工，而滚筒作为烟丝物料加工的运动边界，其结构尺寸（抄板）、滚筒转速、滚筒倾角等参数对烟丝物料在滚筒中的运动行为有重要影响。基于卷烟制丝过程各滚筒模式加工的实际情况，采用 CAD 三维建模方法，建立了 3 种不同尺寸的薄板滚筒几何结构模型，分别如图 2.41、图 2.42 和图 2.43 所示。

（a）三维模型图　　　　　　　　　　　（b）三维透视图

图 2.41　微型制丝生产线薄板干燥滚筒几何结构模型（直径 1 m×长 0.5 m）

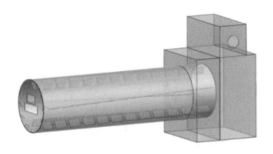

图 2.42　透明滚筒几何结构模型（直径 0.8 m×长 3.0 m）

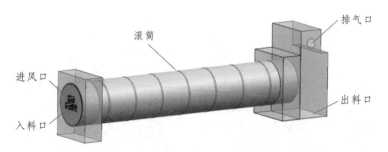

图 2.43　制丝生产线薄板干燥滚筒几何结构模型（直径 1.9 m×长 12.0 m）

2.2.3　烟丝运动状态

对一定加工条件下的微型制丝生产线薄板干燥工艺过程进行了仿真计算研究，数字化表征结果如图 2.44 所示。

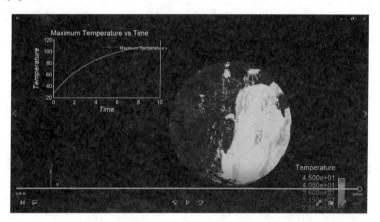

图 2.44　微型制丝生产线薄板干燥工艺过程的数字化表征

2.2.3.1　单根烟丝在薄板干燥滚筒空间中的运动轨迹

从仿真计算结果中提取某一烟丝（质心）随时间变化时在滚筒中的空间运动位置数据，得到了该烟丝在滚筒中的运动轨迹，如图 2.45 所示。

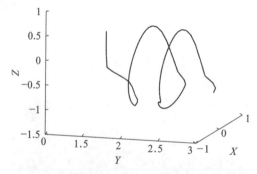

图 2.45　单根烟丝在薄板干燥滚筒空间坐标中的运动轨迹

从图 2.45 中可以看出，该轨迹清晰地显示出烟丝从滚筒底部随滚筒转动，和其他烟丝一起一边前移一边沿滚筒壁和由于抄板的作用被升举起来，之后随滚筒转动到一定角度后烟丝又下滑抛洒下落至滚筒底部，完成了烟丝物料的一个升举和抛洒运动周期。之后烟丝不断地被升举和抛洒周期循环，直至从出料口排出。该轨迹直观地表现出烟丝物料在滚筒内部所提取信息范围内的运动过程状态。

2.2.3.2　烟丝组在薄板干燥滚筒空间中的运动轨迹

同样，从仿真计算结果中提取示范线模型的任意一组烟丝（质心）从入料端到出料端的滚筒内部运动信息，得到该组烟丝在滚筒空间内的运动轨迹，如图 2.46 所示。

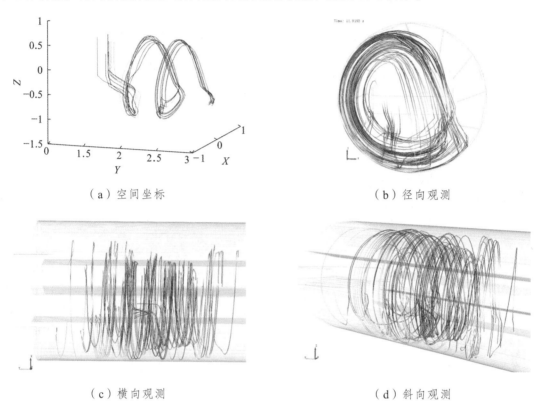

（a）空间坐标　　　　　　　　　　　　　　　（b）径向观测

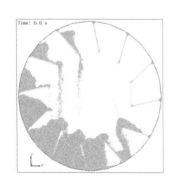

（c）横向观测　　　　　　　　　　　　　　　（d）斜向观测

图 2.46　烟丝组在薄板干燥滚筒空间中的运动轨迹

2.2.3.3　烟丝组在薄板干燥滚筒空间中的运动行为

由烟丝的运动轨迹可以看出，烟丝运动均呈周期性向前运动，不断经历被升举与抛落，运动明显呈周期性变化，以升举和抛洒下落为一个周期内的主要行为表现。据此可以将烟丝在滚筒中的运动状态分为两种典型运动，即持料上升运动、抛落运动，如图 2.47 所示。

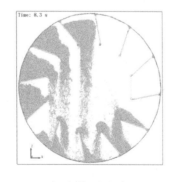

（a）被升举运动　　　　　　　（b）抛洒运动　　　　　　　（c）落料运动

图 2.47　烟丝组在薄板干燥滚筒空间内典型运动特征

1. 烟丝持料上升运动

被干燥的烟丝由振动输送带抛洒进入滚筒内部并到达滚筒底部，如图中在抄板上的蓝色烟丝颗粒将会相对静止在抄板上，然后又在滚筒转动的带动作用下，随抄板做圆周运动，且烟丝速度与滚筒转速保持一致。

2. 烟丝抛洒运动

烟丝在随滚筒转动持料上升过程中，随着滚筒转动角度不断变大，当滚筒转动到一定角度以后，即烟丝的自身重力大于离心力时，上升运动至重力势能最大，烟丝因惯性斜抛运动从抄板上下落到滚筒底部，在此过程中烟丝的速度不断增大，并在烟丝再次到达滚筒底部时达到最大。此后因烟丝的碰撞等，速度又减小到与滚筒转速相同。

2.2.4 气相运动流场

对边界条件热风温度 115 ℃、筒壁温度 146 ℃、入口风速 15 m/s 和排潮出口风速−21 m/s 的滚筒干燥工艺过程进行了仿真计算研究，对滚筒内速度场、温度场和压力场进行了数字化表征。

1. 速度场

滚筒干燥工艺过程滚筒内部速度场如图 2.48 所示。

（a）X=0 截面速度云图

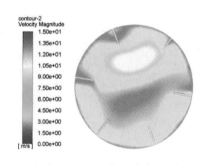

（b）Y=1.5 m 截面速度云图

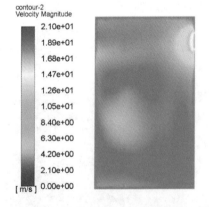

（c）排潮口截面速度云图

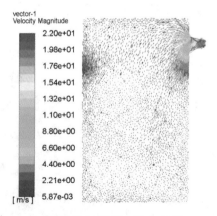

（d）排潮口截面速度矢量图

图 2.48　滚筒干燥过程滚筒内部速度场云图

从图 2.48（a）和（b）中可以看出，气流从进口进入时速度最大，随着气流在滚筒内的运动其速度逐渐减小，在滚筒中部 Y=1.5 截面上，气流速度在 Z 方向中上部分速度最大，为 10 m/s，从中部到底部呈现先减小后增大的趋势。造成这一现象的原因首先是气流进口分布在滚筒入料口的上半部分,导致滚筒内气流速度上半部分要大于下半部分;其次是抄板对内部气流具有一定导流作用导致抄板间速度相对稳定。

进一步,从图 2.48(c)和(d)中可以看出排潮口截面的速度大小及分布情况。排潮口出口处速度最大为 21 m/s,排潮口周围风速为 5 m/s,排潮口截面中下部分存在的小块椭圆形区域速度大于周围区域的风速,这是进口气流吹到滚筒末端时的速度,吹到滚筒末端时速度较大处仍有 3 m/s 左右,其余部分风速在 1~2 m/s 左右。

2. 温度场

滚筒干燥工艺过程滚筒内部温度场如图 2.49 所示。

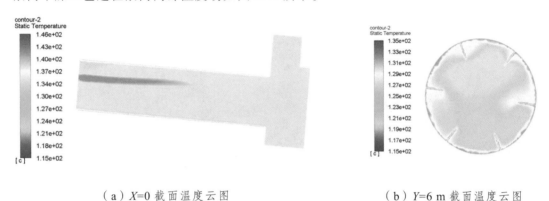

（a）X=0 截面温度云图　　　　　　　　　（b）Y=6 m 截面温度云图

图 2.49　滚筒干燥过程滚筒空间内部温度场云图

从图 2.49 中可以看出,由于进口气流温度低于滚筒内部温度,且进口靠近上半部分,滚筒中段温度上半部分略低于下半部分,此时滚筒内部流场的温度已经全部高于 115 ℃,滚筒内部最低温度为进口温度 115 ℃,滚筒内部由于温度更高仍逐渐升温,达到 122 ℃左右。由图 2.49(b)可知,滚筒内部温度从上半部分的 120 ℃左右到下半部分的 124 ℃左右逐渐升高,这是因为内部最低温度在达到 115 ℃后仍由于抄板温度更高而持续升温,且分布在上半部分的气流进口温度较低导致靠近进口的上半部分温度要低于离进口较远的下半部分。

3. 压力场

滚筒干燥工艺过程滚筒内部压力场如图 2.50 所示。

从图 2.50 中可以看出,除排气口外,滚筒干燥管中的压力云图分布与速度云图分布类似,速度较大的地方压力也较大,内部压力在 -20~140 Pa 之间,出口位置由于为排气口,出现一定负压,在 -20 Pa 左右。

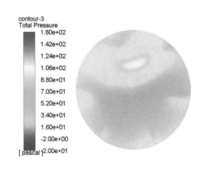

（a）X=0 截面压力云图　　　　　　　　　（b）Y=6 m 截面压力云图

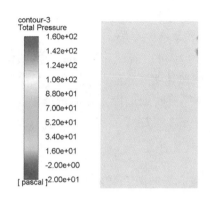

（c）排潮口截面压力云图

图 2.50　滚筒干燥过程滚筒空间内部压力场云图

2.2.5　气固耦合气相流场

1. 耦合气相速度场

边界条件为入口风速 v=15 m/s、排潮出口风速 -21 m/s、筒壁温度 146 ℃、热风温度 115 ℃ 下的气相与 EDEM 中烟丝耦合过程中的气相速度分布如图 2.51 所示。

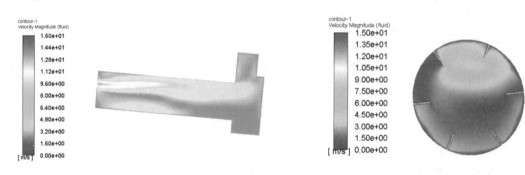

（a）X=0 截面速度云图　　　　　　　　（b）Y=1.5 m 截面速度云图

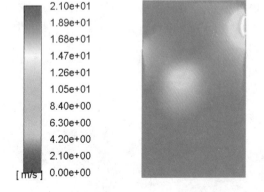
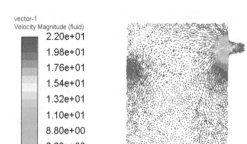
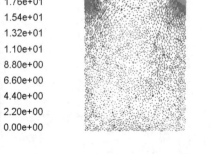

（c）排潮口截面速度云图　　　　　　　　（d）排潮口截面速度矢量图

图 2.51　滚筒干燥过程耦合作用气相速度场云图

从图 2.51（a）中可以看出，相较于空载分析时的情况，由于受到内部烟丝的影响，气流速度整体要小于空载时速度，X 截面速度分布与空载时相似；从图 2.51（b）中可以看出，虽然内部速度分布仍是上半部分大于下半部分，但气流速度相较于空载时的 10 m/s 降到了 6 m/s 左右；抄板部分速度也从 3 m/s 下降到了 1 m/s 左右；从图 2.51（c）和（d）中可以看出，排潮口截面的速度大小与速度矢量图分布仍与空载时类似，排潮口出口处速度最大为 21 m/s，排潮口周围风速为 5 m/s，排潮口截面中下部分存在的小块椭圆形区域速度大于周围区域的风速，这是进口气流吹到滚筒末端时的速度。吹到滚筒末端时速度较大处仍有 3 m/s 左右，其余部分风速在 1~2 m/s 左右。

2. 耦合气相温度场

边界条件为入口风速 v=15 m/s、排潮出口风速 −21 m/s、筒壁温度 146 ℃、热风温度 115 ℃下的气相与 EDEM 中烟丝耦合过程中气相温度分布如图 2.52 所示。

（a）X=0 截面温度云图　　　　　（b）Y=1.5 m 截面温度云图

图 2.52　滚筒干燥过程耦合作用气相温度场云图

滚筒内耦合温度分布与空载时温度差距较大。从图 2.52（a）中可以看出，相较于空载时的温度分布来说，由于受到内部烟丝的影响，内部最低温度不再是空载时的进口区域温度，烟丝所在区域流场温度要显著低于其他部分流场温度；从图 2.52（b）中可以看出，右下侧流场温度要明显低于其他部分的温度，右下侧流场温度在 105 ℃左右，其他区域温度在 115~124 ℃，这是因为烘丝滚筒逆时针旋转，带动烟丝向滚筒右上部分运动，烟丝整体分布在滚筒右下侧，烟丝与高温气流发生对流换热，同时筒壁与抄板与烟丝产生热传导，气流与筒壁的热量传递给烟丝，从而使烟丝所在的右下侧流场温度降低。

3. 耦合气相压力场

边界条件为入口风速 v=15m/s、排潮出口风速 −21 m/s、筒壁温度 146 ℃、热风温度 115 ℃下的气相与 EDEM 中烟丝耦合过程中气相压力分布如图 2.53 所示。

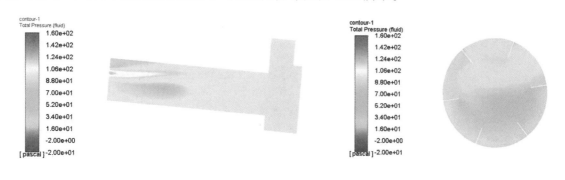

（a）X=0 截面压力云图　　　　　（b）Y=1.5 m 截面压力云图

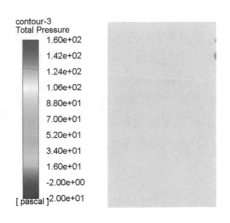

（c）排潮口截面压力云图

图 2.53　滚筒干燥过程耦合作用气相压力场云图

从图 2.53 中可以看出，除排气口外，干燥管中的耦合压力云图分布与耦合速度云图分布类似，速度较大的地方压力也较大，内部压力在 –20 ~ 140 Pa 之间，出口位置由于为排气口，出现一定负压，在 –20 Pa 左右。

2.2.6　气固耦合烟丝速度变化

由于烟丝在滚筒内部会受到自身重力、滚筒转速、热风风速等因素的综合影响，以及烟丝间和与壁面的碰撞等相互作用，故其干燥运动过程非常复杂，假如使用传统的方法，将无法准确分析描述其运动过程和热量传递过程。单独选取滚筒内部任意烟丝，提取该烟丝的速度数据并分析其速度曲线，如图 2.54 所示。

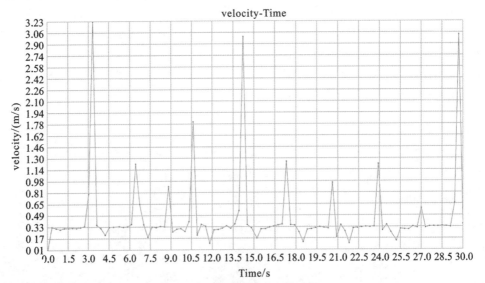

图 2.54　烟丝速度变化曲线

从图 2.54 中可以看出，烟丝基本上呈一定的周期性规律变化，在曲线的两个峰值之间速度基本保持不变，在 3 m/s 左右，较小峰值的产生是因为抄板之间存在空隙，烟丝在随筒壁抄板旋转的过程中，中途从空隙中落下，导致烟丝落到滚筒底部时速度较小。由此从速度的角度表明了烟丝在滚筒内部的运动规律。烟丝从入料进入滚筒内部飘落到滚筒底部，然后在抄板的带动下，与滚筒一起做匀速圆周运动。当随滚筒转动某一角度时，烟丝在多因素力场的影响下，从抄板上滑落做自由落体运动飘落到滚筒底部，在此过程中烟丝速度从滚筒转速迅速增大并达到最大值，随后又再次落到滚筒下部，其速度也迅速减少到与滚筒壁相同的转动速度。且曲线存在速度接近于零的情况，是因为烟丝受到热风曳力的影响，表明 EDEM 和 FLUENT 之间实现了速度场耦合。烟丝在 X、Y 和 Z 方向的速度如图 2.55 所示。

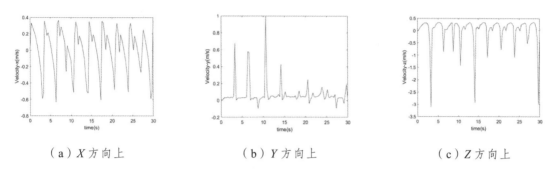

（a）X 方向上　　　　　　（b）Y 方向上　　　　　　（c）Z 方向上

图 2.55　烟丝在 X 轴、Y 轴和 Z 轴方向上速度变化曲线

由图 2.55 可知，在 X 轴、Y 轴和 Z 轴方向上速度均呈周期性变化，X 方向上速度变化较为稳定，在 $-0.65 \sim 0.38$ m/s 范围内，之所以会有负向的速度，是因为烟丝在抄板抄起过程中的速度方向为 X 轴正方向，与抛洒下落过程中的速度方向相反，抛洒运动时由于烟丝受到筒壁旋转的离心力，速度要大于升举运动时。速度变化的规律运动也验证了烟丝轨迹在滚筒内的螺旋往复运动规律。Y 轴的正方向为前进的方向，从图中可以看到烟丝在前几个抛洒周期中速度较高，这是由于抄板螺旋角的旋向导致烟丝在滚动前段抛洒位移要大于后段抛洒位移，同时前段气流风速较大，气流给烟丝一个推力，致使烟丝在轴向有速度，向出口处运动，同时也验证了烟丝在轴向的运动吹动烟丝向出料端运动。从 Z 方向速度曲线图可以看出，在 Z 方向上烟丝速度主要分为两个部分，其中一个部分是烟丝被升举时的速度，最高在 0.35 m/s 左右。烟丝抛洒时速度最大点在烟丝到达筒壁时的位置，最大速度在 -3.2 m/s 左右。

2.2.7　气固耦合烟丝传热过程

针对滚筒干燥工艺过程滚筒内部同一位置，分别对仅筒壁、仅热风和筒壁+热风三种干燥方式进行了数字化表征研究，结果分别如图 2.56、图 2.57 和图 2.58 所示。

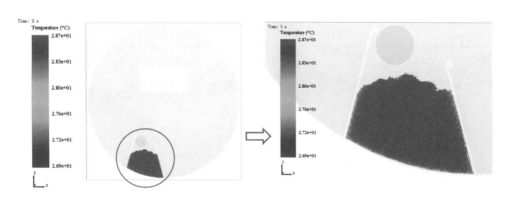

图 2.56　仅筒壁温度干燥模式

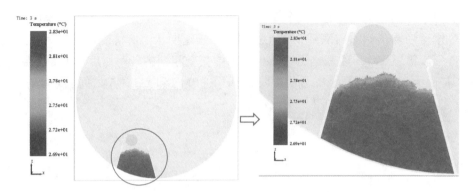

图 2.57　仅热风温度干燥模式

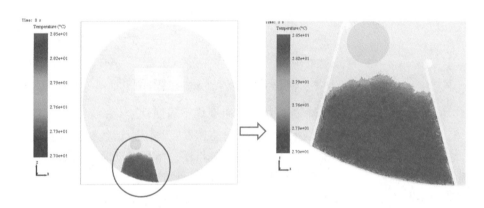

图 2.58　筒壁+热风共同作用干燥模式

从图 2.56 中可以看出，仅筒壁温度对烟丝进行加热，靠筒壁的烟丝温度上升比较快，但是烟丝之间的传热比较慢，传热的梯度不明显，这样就会造成如果与筒壁接触时间过长，烟丝会被过加热的情况。

从图 2.57 中可以看出，仅热风温度对烟丝进行加热，温度的上升与仅筒壁温度加热差别不大，但是热风对烟丝加热传热的梯度比较明显，烟丝是通过热风进行加热的，烟丝中间的缝隙充满气流介质，传热比较均匀，因此梯度也比较明显。

从图 2.58 中可以看出，筒壁+热风流共同作用对烟丝进行加热，相同时间内温升是最高的，同时可以明显看出，烟丝温度的传递梯度比较明显，烟丝受热的均匀性较好。

进一步，从仿真计算结果中提取 3 种干燥方式不同时刻烟丝温度数据进行对比分析，结果见表 2.14。

表 2.14　3 种干燥方式不同时刻烟丝温度数据对比

干燥方式	烟丝温度/℃	
	3 s 时	5 s 时
仅筒壁	28.7	29.9
仅热风	28.3	28.6
筒壁+热风	28.5	30.1

从表 2.14 中可以看出，3 种干燥方式下，从烟丝升温效果上，筒壁+热风共同作用方式对烟丝加热效果较好，其次是仅筒壁温度干燥方式，最后是仅热风温度干燥方式。

2.3　气流干燥工艺过程"白箱化"研究

气流干燥是烟草行业卷烟企业制丝线上普遍应用的另一种烘丝方式,采用连续式高效固体流态化的干燥方法,加热介质以对流传热方式对烟丝进行干燥,具有气固两相间传热传质表面积大、干燥效率高、干燥时间短、流动阻力大、动力消耗高等特点。

2.3.1　气流干燥设备几何结构模型构建

研究对象为制丝生产线气流干燥工序采用的德国 HAUNI 公司的 HDT 式气流烘丝机。该设备具有热风循环系统,主要由燃烧器、加速弯管、进料气塞、进料槽、气流干燥管、膨胀单元、旋风分离器、循环风机、出料气塞等组成。HDT 式气流烘丝机的结构较为复杂,需要对气流烘丝机的三维模型作简化处理。根据气流干燥工艺过程"白箱化"的需要,采用 CAD(计算机辅助设计)三维建模方法,建立了 3 种不同尺寸的气流烘丝机几何结构模型,分别如图 2.59、图 2.60 和图 2.61 所示。

（a）干燥段　　　　　　　　　　　（b）旋风分离器

图 2.59　缩小至 1/4 的 HDT 气流烘丝机干燥段和旋风分离器结构几何模型

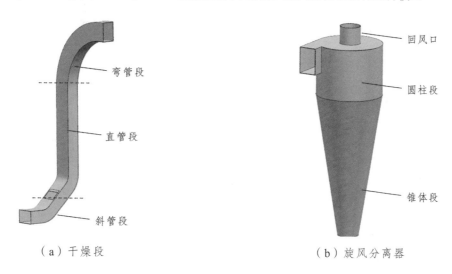

（a）干燥段　　　　　　　　　　　（b）旋风分离器

图 2.60　缩小至 3/4 的 HDT 气流烘丝机干燥段和旋风分离器结构几何模型

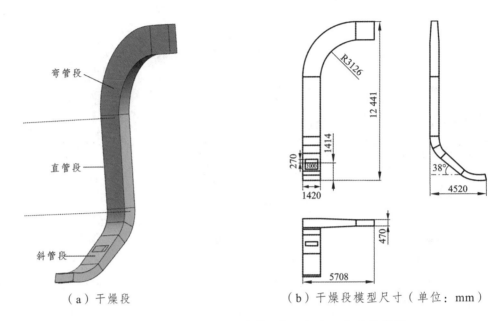

（a）干燥段　　　　　　　　　　（b）干燥段模型尺寸（单位：mm）

图 2.61　实际尺寸的 HDT 气流烘丝机干燥段几何结构模型

2.3.2　气相运动流场

气流烘丝机的基本工作原理是空气经燃烧炉加热后通过加速弯管进入干燥管中与烟丝混合形成气固两相流体，然后流经旋风分离器，旋风分离器的分离作用将高温气流与烟丝分离，最后经回风口流出，整个过程中完成烟丝的输送与干燥。为了更加清楚地了解和研究干燥管–旋风分离器内部的流场分布规律，需要将干燥管和旋风分离器分离开并且作截面分析，沿干燥管的 X 轴和 Y 轴方向作截面，沿旋风分离器的 X 轴方向和 Z 轴方向作截面，沿 Z 轴方向不同高度作三个截面，截面如图 2.62 所示。

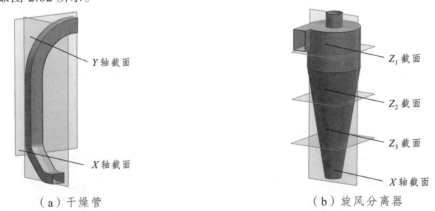

（a）干燥管　　　　　　　　　　　（b）旋风分离器

图 2.62　气流干燥工艺干燥管和旋风分离器截面示意图

下面对气流干燥工艺过程中的干燥管及旋风分离器内部的热风流场进行数字化表征研究。

1. 气相速度场

烟丝进入气相流场后，在高温气流的携带作用下沿着干燥管运动，在运动过程中烟丝需要不断地克服自身重力以及烟丝与管壁之间的摩擦力、烟丝与烟丝相互碰撞的作用力。由此得到气流干燥管和旋风分离器内气固两相流场的速度分布，如图 2.63 所示。

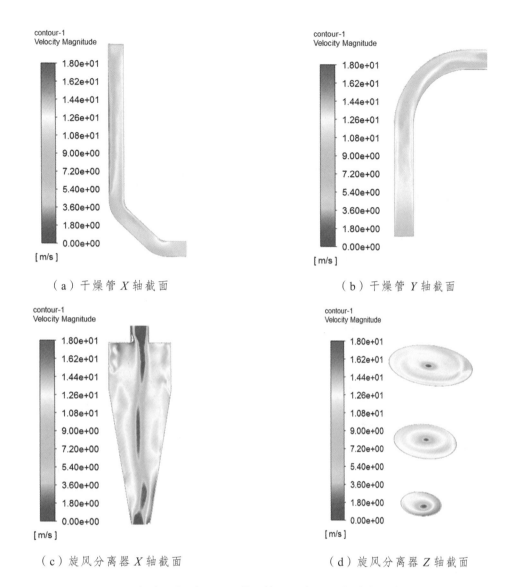

（a）干燥管 X 轴截面 （b）干燥管 Y 轴截面

（c）旋风分离器 X 轴截面 （d）旋风分离器 Z 轴截面

图 2.63 气流干燥过程干燥管和旋风分离器内气速度分布云图

从图 2.63 中可以看出，气流干燥过程与空载时的气相速度场变化趋势相似，但是烟丝颗粒从进料槽经膨胀单元快速增温增湿并进入干燥管斜管段与高温气流接触后，烟丝颗粒与气流相互影响，扰乱了气流运动方向，气流速度也发生了相应的变化。从图 2.63（a）和（b）中可以看出，干燥管内气流速度的分布规律为：干燥管斜管处内侧角的气流速度大于外侧角的速度，近壁处的气流速度小于管中的速度。而造成这一现象的原因有两个：一方面是管道壁面摩擦对气流运动形成了阻碍；另一方面是烟丝呈一定的入射角度进入干燥管，在气流的携带作用下运动到斜管转角处，受到管壁的阻碍作用，烟丝的速度突然减小，容易沉降产生堆积现象。

随着烟丝进入直管段，气流速度越来越稳定，但气流速度受烟丝的影响较大，且直管段左侧内壁的速度明显小于右侧内壁的速度，速度由左向右逐渐增大。产生这种现的原因是烟丝颗粒的运动状态对气流产生了影响，烟丝颗粒由干燥管斜管段转角处进入竖直管段时由于离心惯性力的作用，主要靠近竖直管道左侧内壁运动。

从图 2.63（c）和（d）中可以看出，旋风分离器内部气固两相流场速度场的变化规律为：气流在旋风分离器里面做螺旋运动，且中心处的速度较小，速度沿直径方向向外逐级减小。

2. 气相温度场

通过烟丝在干燥管及旋风分离器内的传热传质分析可知，在加速干燥阶段，由于烟丝颗粒（26.85℃）与高温气流（180℃）的温差较大，气流与烟丝发生传热现象较为明显，根据能量守恒定律，当烟丝颗粒的温度上升时，干燥管内的气流温度相应地降低。由此得到气流干燥管及旋风分离器内的温度分布，如图2.64所示。

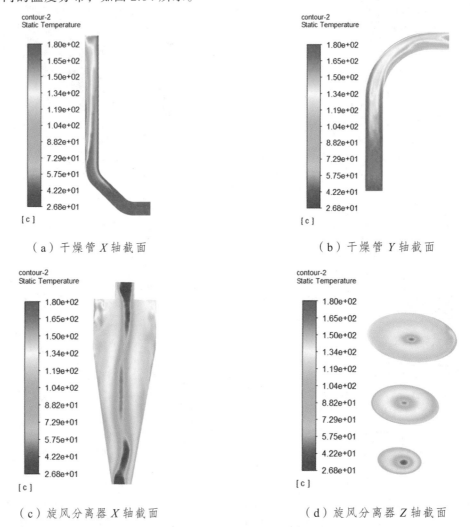

（a）干燥管 X 轴截面 　　　　　　　　（b）干燥管 Y 轴截面

（c）旋风分离器 X 轴截面 　　　　　　　（d）旋风分离器 Z 轴截面

图 2.64　气流干燥过程干燥管和旋风分离器内温度分布云图

从图2.64（a）和（b）中可以看出，干燥管内气固两相流场中的温度变化规律，与气流单相流场相比，气相温度的变化较为明显。干燥管斜管段的温度变化不大，与干燥管入口时的温度一样为180℃，烟丝颗粒由进料口进入斜管段。由于烟丝的初始温度较低，对斜管段的温度有所影响，但是温度变化不大。

当烟丝颗粒与高温气流运动到竖直管段时，气相流场的温度变化比较明显，竖直管道左边近壁温度低于右边近壁温度，温度由右向左、由下向上逐渐降低。产生这一现象的原因：一方面是烟丝颗粒进入干燥管快速运动到直管段，低温烟丝颗粒与高温气流接触后由于温差较大发生剧烈的传热传质现象，低温烟丝吸收了大量的热量，使附近的气相温度降低，这一阶段也称为快速干燥阶段；另一方面是烟丝颗粒在竖直管道内的运动和分布规律，当烟丝颗粒随高温气流运动到弯管时，烟丝颗粒开始做匀速圆周运动，这时弯管内气相流场的温度变化比较缓慢，弯管大径一侧的温度大于小径一侧，这是烟丝的运动状态造成的，这一阶段也称为等速干燥阶段。

从图 2.64（c）和（d）中可以看出，旋风分离器中心温度较低，温度由旋风分离器中心沿径向向外先增大后减小，形成 4 层温度区域：由中心向外的第一层区域是一个负压区，高温气流比较稀薄，温度较低，接近常温 26.85 ℃；第二层和第三层是高温气流的内旋区域，由于离心力的作用，高温气流主要集中在第三层，所以第三层的气相温度高于第二层；第四层是烟丝颗粒外旋引起的，烟丝颗粒质量较大，沿着旋风分离器壁做外螺旋运动，所以烟丝附近的第四层区域温度低于第三层。从整体来看，旋风分离器内部温度低于干燥管的内部温度，产生这种现象的原因：一方面是烟丝颗粒与高温气流接触后发生了强制对流换热，随着接触时间的增长，烟丝颗粒的温度逐渐升高，气流温度也相应地减小；另一方面是旋风分离器内高温气流做内旋运动，由回风口流出了旋风分离器。

3. 气相压力场

气流干燥管和旋风分离器内部的压力分布如图 2.65 所示。

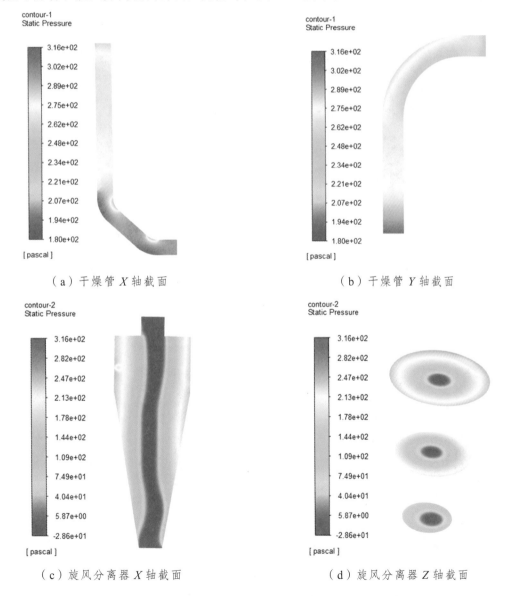

（a）干燥管 X 轴截面　　　　　　　（b）干燥管 Y 轴截面

（c）旋风分离器 X 轴截面　　　　　（d）旋风分离器 Z 轴截面

图 2.65　气流干燥过程干燥管和旋风分离器内压力分布云图

从图 2.65（a）和（b）中可以看出，干燥管内气固两相流场中的压力分布较为均匀，基本维持在 300 Pa 左右，在斜管处的压力最大，在斜管两个转角处，内侧转角的压力明显小于外侧转角处的压力。产生这种现象的原因：一方面是离心力的作用，外侧转角的半径大于内侧转角的半径；另一方面是两个外侧转角主要起到对烟丝颗粒与高温气流的导流作用。烟丝颗粒和高温气流运动到竖直管道处，气流压力由下往上逐渐减小，当流经弯管处时，由于弯管的半径较大，产生了较大的惯性力，气流的压力也随之增大（弯管处外壁压力明显大于内壁压力），烟丝颗粒与高温气流沿着弯管运动，趋于水平时运动较为平稳，气流压力也随之降低并趋于平稳。

从图 2.65（c）和（d）中可以看出旋风分离器内气流压力的分布规律，气流压力在旋风分离器中呈规律性变化。旋风分离器的中心位置是一个圆柱形的负压区，由负压区域沿旋风分离器半径方向向外气流压力逐渐增大，气流压力由上到下逐级减小。产生这种现象的原因是烟丝颗粒与高温气流沿切线方向进入旋风分离器后，在旋风分离器的分离作用下，烟丝颗粒与高温气流做螺旋的离心运动，由于质量不同，产生的离心惯性力也不同，烟丝颗粒做向下的外螺旋运动，高温气流做向上的内螺旋运动，经回风口流出旋风分离器。

4. 气相湿度场

气流干燥管和旋风分离器内水蒸气的分布如图 2.66 所示。

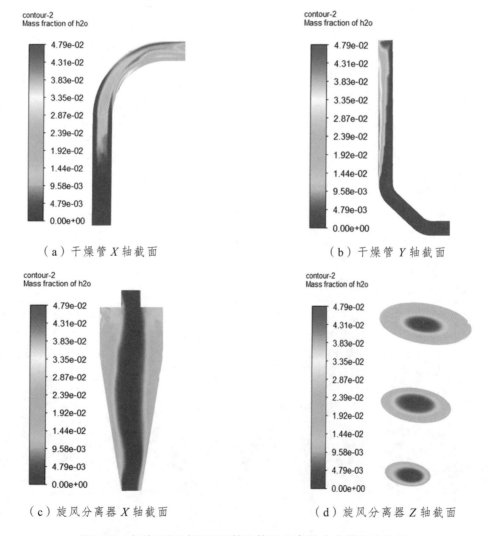

（a）干燥管 X 轴截面　　　　　　　　　（b）干燥管 Y 轴截面

（c）旋风分离器 X 轴截面　　　　　　　（d）旋风分离器 Z 轴截面

图 2.66　气流干燥过程干燥管和旋风分离器内水蒸气分布图

从图 2.66（a）和（c）中可以看出，干燥管内气固两相流场中水蒸气的变化情况，干燥管斜管段处水蒸气分布均匀且含量较低；竖直管段内水蒸气主要分布在左侧管壁处，含量由下到上逐渐增多呈梯度变化趋势；弯管段内，水蒸气分布均匀、含量较大、变化趋势较为稳定。这一现象产生的原因是，烟丝颗粒刚进入干燥管斜管段与高温气流接触时间短，与高温气流发生传热传质的程度较轻，烟丝中的水分逸出较少。烟丝颗粒在高温气流的携带作用下运动到竖直管道处，进入快速干燥阶段，烟丝与高温气流充分接触，烟丝中水分与高温气流中的水分形成较大的浓度梯度，传热传质较为剧烈，烟丝中的水分快速蒸发到气流中。大量烟丝均分布在干燥管的左侧，故水蒸气也聚集在干燥管左侧，随着时间增加水蒸气含量逐渐增大；当烟丝运动到弯管段时，便进入了等速干燥阶段，此时烟丝中的水分与高温气流中的水分浓度梯度较小，传热传质发生缓慢，弯管段内的水蒸气含量变化较为稳定。

从图 2.66（c）和（d）中可以看出，旋风分离器中心区域水蒸气分布均匀、含量较低，水蒸气含量由中心区域向外逐渐增大，由上到下逐渐减小，这是由烟丝在旋风分离器中的运动状态和分布规律造成的，烟丝主要沿着旋风分离器的壁面做螺旋向下的运动，从烟丝中逸出的水蒸气在离心力的作用下与高温气流做螺旋向上的运动由回风管流出旋风分离器。

2.3.3　烟丝运动状态

2.3.3.1　烟丝运动轨迹及速度变化

烟丝在气流烘丝机内的运动多为颗粒群体运动，可以先从单条烟丝的运动轨迹来分析其运动规律，然后根据单条烟丝的运动规律来研究烟丝颗粒整体运动轨迹和规律。选取起始时间为 1 s 时的烟丝，通过观察烟丝在干燥管中的运动状态轨迹，将烟丝在干燥管中的运动过程分为斜管段、直管段、弯管段三个部分。

1. 单根烟丝运动轨迹与速度变化

单根烟丝在干燥管-旋风分离器中的运动轨迹及速度变化如图 2.67 所示。

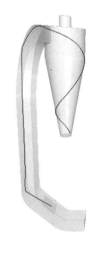

（a）运动轨迹

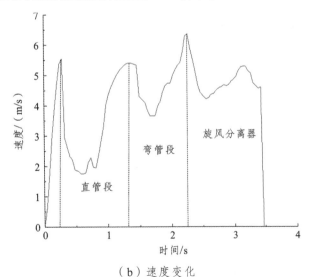

（b）速度变化

图 2.67　单根烟丝的运动轨迹与速度变化分布

从图 2.67 中可以看出，根据烟丝在干燥管-旋风分离器中的运动轨迹及速度变化规律，可将其运动过程分为斜管段、直管段、弯管段和旋风分离器 4 个部分,并且每个部分的运动轨迹和速度都不相同。

首先,烟丝由进料口进入干燥管斜管段,在高温气流的作用下开始做加速运动,经 0.25 s 速度由 0 m/s 增加到 5.5 m/s,整个运动过程中没有与管壁发生碰撞,没有能量损失,一直处于加速运动状态。

其次,烟丝由斜管段进入直管段时,与直管壁发生碰撞,能量损失较大,速度急剧减小,由 5.5 m/s 骤降为 1.8 m/s,随后烟丝在曳力作用下沿着直管段的左壁重新向上做加速运动,速度由 1.8 m/s 增大到 5.4 m/s,烟丝运动过程中前半段与管壁摩擦力较大,加速相对缓慢。

再次,烟丝进入弯管时,受弯管外壁摩擦影响较大,能量损失严重,速度发生突变,由 5.4 m/s 减速为 3.7 m/s,随后在高温气流作用下,烟丝(离心力逐渐大于摩擦阻力)又重新做加速运动,速度变为 6.5 m/s。

最后,烟丝以 6.5 m/s 的速度沿着弯管切向进入旋风分离器,与旋风分离器内壁发生碰撞时,速度发生突变,降到 4.2 m/s,烟丝在离心惯性力、摩擦力和重力的作用下沿着旋风分离器圆柱段做螺旋加速运动,速度增大到 5.3 m/s,随后烟丝进入旋风分离器的锥体段,在摩擦阻力的作用下开始做螺旋向下减速运动,最后流出旋风分离器。

2. 多根烟丝组运动轨迹与速度变化表征

多根烟丝在干燥管–旋风分离器中的运动轨迹及速度变化如图 2.68 所示。

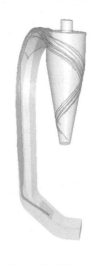 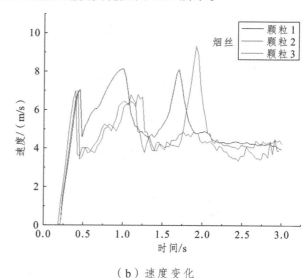

(a)运动轨迹   (b)速度变化

图 2.68 多根烟丝的运动轨迹与速度变化分布

从图 2.68 中可以看出,多根烟丝在干燥管–旋风分离器内的运动轨迹与单条烟丝的运动轨迹相似,且速度变化规律也与单条烟丝一致。三次较大的速度突变,将运动过程分为斜管段、直管段、弯管段、旋风分离器 4 个部分。三根烟丝在斜管段内做加速运动,速度变化较快,且速度值相似,最高速度为 7 m/s,这是由于烟丝刚进入干燥管,主要受到高温气流的作用,没有与管壁发生碰撞摩擦,运动比较单一;烟丝进入直管段时,速度变化趋势相似,但烟丝颗粒 1 与烟丝颗粒 2 和 3 的速度值相差较大,约为 2 m/s,烟丝颗粒 2 与 3 在运动过程中速度波动较大,这是由于烟丝在气流的作用下成一定的入射角度进入直管段,与管壁发生碰撞摩擦,速度大小和方向都发生了不同程度的变化,运动较为复杂;当烟丝进入弯管段时,烟丝颗粒 3 与颗粒 1 和 2 的速度差值较大,最大值相差约为 4.2 m/s;烟丝进入旋风分离器时,速度变化较小,在 3.5 ~ 4.5 m/s

内波动，这是由于烟丝进入旋风分离器后在向心力与重力的作用下，做螺旋向下的运动。

2.3.3.2　烟丝在干燥管中的空间分布表征

1. 烟丝在干燥直管段的空间分布特征

边界条件气流速度为 11 m/s 和 15 m/s、进料流量为 1 080 kg/h 的直管段空间烟丝颗粒流动的瞬时分布如图 2.69 所示。

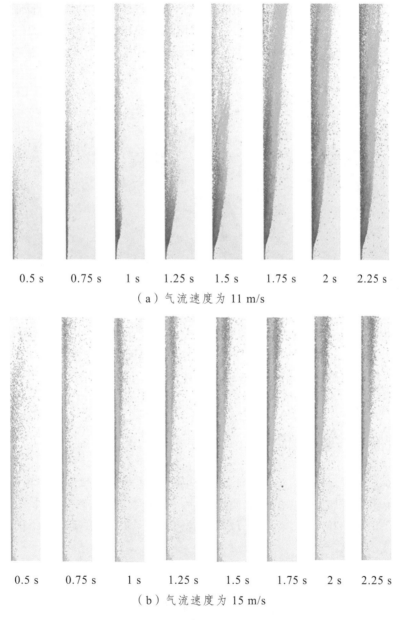

| 0.5 s | 0.75 s | 1 s | 1.25 s | 1.5 s | 1.75 s | 2 s | 2.25 s |

（a）气流速度为 11 m/s

| 0.5 s | 0.75 s | 1 s | 1.25 s | 1.5 s | 1.75 s | 2 s | 2.25 s |

（b）气流速度为 15 m/s

图 2.69　烟丝在干燥直管段空间中的分布特征

从图 2.69 中可以看出，在初始阶段，气流干燥管内的烟丝数量较少，随着时间的推移，气流干燥管内的烟丝逐渐增多，在干燥管底部近壁区域，烟丝颗粒集聚有明显的絮团现象。这是由于烟丝在高速气流的作用下呈一定入射角度进入直管段，与管壁发生摩擦碰撞，一部分烟丝沿着左侧管壁运动，近壁处的烟丝受到的气流曳力相对较小，会在壁面区域集聚，并且出现向下运动烟丝；一部分烟丝反弹离开壁面，向管内中心区域移动，此时烟丝受到较高气流的携带作用，会以较大的速度向上运动。

进一步，对比图 2.69 中的（a）和（b）可知，当气流速度不同时，烟丝在干燥管内的运动状态及分布情况也不同。当气流速度为 11 m/s 时，直管段内烟丝的运动速度慢，颗粒数量较多，离散程度较高，并且达到稳定的时间较长，在 2.25 s 时达到稳定；而气流速度增大到 15 m/s 时，烟丝在直管内的速度较快，颗粒数量相对较少，离散程度降低了，主要集中在左侧管壁处，达到稳定的时间缩短了，在 1.75 s 时达到稳定。由此可知在进料流量为 1 080 kg/h 时，气流速度越大，烟丝直管段内的运动时间越短，离散程度越低，分布越不均匀。在相同的进料流量下，当烟丝的运动状态达到相对稳后，烟丝的浓度随着气流速度的增大而降低，这是因为气流速度增大能提高烟丝的平均速度，使烟丝颗粒在直管段内的停留时间变短，导致直管段内的烟丝总量减小。

2. 烟丝在干燥弯管段的空间分布特征

边界条件气流速度为 11 m/s、13 m/s 和 15 m/s，进料流量为 1 080 kg/h 的弯管段空间烟丝颗粒流动的瞬时分布如图 2.70 所示。

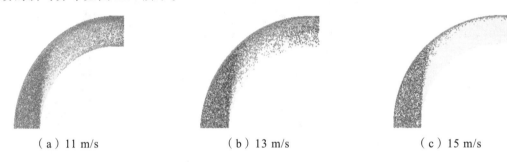

（a）11 m/s　　　　　　　　（b）13 m/s　　　　　　　　（c）15 m/s

图 2.70　烟丝在干燥弯管段空间中的分布特征

从图 2.70 中可以看出，随着气流速度的增大，烟丝在弯管段中的离散程度越低，当气流速度为 15 m/s 时，烟丝基本紧贴着弯管外壁运动。其主要原因是烟丝在弯管处受到离心力的作用，烟丝进入弯管时的速度越大，受到的离心力作用也越大，因此烟丝被甩到弯管外壁，紧贴着外壁缓慢移动。

2.3.4　气固耦合烟丝温度及含水率变化

在气流干燥工艺过程中，烟丝与气流耦合作用主要体现在烟丝温度和含水率的变化上，也是目前衡量气流干燥工序加工效果的重要质量指标。下面对边界条件为进料流量 1 080 kg/h、气流速度 11 m/s、初始温度 26.85 ℃、烟丝初始含水率 22%、气流温度 180 ℃下的气流干燥过程进行了数字化表征研究。

1. 气固耦合烟丝温度变化表征

气流干燥过程中干燥管和旋风分离器空间内的烟丝温度变化如图 2.71 所示。

从图 2.71 中可以看出烟丝在气流干燥过程中的温度变化规律，烟丝颗粒在干燥管-旋风分离器内的位置不同，温度变化也不相同，烟丝以一定的初始温度（26.85 ℃）进入干燥管道，与高温气流发生强制对流换热。由于烟丝的初始温度较低，与高温气流形成较大的温度梯度，对流换热系数较大，温度由 26.8 ℃快速升高到 40 ℃左右，烟丝在干燥过程中温度逐渐升高，旋风分离器出口部位烟丝温度约为 60 ℃，绝大部分烟丝的出口温度都达到了气流干燥的评价指标温度，但仍有少量烟丝的温度出现较大波动。经过仿真数据分析,得到烟丝干燥热量传递主要发生在气流干燥管内的快速干燥阶段,干燥过程约为 1.8 s。

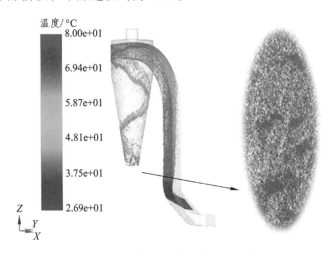

图 2.71　干燥管和旋风分离器空间内烟丝温度变化

气流干燥过程中烟丝平均温度变化曲线如图 2.72 所示。

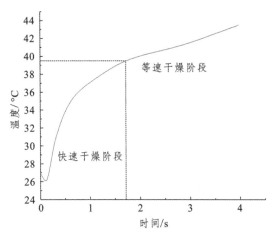

图 2.72　气流干燥过程中烟丝平均温度变化曲线

从图 2.72 中可以看出,烟丝在快速干燥阶段,温度上升速率较大,温度迅速升高;当进入等速干燥阶段时,温度上升速率变缓,烟丝温度上升较为缓和。

2. 气固耦合烟丝含水率变化表征

烟丝气流干燥过程中的传质主要是烟丝内部的水分向外扩散的过程,在此过程中水分会发生相变。烟丝的传质与传热遵循着相似性的规律,两者是相互协调共同发生的。气流烘丝机内烟丝颗粒的水分迁移主要分为两个部分:

(1)水分从烟丝颗粒内部扩散移动到烟丝表面,使烟丝表面产生一层蒸汽薄膜,使其保持湿润,这个阶段传质的主要推动力是烟丝内外水分浓度梯度。梯度越大,水分从烟丝内部扩散到表面的能力越强,则烟丝的等速干燥阶段越长,干燥效果越好。这一部分烟丝内部的水分扩散并不涉及水分的相变。

(2)烟丝内部的水分扩散到烟丝表面,吸收高温气流的热量气化为水汽并随着高温气流一起流出旋风分离器。这是烟丝气流干燥的实质,也是分析的重点。在这一过程中,在高温气流容湿量允许的情况下，烟丝的传热速率直接影响传质的快慢。在烟丝干燥过程中，干燥的核心就是降低烟丝物料的含水率，所以烟丝的含水率也是衡量烟丝烘干效果的关键指标。

当烟丝温度稳定时，烟丝内部水分开始蒸发，将水分的稳定温度设为某一定值，当烟丝内部水分达到这一温度值后开始蒸发。烟丝内部的水分向气流中转移的质量为：

$$\dot{m} = \frac{r\alpha\rho(T - T_{\text{sat}})}{T_{\text{sat}}} \qquad T \geqslant T_{\text{sat}} \tag{2.5}$$

$$\dot{m} = 0 \qquad T < T_{\text{sat}} \tag{2.6}$$

式中：$\dot{m}$——烟丝水分蒸发质量 $[\text{kg}/(\text{m}^3 \cdot \text{s})]$；

r——松弛因子；

α——烟丝中水分的体积分数；

ρ——烟丝中水分的密度（kg/m^3）；

T——烟丝温度（℃）；

T_{sat}——物料水分的饱和温度（℃）。

烟丝在干燥过程中，水分从烟丝物料中向气相中逐渐转移。烟丝含水率分为湿基含水率

$\dot{m} = \dfrac{r\alpha\rho(T - T_{\text{sat}})}{T_{\text{sat}}}$ $T \geqslant T_{\text{sat}}$ 和干基含水率。由于在干燥过程中湿烟丝物料的总量会因高温空气烘

干而水分总是在不断地减少，而干烟丝的质量在此过程中是不发生改变的，故采用干基含水率的计算方法表达烟丝的蒸发水分 X。

$$X = \frac{\text{烟丝中水分的质量}}{\text{干烟丝的质量}} \times 100\% \tag{2.7}$$

在气流干燥管道内，烟丝的含水率在高温气流的作用下随着温度的升高而迅速下降。在烟丝前期的干燥过程中，烟丝在气流的作用下，表面温度迅速升高，表层水分蒸发；当烟丝温度达到内部水分蒸发温度时，烟丝物料表层温度变化幅度较小，此时烟丝内部水分开始做蒸发运动，由于烟丝内部水分受热，水分由液态汽化成水蒸气进入高温气流中，在此过程中，烟丝的含水率逐渐下降。

气流干燥过程中干燥管和旋风分离器空间内烟丝含水率变化如图 2.73 所示。

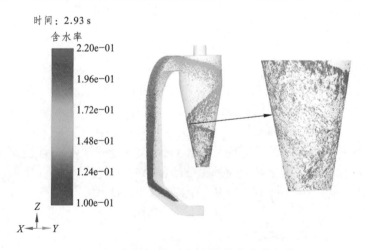

图 2.73　气流干燥过程中烟丝含水率变化

从图 2.73 中可以看出在气流干燥过程中烟丝含水率的变化规律。烟丝颗粒在干燥管–旋风分离器内的位置不同，含水率也不相同。烟丝以 22% 的初始含水率进入干燥管道，与高温气流发生强制对流换热。由于烟丝的初始温度较低，与高温气流形成较大的温度梯度，主要发生对流换热，使烟丝温度升高，含水率变化不大；当烟丝温度升到一定数值时，由烟丝内部逸出到烟丝表面的自由水开始蒸发，含水率变化趋势增大，干燥管内烟丝的含水率由 22% 减小到 15% 左右，烟丝在干燥过程中含水率逐渐降低，旋风分离器出口部位烟丝的含水率为 12.4% 左右。绝大部分烟丝的出口含水率都达到了气流干燥的含水率指标，但仍有少量烟丝的含水率波动较大。

进一步，得到气流干燥过程中烟丝平均含水率变化曲线如图 2.74 所示。

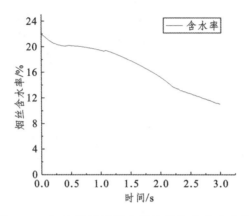

图 2.74　气流干燥过程中烟丝平均含水率曲线

从图 2.74 中可以看出烟丝在气流烘丝机内的含水率变化规律。烟丝含水率随着干燥时间的增加而不断降低，在 0～1 s 时烟丝的含水率下降趋势较小，由初始含水率 22% 下降至 20%；1～2.4 s 时，烟丝含水率下降趋势较大，由 20% 下降至 14.6%；2.4～3 s 时，烟丝的含水率下降趋势逐渐变缓，含水率由 14.6% 下降至 11.8%。产生这种现象的主要原因是：烟丝干燥的初始阶段主要发生传热现象，吸收的热量主要用于使烟丝的温度升高，当温度不满足水分蒸发时，烟丝的含水率变化不大；随着干燥时间逐渐增长，烟丝温度不断升高，温度逐渐满足蒸发条件，烟丝含水率下降趋势加大，此阶段烟丝主要与热气流发生对流传质现象。

2.4　加香工艺过程"白箱化"研究

加香的工艺任务是按照产品设计要求，将香精准确均匀地施加到烟丝上，并使各种物料进一步混合均匀。近年来，国内烟草研究者对加香工艺过程已开展了大量研究。目前，对加香工艺过程的研究主要集中在加香效果、加香设备优化改造、加香工艺参数优化等研究方面，而对加香工艺过程内在机理、本质规律及可视化等方面研究较少。本节通过计算机仿真技术和超级规模科学计算，对加香工艺过程系统开展了"白箱化"研究。

2.4.1　加香滚筒几何结构模型构建

采用 CAD 三维建模方法，建立了 3 种不同尺寸的加香滚筒几何结构模型。

1. 微型制丝生产线加香滚筒几何结构模型

微型制丝生产线加香滚筒采用双维度旋转设计（筒体可以旋转和翻转），配备移动式不锈钢进出料舱盖，香精采用微型计量泵进行流量控制，采用压缩空气雾化，雾化压缩空气采用手动压力调节阀调节。加香滚筒主要参数为：滚筒长为 1 400 mm，滚筒内径为 1 200 mm，在滚筒上端有透气口，滚筒内部设有耙钉式插板 6 组，抄板为螺旋式分布，进料口在滚筒右上方。构建的微型制丝生产线加香滚筒几何结构模型如图 2.75 所示。

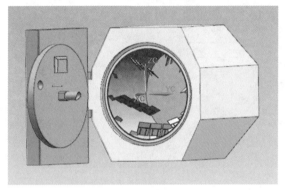

图 2.75 微型制丝生产线加香滚筒三维几何结构模型

2. 透明试验平台加香滚筒几何结构模型

透明试验平台加香滚筒尺寸为 0.8 m（直径）×3.0 m（长度），耙钉布置也采用轴向螺旋渐进方式，筒壁摩擦为低系数滑动和滚动摩擦。采用 CAD 三维建模方法，构建的透明试验平台加香滚筒空间几何模型如图 2.76 所示。

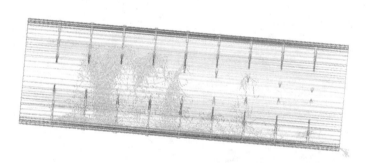

图 2.76 透明试验平台加香滚筒空间几何模型

3. 制丝生产线加香工序加香滚筒几何结构模型

制丝生产线加香工序的筒体向着传送方向倾斜，滚筒倾斜角度可通过机械举升结构进行调节，在罐体内壁上有均匀排列的耙钉。烟丝原料向前传送，不断被翻转和混合，以保证香料被烟叶原料均匀地吸收。筒体的旋转是由变频电动机驱动的，滚筒速度无限可调。香料通过带有压缩空气的喷嘴进行雾化，喷嘴位于入料端左上方，香料通过计量泵添加并进行流量控制，压缩空气可以通过使用加压阀来调节。在滚筒出口处上端设有排潮口，通过通风风机将滚筒内积累的香精气体抽出并提取收集，收集气体的体积可以通过节流阀排出。滤网可以防止烟丝被吸入管道中。

加香滚筒内部主要参数有：滚筒长为 4 000 mm，滚筒内径为 2 000 mm，滚筒内部设有直排排列的耙钉 9 组，入料端和出料端的排耙钉均为 50 mm、115 mm、160 mm 三种长度递增分布，滚筒中部的耙钉则均为 215 mm。采用 CAD 三维建模方法，构建的制丝生产线加香滚筒三维几何结构模型如图 2.77 所示。

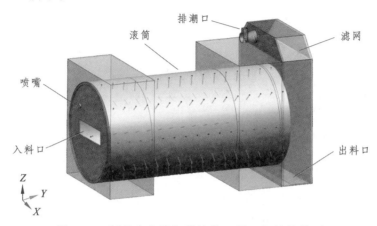

图 2.77　制丝生产线加香滚筒三维几何结构模型

2.4.2　烟丝运动特征

对微型制丝生产线加香工艺过程进行了数字化表征研究，揭示了烟丝在加香滚筒中的运动特征，如图 2.78 所示。

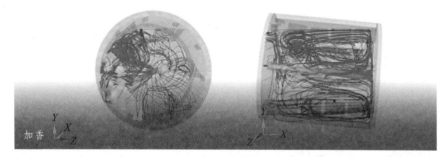

图 2.78　微型制丝生产线加香滚筒内烟丝运动特征

1. 烟丝运动轨迹

借助 EDEM 软件后处理中的标记功能，针对 9 组仿真实验，分别提取滚筒倾角在 3°、4° 和 5° 时 3 组试验的烟丝运动轨迹，结果分别如图 2.79 所示。

从图 2.79 中可以看出，烟丝的运动是以旋转前进的方式进行。烟丝轨迹在滚筒倾斜角变化时基本一致。可以看出烟丝在刚进入滚筒时受传送带影响并没有直接被抛洒起来，符合加香要求，而且可以看出烟丝在滚筒内的运动主要是抛落和堆积两种方式。依据烟丝在滚筒内的运动轨迹并结合香料的雾化规律，本节对烟丝在滚筒内的运动分布作进一步研究。

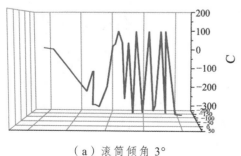

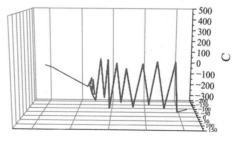

（a）滚筒倾角 3°　　　　　　　　　　　　　（b）滚筒倾角 4°

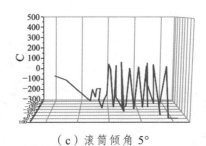

（c）滚筒倾角 5°

图 2.79　烟丝运动轨迹

2. 烟丝运动状态

加香效果的好坏同样直接和烟丝在滚筒内的抛洒方式有关。烟丝在加香滚筒内的运动方式主要有泻落状态、抛落状态和离心状态三种形式，如图 2.80 所示。

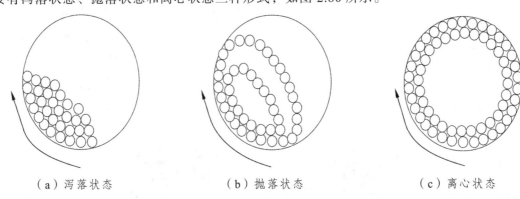

（a）泻落状态　　　　　　（b）抛落状态　　　　　　（c）离心状态

图 2.80　烟丝在加香滚筒内的运动形式

在 EDEM 后处理中方格设置（Binning）可以把计算域划分为单独的网格状区域（Grid），整个模型被称为方格组，其中单个的小格被称为方格（Bin）。方格设置主要用于对每个方格内的坐标信息、力学信息等数据进行分析，方格的设置也可以根据实际仿真模型进行修改。基于加香过程的"黑箱"加工状态，采用这种后处理方式可以清晰地看到内部粒子的抛洒状态及滚筒内部空间的利用率。因此，利用此功能选取滚筒中间部位的切面，可分析烟丝在滚筒内的运动方式，同时可统计各组仿真模型的占空比。

进一步，针对 9 组仿真实验，基于方格设置后处理功能与所设置的切面作出了烟丝在滚筒内部运动过程中所占整个切面面积的平面图，如图 2.81 所示。其中蓝色部分为烟丝未利用空间，其余颜色部分为烟丝所占空间。

（a）试验 1　　　　　　　（b）试验 2　　　　　　　（c）试验 3

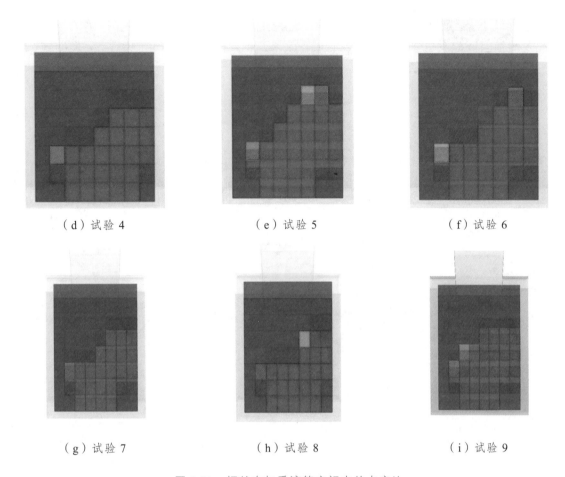

（d）试验 4　　　　　　（e）试验 5　　　　　　（f）试验 6

（g）试验 7　　　　　　（h）试验 8　　　　　　（i）试验 9

图 2.81　烟丝在加香滚筒空间中的占空比

从图 2.81 中不仅可以看出烟丝的占空比，而且可以看出烟丝在滚筒内的运动方式。不难发现烟丝基本都以抛落式的运动方式在滚筒内运动，这也有利于香料与烟丝的混合，但滚筒内左半部分利用率较低。

为了更清晰地展现出各组试验的占空比，基于所划分的网格个数对每组试验的占空比进行了统计，结果见表 2.15。

表 2.15　烟丝在加香滚筒空间中占空比统计

试验组	占空比/%	运动方式
1	60	泻落式
2	62.5	抛落式
3	72.5	抛落式
4	65	抛落式
5	72.5	抛落式
6	67.5	抛落式
7	62.5	抛落式
8	62.5	泻落式
9	70	抛落式

从表 2.15 中可以看出，所有试验的占比都在 60% 之上，第 3、5 组试验占空比最大；第 1 组

试验占空比最小。但就制丝加香的过程来说，滚筒还留有很大的空间未被利用，存在混料不均匀的情况及滚筒空间的浪费。这可能会影响加香效果及生产效率。

2.4.3　香料运动特征

2.4.3.1　香料在加香滚筒的速度和压力分布

借助 FLUENT 软件后处理功能对香料在不同喷嘴压力下的速度、压力分布进行了数字化表征研究，得到入口压力在 150 kPa、200 kPa、250 kPa 时香料速度及压力在滚筒内的分布，如图 2.82 所示。

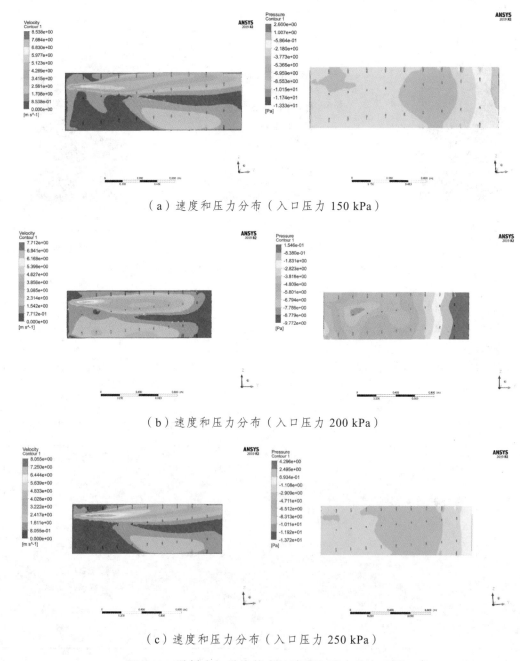

（a）速度和压力分布（入口压力 150 kPa）

（b）速度和压力分布（入口压力 200 kPa）

（c）速度和压力分布（入口压力 250 kPa）

图 2.82　香料在加香滚筒中的速度和压力分布云图

从图 2.82 中可以看出, 香料在 3 种喷嘴压力下的速度分布基本一致, 但在 150 kPa 时的香料颗粒运动速度较 250 kPa 时的大, 在 200 kPa 时的香料颗粒运动速度最小, 在这 3 组仿真实验设置中, 只存在雾化锥角的区别, 其余条件均相同, 且 150 kPa 时雾化锥角小于 250 kPa 时的雾化锥角, 200 kPa 时的雾化锥角最大, 因此判断香料的运动速度与雾化锥角大小之间存在一定的关系, 且随着雾化锥角的增大, 香料颗粒运动速度逐渐变小。由压力图可以看出, 滚筒内部基本处于负压状态, 且随着速度的变大, 压力不断变小。因此, 可以看出在加香过程中滚筒内会引起较大的涡流区, 香料的混料效果与滚筒内的涡流区域有着密切的关系。

2.4.3.2　香料在加香滚筒中的区域分布

基于烟丝在滚筒内的运动状态研究结果, 对香料在滚筒内的占空比进行了研究。为了确保所得结果的准确性, 选用了颗粒追踪后处理功能。在粒子追踪过程中, 软件会对每个颗粒的位置信息、质量信息等进行计算存储。之后利用切片法对滚筒区域进行了切片, 此方法适用于精益化发展的要求, 可以求出滚筒区域内任一切面香料颗粒的分布状况及各种信息。对于占空比的求解, 利用颗粒质量浓度这一选项功能对所选切面的粒子信息进行了展现, 其中红色部分为香料颗粒分布区域。首先在滚筒内选取了香料在雾化区 1/3 处与 2/3 处的两组切面, 接着对 9 组试验中香料的占空比分别作了统计, 如图 2.83 和图 2.84 所示。

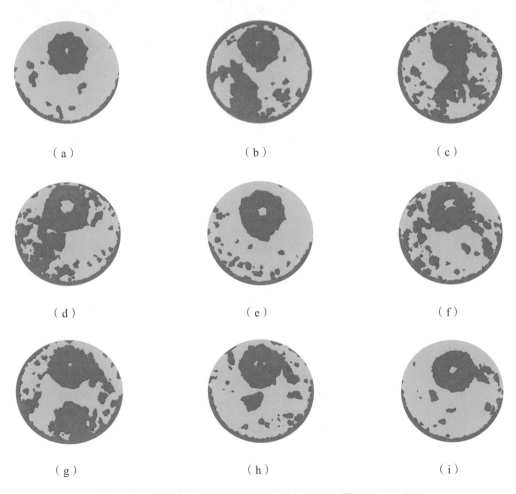

（a）　　　　　　　　　　（b）　　　　　　　　　　（c）

（d）　　　　　　　　　　（e）　　　　　　　　　　（f）

（g）　　　　　　　　　　（h）　　　　　　　　　　（i）

图 2.83　香料在加香滚筒空间中的占空比（雾化区 1/3 处）

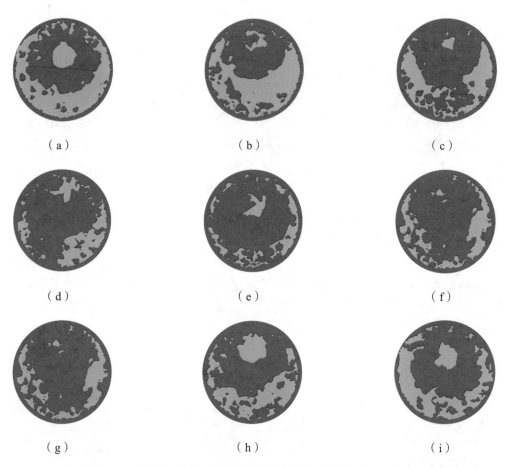

图 2.84　香料在加香滚筒空间中的占空比（雾化区 2/3 处）

从图 2.83 中可以看出，香料在该区域大部分分布在滚筒中上部，此时香料在切面的占比较低，刚开始雾化。针对制丝加香过程，可寻求香料在进入雾化区域后占空比较大的工艺参数设置组，以便达到较好的加香结果。

从图 2.84 中可以看出，香料在该切面的分布较均匀，基本覆盖了整个切面，雾化效果较好。为了使所得占空比更加具有对比性、便于后续研究，将 9 组试验的结果用百分比的形式表示了出来，见表 2.16。统计过程中为了使整个结果更加准确与可靠，使用了 MATLAB 软件中的图像处理功能。

表 2.16　香料占空比统计情况

试验组	1/3 处占比/%	2/3 处占比/%	平均占比/%
1	18.68	56.25	37.465
2	50.95	56.38	53.665
3	50.44	77.57	64.005
4	52.52	87.28	69.9
5	25.42	95.49	60.455
6	43.73	63.64	53.685
7	56.74	89.77	73.255
8	30.59	73.97	52.28
9	23.05	73.50	48.275

从表 2.16 中可以看出，滚筒内的香料雾化效果整体较好，当喷嘴压力为 200 kPa、香料流量为 4.5 kg/h 时，香料在滚筒雾化区域内分布效果最好，当喷嘴压力为 150 kPa、香料流量为 2.7 kg/h 时，香料在滚筒内的占空比较小。由此可以看出，喷嘴进口压力与加料量对香料雾化有着一定的影响。

2.4.4　烟丝香料耦合作用

烟丝加香均匀性的直接表现为香料在烟丝上的附着情况。烟丝在滚筒内的分布均匀性主要受滚筒转速、滚筒倾角和烟丝量影响，而料液雾化主要受喷嘴压力影响，而烟丝在滚筒内部的均匀性及料液雾化的均匀性共同影响加香效果。因此，选取较优参数对烟丝加香效果进行耦合。通过 FLUENT 中的 UDF 调用 EDEM2021-FLUENT19.0 耦合文件，导入耦合模型模块，进行耦合。耦合完成后运用 EnSight 后处理软件，同时呈现 EDEM 与 Fluent 耦合结果。提取不同时刻料、滚筒前中后端料液在烟丝粒子上的附着情况，直接分析烟丝加香效果。

2.4.4.1　烟丝香料耦合作用

烟丝香料耦合是烟丝与料液共同作用的结果。通过给定边界条件来模拟烟丝加香过程，建立欧拉–拉格朗日模型，不同的料液压力对烟丝群冲击作用不一致，压强较大时，料液会对烟丝的运动状态产生影响，同时料液雾化后黏附在烟丝上，也会对料液的运动状态产生影响，这就是烟丝与料液间的相互作用。由此得到烟丝和香料在加香滚筒运动过程中的总动能，如图 2.85 所示。

从图 2.85（a）中可以看出，在抛洒阶段烟丝间的相互作用影响较大，此时烟丝与烟丝间的动能达到 $-2.56 \times 10^{-05} \sim 4.05 \times 10^{-05}$ J，而持料上升阶段，烟丝在抄板上自身基本无运动，由于烟丝粒子间的堆积作用，产生了少许烟丝与烟丝间的相对位移，此阶段烟丝间的动能达到 $-4.71 \times 10^{-05} \sim -2.56 \times 10^{-05}$ J；其中，蓝色层代表滚筒底部烟丝粒子跟随滚筒转动，此时烟丝粒子平铺于滚筒底部，烟丝与烟丝间基本无相对位移，存在相互挤压作用，此时烟丝间动能为 $-6.74 \times 10^{-05} \sim -4.75 \times 10^{+05}$ J。

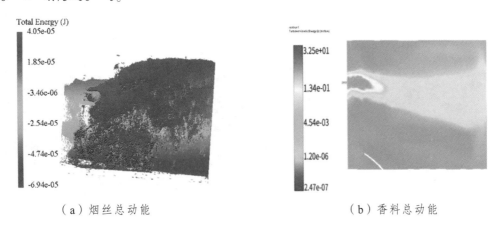

（a）烟丝总动能　　　　　　　　　　　　　　　（b）香料总动能

图 2.85　固液耦合下烟丝与料液总动能

从图 2.85（b）中可以看出，香料通过液压压入滚筒内，此时香料间的总能量较大，达到 $1.31 \times 10^{-01} \sim 3.25 \times 10^{+01}$ J，此状态下料液的冲击作用较大；下一阶段为料液雾化阶段，此时料液间的总能量急剧减小，达到 $1.21 \times 10^{-06} \sim 4.54 \times 10^{-03}$ J，香料扩散阶段总能量较小，到达 $2.47 \times 10^{-07} \sim 1.20 \times 10^{-06}$ J。

仿真结果表明，香料进入滚筒六分之一处开始雾化，此阶段烟丝粒子占空比较非常大，料液入射冲击力不会对烟丝群造成影响，其影响可忽略不计。将烟丝与料液间的动能统计见表 2.17。

表 2.17　烟丝与料液总动能统计

运动状态		总动能/J
烟丝	持料上升阶段	$-2.56 \times 10^{-05} \sim 4.05 \times 10^{-05}$
	抛洒阶段	$-4.71 \times 10^{-05} \sim -2.56 \times 10^{-05}$
香料	喷射阶段	$1.21 \times 10^{-06} \sim 4.54 \times 10^{-03}$
	扩散阶段	$2.47 \times 10^{-07} \sim 1.20 \times 10^{-06}$

从表 2.17 中可以看出，料液雾化阶段相比于烟丝上升阶段动能差距较大，且料液入射后，雾化阶段动能较小，不会对烟丝上升阶段造成影响，但会对烟丝抛洒阶段的烟丝粒子产生一定的推动；而料液扩散阶段与烟丝抛洒阶段动能差距较小，且料液雾化阶段动能小于烟丝抛洒阶段，所以料液雾化不会对烟丝粒子运动状态产生较大影响。

2.4.4.2　耦合过程可视化叠加分析

在烟丝加香耦合仿真结束后，利用叠加分析方法对加香效果进行了数字化表征研究。基于加香滚筒为同一参考空间，对烟丝运动状态与香料运动状态两种空间运动进行集合叠加分析，产生新的数据。烟丝加香叠加分析的目标是使滚筒中两个有一定关联的空间对象产生新的共同空间作用关系。使用空间叠加对烟丝加香均匀性进行分析，结合烟丝的空间位置与料液的空间位置产生共同位置占比，直接得出加香效果。

1. 烟丝在滚筒中运动阶段

在边界条件为滚筒转速 9 r/min、滚筒倾角 4°、滚筒内烟丝量为 20 kg、料液量 0.06 kg、液压 0.25 MPa 状态下，烟丝进入滚筒 15s 后，耦合仿真状态下料液与烟丝的接触面积，如图 2.86 所示。其中，黄色为烟丝粒子，灰色线条代表料液，深黄色代表料液雾化后与烟丝粒子的叠加情况。

（a）滚筒前端　　　　　　　　（b）滚筒中部　　　　　　　　（c）滚筒后段

图 2.86　烟丝与香料耦合状态下可视化

从图 2.86（a）中可以看出，由于滚筒前端抄板具有内螺旋角，烟丝粒子从滚筒后端开始抛洒、泻落，由于滚筒具有一定倾角，烟丝粒子在滚筒前端的占空比较大，此阶段烟丝与料液的混合叠加面积较小。从图 2.86（b）中可以看出，与滚筒前端相比较，此状态下烟丝粒子与料液接触量有所增加，此时料液与烟丝的叠加空间占比为 81.45%。从图 2.86（c）中可以看出，此时烟丝粒子占滚筒空间最大，料液与烟丝的叠加面积也随之提升。由于在 0.25 MPa 压力下，料液通过液压喷射到滚筒后半段开始雾化，此压力下料液在滚筒后半端的占空比增加，所以烟丝与料液的混合叠加空间面积较多。在此参数下，滚筒具有一定倾角，烟丝沿滚筒斜面下滑，随着滚筒的转动向滚筒底端移动，在 60.25 s 后，烟丝群集中于滚筒底端与香料充分混合。

2. 烟丝在滚筒底端运动阶段

在边界条件为滚筒转速 9 r/min、滚筒倾角 4°、滚筒内烟丝量 20 kg、料液量 0.06 kg、液压 0.25 MPa 状态下，耦合仿真状态下烟丝轴向运动到滚筒底端，料液与烟丝的接触面积如图 2.87 所示。图中黄色为烟丝粒子，灰色线条代表料液。

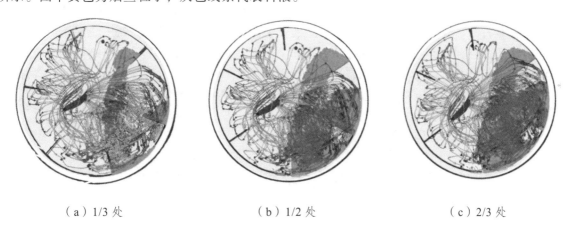

（a）1/3 处　　　　　　　　（b）1/2 处　　　　　　　　（c）2/3 处

图 2.87　烟丝与香料耦合状态可视化分析

从图 2.87 中可以看出，烟丝运动到滚筒底端，所有烟丝量统一集中于滚筒底端，烟丝抛洒状态变成一个单位。滚筒底端烟丝群 1/3 处，此时烟丝极少；滚筒底端烟丝群 1/2 处，此状态下烟丝粒子与料液接触量大量增加，此时料液与烟丝的叠加空间占比为 76.35%；滚筒底端烟丝群 2/3 处，此时烟丝粒子集中于滚筒底端，料液与烟丝的叠加面积也随之提升。在 0.25 MPa 压力下，料液运动到滚筒后半端才开始雾化扩散，由于此时烟丝也运动到滚筒底端，做循环周期运动，烟丝与料液得到充分混合。

进一步，得到了不同参数下烟丝与料液耦合的叠加空间（叠加空间比=烟丝与料液叠加面积/烟丝面积），结果见表 2.18。其中：组 1 为转速 9 r/min、滚筒倾角 4°、滚筒内烟丝量 20 kg、料液量 0.06 kg、液压 0.25 MPa、耦合时间 150 s；组 2 为转速 8 r/min、滚筒倾角 6°、滚筒内烟丝量 15 kg、料液量 0.045 kg、液压 0.25 MPa、耦合时间 150 s；组 3 为转速 9 r/min、滚筒倾角 3°、滚筒内烟丝量 25 kg、料液量 0.075 kg、液压 0.25 MPa、耦合时间 150 s；组 4 为转速 8 r/min、滚筒倾角 3°、滚筒内烟丝量 20 kg、料液量 0.06 kg、液压 0.25 MPa、耦合时间 150 s。

表 2.18　不同条件下烟丝与料液叠加空间比

耦合组	1	2	3	4
叠加空间比/%	81.45	62.20	79.35	81.05

从表 2.18 中可以看出，参数对烟丝与料液叠加空间比影响较大，得到最优加香效率参数组为滚筒转速 9 r/min、滚筒倾角 4°、滚筒内烟丝量 20 kg、料液量 0.06 kg、液压 0.25 MPa，耦合时间 150 s。

2.5　本章小结

　　本章利用计算机仿真技术对制丝关键工艺过程开展了"白箱化"表征研究：构建了烟叶和烟丝几何模型，并依据制丝关键工序加工设备构建了加料滚筒、薄板干燥滚筒、气流干燥设备和加香滚筒几何模型；对加料工艺过程中烟叶运动状态和空间区域分布特征、料液雾化状态和空间区域分布特征、烟叶料液耦合运动状态和耦合作用特征，薄板干燥工艺过程中烟丝运动状态和基本特征、气相运动流场分布、气固耦合运动状态和烟丝传热作用，气流干燥工艺过程中烟丝运动状态和空间分布特征、气相运动流场分布、气固耦合烟丝温度和含水率变化特征，加香工艺过程中烟丝运动状态和空间分布特性、香料运动状态和空间区域分布特征、烟丝和香料耦合作用进行了数字化表征；实现了制丝关键工序加料、薄板干燥、气流干燥和加香工艺过程从原来的"黑箱系统"向"白箱系统"转变，为揭示制丝关键工艺过程内在本质规律提供了重要依据。

第 3 章

计算机仿真技术在
制丝关键工艺过程
影响规律研究中的应用

　　针对制丝关键工艺过程参数与质量之间的影响研究，目前主要还是采用单因素、均匀设计和正交设计等传统试验研究方法，虽然在特定条件下具有一定的指导作用，但一旦某个条件或因素发生改变，传统方法研究结果将不再适用。究其本质，传统试验研究方法不能揭示制丝关键工艺复杂体系的影响规律，进而无法对其提供科学合理的指导。本章利用计算机仿真技术，对制丝关键工序加料、薄板干燥、气流干燥、加香工艺过程参数与质量之间的影响规律进行了数字化表征研究。

3.1　加料工艺过程影响规律研究

3.1.1　工艺参数对烟叶运动空间的影响

　　采用数字化建模与仿真计算，对烟叶在加料滚筒中运动的覆盖区域、包络空间与占空比进行分析和研究，重点研究了滚筒倾角、滚筒转速、物料流量等工艺参数对加料滚筒内烟叶运动空间的影响规律。

1. 烟叶在滚筒空间包络体积数据提取

　　从烟叶在加料滚筒中运动的仿真计算中提取基本数据，转换数据格式后导入 MATLAB 系统中进行包络体积分析。依据烟叶在滚筒中运动的持料上升、抛洒抛料及落料三种典型状态，采用体积包络法对滚筒空间里烟叶运动的三个典型运动状态进行区域划分，分别得到烟叶持料上升、抛洒抛料、落料区域包络，如图 3.1 所示。对各包络区域提取其体积数据，即可得到持料上升、抛洒抛料、落料包络区域体积。

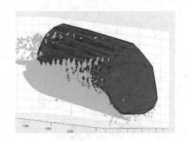 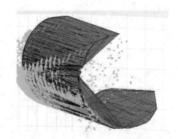 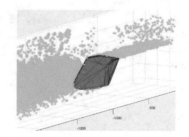

（a）抛洒区域包络　　　　　　（b）上升区域包络　　　　　　（c）落料区域包络

图 3.1　加料滚筒内烟叶抛洒、上升、落料区域包络体积

2. 滚筒倾角与烟叶运动空间包络体积占空比的一元回归关系

　　工艺参数烟叶流量 60 kg/h、滚筒转速 10 r/min、耙钉长度 96 mm 下滚筒倾角与烟叶运动空间包络体积占空比的影响规律如图 3.2 所示，工艺参数烟叶流量 60 kg/h、滚筒转速 10 r/min、耙钉长度 156 mm 下的滚筒倾角与烟叶运动空间包络体积占空比的影响规律如图 3.3 所示。

　　从图 3.2 中可以看出，滚筒倾角对烟叶运动空间包络体积有显著影响。随滚筒倾角的增大，落料区域包络体积呈非线性减小，抛洒抛料区域包络体积呈非线性增加，持料上升区域包络体积呈非线性减小，说明滚筒倾角增大有利于烟叶在滚筒中的抛洒。当滚筒倾角从 3°增大到 5°时，抛洒抛料区域体积占空比增大 6% 左右。从图 3.2 和图 3.3 中还可以看出，滚筒内结构耙钉长度不同，滚筒倾角对烟叶运动空间包络体积的影响规律存在一定的差异，说明耙钉长度对烟叶运动空间包络体积有一定的影响。

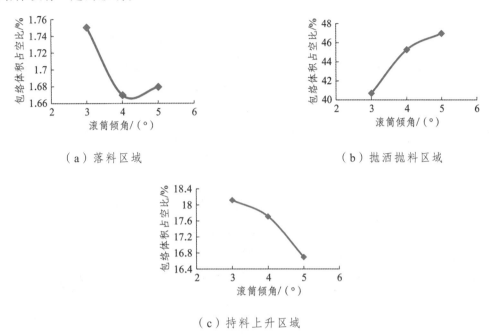

图 3.2　滚筒倾角对烟叶空间包络体积的影响（耙钉长度 96 mm）

进一步，得到不同工艺参数下滚筒倾角 A_{qj} 对滚筒内烟叶空间包络体积占空比 YY_{ZKB} 影响的一元回归方程，见表 3.1。其中：烟叶流量 CLL_{yy} 分别为 60 kg/h、70 kg/h 和 80 kg/h；滚筒转速 r_{gt} 分别为 9 r/min、10 r/min 和 11 r/min；耙钉长度分别为长钉和短钉。

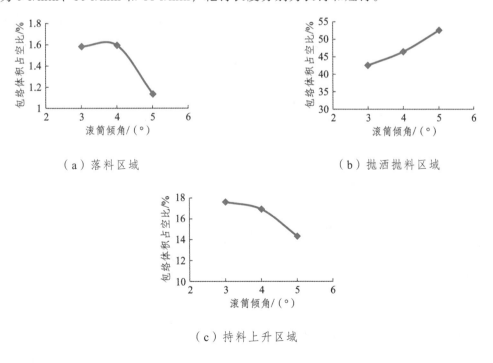

图 3.3　滚筒倾角对烟叶空间包络体积的影响（耙钉长度 156 mm）

表 3.1　滚筒倾角对烟叶空间包络体积占空比影响的一元回归方程

工艺参数			一元回归方程
滚筒转速/ （r·min⁻¹）	烟叶流量/ （kg·h⁻¹）	耙钉长度	
9	60	短	$YY_{ZKB}=-0.015\,5A2\,qj+0.1215A_{qj}+0.131$
9	60	长	$YY_{ZKB}=-0.022A2\,qj+0.169A_{qj}+0.039$
10	60	短	$YY_{ZKB}=-0.028A2\,qj+0.269\,8A_{qj}-0.185\,6$
10	60	长	$YY_{ZKB}=-0.002\,85A2\,qj+0.084\,25A_{qj}+0.166\,9$
11	60	短	$YY_{ZKB}=-0.0145A2\,qj+0.147\,5A_{qj}+0.094$
11	60	长	$YY_{ZKB}=-0.011A2\,qj-0.038A_{qj}+0.44$
9	70	短	$YY_{ZKB}=-0.002A2\,qj-0.013A_{qj}+0.384$
9	70	长	$YY_{ZKB}=-0.016\,5A2\,qj+0.126\,5A_{qj}+0.127$
……	……	……	……

3. 耙钉长度对烟叶运动空间包络体积占空比的影响规律

工艺参数烟叶流量 60 kg/h、滚筒转速 10 r/min 下耙钉长度对烟叶运动空间包络体积占空比的影响规律如图 3.4 所示。

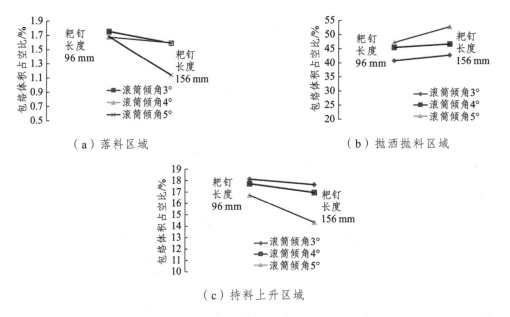

（a）落料区域　　　　　　　　　　（b）抛洒抛料区域

（c）持料上升区域

图 3.4　耙钉长度对烟叶空间包络体积的影响

从图 3.4 中可以看出，滚筒内结构耙钉的长度对烟叶运动空间包络体积有一定的影响。随耙钉长度增加，落料区域包络体积逐渐减小，抛洒抛料区域包络体积逐渐增加，持料上升区域包络体积逐渐减小，说明滚筒内结构耙钉长度增大有利于烟叶在滚筒中的抛洒。当滚筒耙钉从短钉变为长钉时，抛洒抛料区域体积占空比增大范围为 1%～5%。与滚筒倾角相比，耙钉长度对烟叶运动空间包络体积的影响较小。

4. 滚筒转速对烟叶运动空间包络体积占空比的一元回归关系

工艺参数烟叶流量 70 kg/h、滚筒倾角 3°、耙钉长度 96 mm 下的滚筒转速对烟叶运动空间包络体积占空比的影响规律如图 3.5 所示。

从图 3.5 中可以看出，滚筒转速对烟叶运动空间包络体积有显著影响。随滚筒转速的增大，落料区域包络体积呈非线性减小，抛洒抛料区域包络体积呈非线性增加，持料上升区域包络体积呈非线性增加，说明滚筒倾角增大有利于烟叶在滚筒中的持料上升与抛洒。当滚筒转速从 9 r/min 增大到 11 r/min 时，抛洒抛料区域体积占空比增大 6% ~ 10%左右。与滚筒倾角和耙钉长度相比较，滚筒转速对烟叶运动空间包络体积的影响较大。

进一步，得到不同工艺参数下滚筒转速 r_{gt} 对滚筒内烟叶空间包络体积占空比 YY_{ZKB} 影响的一元回归方程，见表 3.2。其中：烟叶流量 CLL_{yy} 分别为 60 kg/h、70 kg/h 和 80 kg/h；滚筒倾角 A_{qj} 分别为 3°、4°和 5°；耙钉长度分别为长钉和短钉。

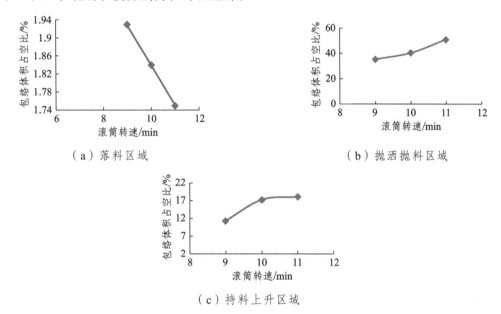

（a）落料区域　　　　　　　　　　（b）抛洒抛料区域

（c）持料上升区域

图 3.5　滚筒转速对烟叶空间包络体积的影响

表 3.2　滚筒转速对烟叶空间包络体积占空比影响的一元回归方程

工艺参数			一元回归方程
滚筒倾角/（°）	烟叶流量/（kg·h⁻¹）	耙钉长度	
3	60	短	$YY_{ZKB}=-0.001\ 9r2\ gt+0.063r_{gt}-0.057\ 1$
3	60	长	$YY_{ZKB}=-0.007\ 5r2\ gt+0.188\ 5r_{gt}-0.741$
4	60	短	$YY_{ZKB}=-0.035\ 1r2\ gt+0.743\ 5r_{gt}-3.479\ 4$
4	60	长	$YY_{ZKB}=-0.044\ 8r2\ gt+0.946\ 5r_{gt}-4.526\ 7$
5	60	短	$YY_{ZKB}=-0.534r2\ gt+1.127r_{gt}-5.466\ 6$
5	60	长	$YY_{ZKB}=-0.087\ 4r2\ gt+1.843\ 5r_{gt}-9.178\ 1$
3	70	短	$YY_{ZKB}=0.008\ 7r2\ gt-0.099\ 5r_{gt}+0.553\ 8$
3	70	长	$YY_{ZKB}=-0.015\ 9r2\ gt+0.401\ 5r_{gt}-1.967\ 6$
……	……	……	……

5. 烟叶流量对烟叶运动空间包络体积占空比的一元回归关系

工艺参数滚筒转速 9 r/min、滚筒倾角 3°、耙钉长度 96 mm 下的烟叶流量对烟叶运动空间包络体积占空比的影响规律如图 3.6 所示。

从图 3.6 中可以看出，烟叶流量对烟叶运动空间包络体积有明显影响。随滚筒转速的增大，落料区域包络体积呈先减小后增加的趋势，抛洒抛料区域包络体积呈非线性增加，持料上升区域包络体积呈先增加后减小的趋势，说明烟叶流量的增大有利于烟叶在滚筒中抛洒。当烟叶流量从 60 kg/h 增大到 80 kg/h 时，抛洒抛料区域体积占空比增大 5%左右。

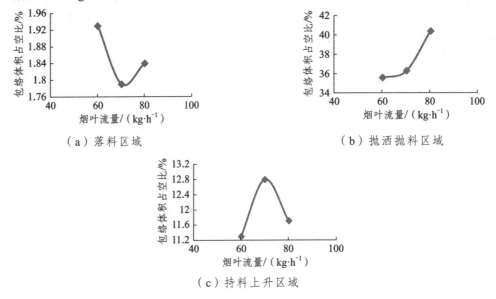

图 3.6　烟叶流量对烟叶空间包络体积的影响

进一步，得到不同工艺参数下烟叶流量 CLL_{yy} 对滚筒内烟叶离散空间占空比 YY_{ZKB} 影响的一元回归方程，见表 3.3。其中：滚筒转速 r_{gt} 分别为 9 r/min、10 r/min 和 11 r/min；滚筒倾角 A_{qj} 分别为 3°、4°和 5°；耙钉长度分别为长钉和短钉。

表 3.3　烟叶流量对烟叶空间包络体积占空比影响的一元回归方程

滚筒倾角/（°）	滚筒转速/（r · min⁻¹）	耙钉长度	一元回归方程
3	9	短	$YY_{ZKB}=-0.000\,12CLL2\,yy+0.016\,3CLL_{yy}-0.19$
3	9	长	$YY_{ZKB}=-0.000\,261\,5CLL2\,yy+0.034\,995CLL_{yy}-0.810\,3$
4	9	短	$YY_{ZKB}=0.000\,229\,5CLL2\,yy-0.030\,335CLL_{yy}+1.362\,9$
4	9	长	$YY_{ZKB}=0.000\,251\,5CLL2\,yy-0.032\,095CLL_{yy}+1.363\,3$
5	9	短	$YY_{ZKB}=-0.000\,128CLL2\,yy+0.018\,44CLL_{yy}-0.294\,6$
5	9	长	$YY_{ZKB}=0.000\,211\,5CLL2\,yy-0.026\,195CLL_{yy}+1.144\,3$
3	10	短	$YY_{ZKB}=-0.000\,377\,5CLL2\,yy+0.054\,145CLL_{yy}-1.511\,6$
3	10	长	$YY_{ZKB}=-0.000\,314CLL2\,yy+0.044\,06CLL_{yy}-1.088\,2$
……	……	……	……

6. 不同工艺参数对烟叶抛洒区域体积影响的二元回归关系

烟叶流量 CLL_{yy} 为 60 kg/h 条件下滚筒转速 r_{gt} 和滚筒倾角 A_{qj} 对烟叶抛洒区域体积 V_{ps} 的二元回归方程和关系曲面如图 3.7 所示。滚筒转速 r_{gt} 为 10 r/min 条件下烟叶流量 CLL_{yy} 和滚筒倾角 A_{qj} 对烟叶抛洒区域体积 V_{ps} 的二元回归方程和关系曲面如图 3.8 所示。滚筒倾角 A_{qj} 变化条件下滚筒转速 r_{gt} 和烟叶流量 CLL_{yy} 对烟叶抛洒区域体积 V_{ps} 的二元回归方程和关系曲面如图 3.9 所示。

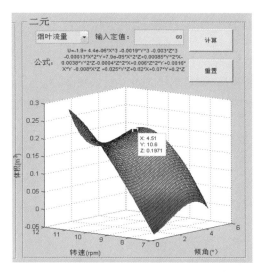

图 3.7　滚筒倾角和滚筒转速对烟叶抛洒区域体积影响的二元回归方程和关系曲面

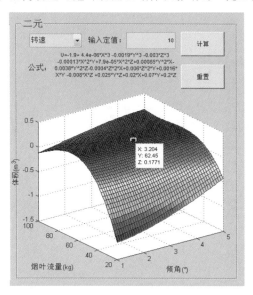

图 3.8　滚筒倾角和烟叶流量对烟叶抛洒区域体积影响的二元回归方程和关系曲面

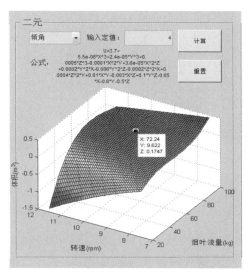

图 3.9　滚筒转速和烟叶流量对烟叶抛洒区域体积影响的二元回归方程和关系曲面

3.1.2 工艺参数对加料喷嘴雾化粒径的影响

本节采用计算机仿真技术,研究了雾化压力、料液流量和料液温度等工艺参数对加料喷嘴雾化粒径的影响规律。其中:雾化压力分别为 150 kPa、200 kPa、250 kPa、300 kPa、350 kPa、400 kPa、450 kPa;料液流量分别为 15 kg/h、20kg/h、25 kg/h、30 kg/h、35 kg/h、40 kg/h、50 kg/h;料液温度分别为 40 ℃、45 ℃、50 ℃、55 ℃、65 ℃。

1. 雾化压力对雾化粒径的影响

雾化压力对雾化粒径的影响如图 3.10 所示。图中,SMD 代表雾化索特平均粒径,P 代表雾化压力,T 代表料液温度,F 代表料液流量。

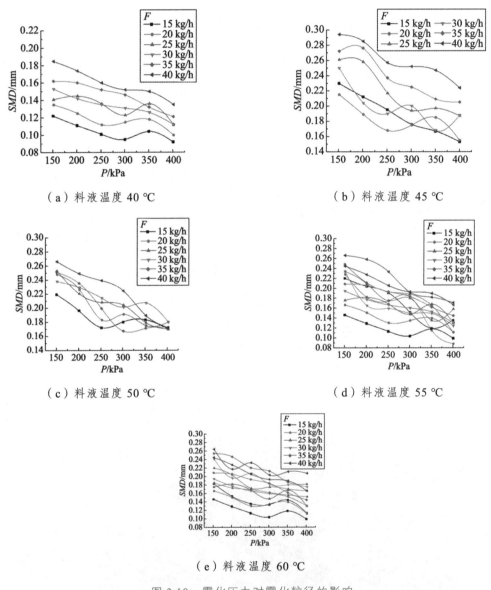

（a）料液温度 40 ℃　　　　　　　（b）料液温度 45 ℃

（c）料液温度 50 ℃　　　　　　　（d）料液温度 55 ℃

（e）料液温度 60 ℃

图 3.10　雾化压力对雾化粒径的影响

从图 3.10 中可以看出,随雾化压力从 150 kPa 增大到 400 kPa,雾化粒径逐渐减小,在雾化压力在 150 ~ 400 kPa 范围内,喷嘴雾化粒径变化幅度为 0.04 ~ 0.09 mm。这是由于随着雾化压力的增大,喷雾射流初速度、韦伯数不断增大,射流及液滴的破碎程度逐渐提高,致使喷雾雾滴粒径均不断减小。因此，雾化压力的增大有利于喷嘴雾化形成更小粒径的液滴。

2. 料液流量对雾化粒径的影响

料液流量对雾化粒径的影响如图 3.11 所示。图中，SMD 代表雾化索特平均粒径，P 代表雾化压力，T 代表料液温度，F 代表料液流量。

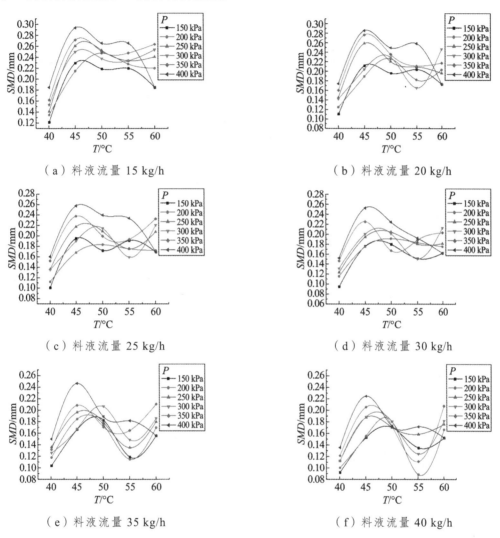

（a）料液流量 15 kg/h　　　　　　　　（b）料液流量 20 kg/h

（c）料液流量 25 kg/h　　　　　　　　（d）料液流量 30 kg/h

（e）料液流量 35 kg/h　　　　　　　　（f）料液流量 40 kg/h

图 3.11　料液流量对雾化粒径的影响

从图 3.11 中可以看出，随料液流量从 15 kg/h 增加到 40 kg/h，雾化粒径呈现波浪式增大的趋势，在料液流量 15～40 kg/h 范围内，雾化粒径的变化幅度为 0.06～0.11 mm。这是因为喷雾时料液流量越大，消耗的雾化能量越大，而此时雾化介质压缩空气提供的破碎能量不变，因此喷嘴雾化粒径会增大。出现波动的原因可能与喷嘴的结构、气压比的变化有关，当雾化空气与料液在喷嘴出口腔处相遇时，涉及气、液、固复杂的耦合运动，液体在此时破裂成不规则的液束，然后产生一个速度梯度，将液丝伸展至破裂点形成雾滴。这个过程本身就是一个随机性较大的过程，是一个概率问题，因此会出现图像中的波动。

3. 料液温度对雾化粒径的影响

料液温度对雾化粒径的影响如图 3.12 所示。图中，SMD 代表雾化索特平均粒径，P 代表雾化压力，T 代表料液温度，F 代表料液流量。

从图 3.12 中可以看出，随料液温度从 45 ℃升高到 60 ℃，雾化粒径呈现先增大后减小再增大的趋势；料液温度在 45 ℃和 60 ℃时雾化粒径存在最大值，在 40 ℃和 55 ℃时雾化粒径存在最小值；在料液温度 45～60 ℃范围内，雾化粒径变化幅度为 0.04～0.08 mm。这是由于随着料液温度的升高，料液黏度会减小，使得料液黏性力、表面张力减小，破碎需要的能量相对会减小。此外，随着温度的升高，料液的蒸发、挥发速度也会有一定程度的变化。

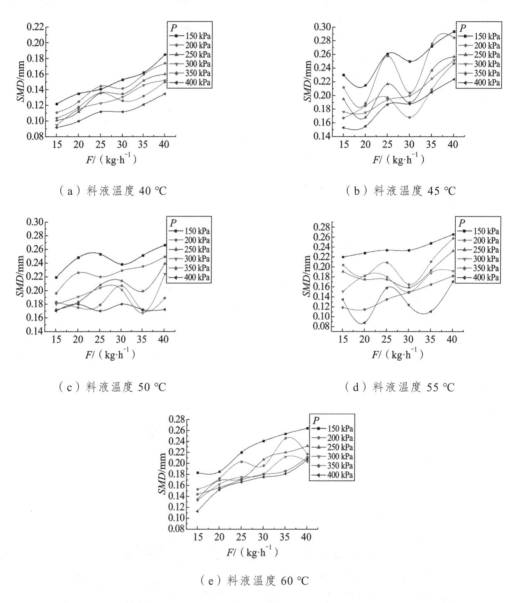

（a）料液温度 40 ℃   （b）料液温度 45 ℃

（c）料液温度 50 ℃   （d）料液温度 55 ℃

（e）料液温度 60 ℃

图 3.12　料液温度对雾化粒径的影响

3.1.3　工艺参数对加料喷嘴雾化锥角的影响

本节采用计算机仿真技术，研究了雾化压力、料液流量和料液温度等工艺参数对加料喷嘴雾化锥角的影响规律。其中：雾化压力分别为 150 kPa、200 kPa、250 kPa、300 kPa、350 kPa、400 kPa；料液流量分别为 15 kg/h、20 kg/h、25 kg/h、30 kg/h、35 kg/h、40 kg/h、50 kg/h；料液温度分别为 40 ℃、45 ℃、50 ℃、55 ℃、65 ℃。

1. 雾化压力对雾化锥角的影响

雾化压力对雾化锥角的影响如图 3.13 所示。图中，CA 代表雾化锥角，P 代表雾化压力，T 代表料液温度，F 代表料液流量。

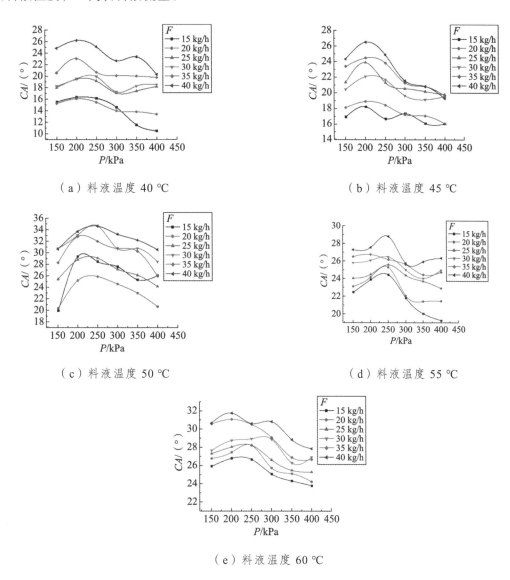

图 3.13　雾化压力对雾化锥角的影响

从图 3.13 中可以看出，随雾化压力从 150 kPa 增大到 400 kPa，雾化锥角呈现先增加后减小的趋势：当料液温度 ≤50 ℃时，雾化锥角在雾化压力为 200 kPa 时达到最大值；当料液温度 ≥50 ℃时，雾化锥角在雾化压力在 250 kPa 时达到最大值。雾化压力在 150～400 kPa 范围内，雾化锥角变化幅度为 2°～4°。这是因为随着雾化压力的增大，雾化空气破碎料液的能力逐渐增加，雾化角逐渐增大；当雾化空气压力增大到一定程度时，气液相互作用达到相应的稳定平衡值，喷雾面上喷雾分布最均匀，有效喷雾面最大，雾化锥角达到最大值；当雾化空气压力继续增大，破坏了该平衡时，雾化锥角边缘主要流体为空气，含液体量相对较少，此时空气压缩水流，雾化锥角边缘由外向里收缩，因此雾化锥角又减小。

2. 料液流量对雾化锥角的影响

料液流量对雾化锥角的影响如图 3.14 所示。图中，CA 代表雾化锥角，P 代表雾化压力，T 代表料液温度，F 代表料液流量。

从图 3.14 中可以看出，随料液流量从 15 kg/h 增大到 40 kg/h，雾化锥角呈现逐渐增大的趋势，在料液流量 15 ~ 40 kg/h 范围内，雾化锥角变化幅度为 4°~ 11°。这是因为随着料液流量的增加，参与破碎的料液会增加，雾化形成的液滴越来越大，在空间中雾化扩散的范围越来越大，进而雾化锥角也逐渐增大。

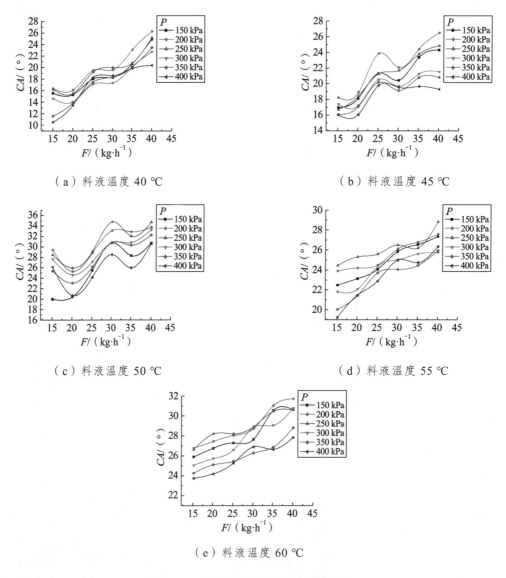

（a）料液温度 40 ℃　　　　　　　　　　（b）料液温度 45 ℃

（c）料液温度 50 ℃　　　　　　　　　　（d）料液温度 55 ℃

（e）料液温度 60 ℃

图 3.14　料液流量对雾化锥角的影响

3. 料液温度对雾化锥角的影响

料液温度对雾化锥角的影响如图 3.15 所示。图中，CA 代表雾化锥角，P 代表雾化压力，T 代表料液温度，F 代表料液流量。

从图 3.15 中可以看出，随料液温度从 45 ℃升高到 60 ℃，雾化锥角呈现先增大后减小再增大的波浪状趋势；在料液温度为 50 ℃时雾化锥角存在最大值，在料液温度为 45 ℃和 55 ℃时雾化锥角存在最小值；在料液温度 45 ~ 60 ℃范围内，雾化锥角变化幅度为 5° ~ 12°。综上分析可知，各工艺参数对雾化锥角的影响程度为料液温度≥料液流量≥雾化压力。

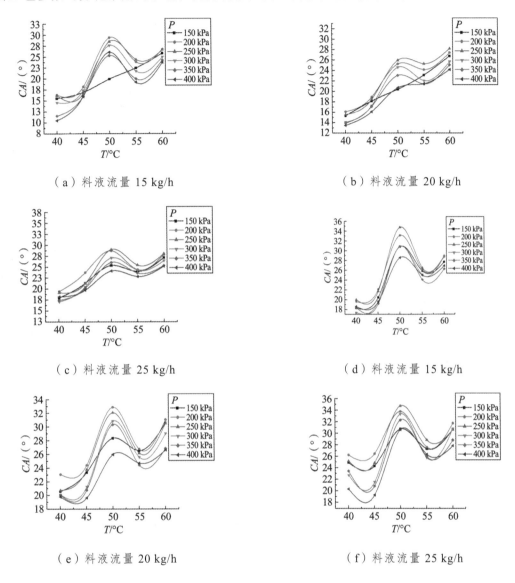

（a）料液流量 15 kg/h　　　　　　　（b）料液流量 20 kg/h

（c）料液流量 25 kg/h　　　　　　　（d）料液流量 15 kg/h

（e）料液流量 20 kg/h　　　　　　　（f）料液流量 25 kg/h

图 3.15　料液温度对雾化锥角的影响

3.1.4　工艺参数对烟叶料液耦合指标的影响

本节采用计算机仿真技术，研究了不同雾化压力、料液流量、料液温度、滚筒转速等工艺参数对烟叶料液重叠空间、料液重叠空间均匀性的影响规律。

3.1.4.1　工艺参数对烟叶料液重叠空间指标的影响

本节研究了不同雾化压力、滚筒转速、烟叶流量和喷嘴安装角度对烟叶料液重叠空间指标的影响规律，结果见表 3.4 ~ 表 3.8。其中，雾化压力分别为 150 kPa、250 kPa、350 kPa，滚筒转速分别为 9 r/min、11 r/min、13 r/min，烟叶流量分别为 60 kg/h、70 kg/h、80 kg/h，喷嘴安装位置为向左（烟叶持料上升方向）偏 15°、21°、25°和向下偏 4°，料液温度为 55 ℃，滚筒尺寸为 0.8 m×3.0 m，滚筒倾角为 1.5°，滚筒耙钉长度为长钉。

表 3.4　雾化压力 150 kPa、喷嘴角度向左 15°下烟叶料液重叠空间与占空比

指标表征结果	烟叶流量/（kg·h⁻¹）	滚筒转速/（r·min⁻¹）		
		9	11	13
烟叶料液重叠空间/m³	60	0.325 4	0.346 9	0.354 8
占空比/%		21.57	23.00	23.52
烟叶料液重叠空间/m³	70	0.324 1	0.335 2	0.352 4
占空比/%		21.49	22.22	23.37
烟叶料液重叠空间/m³	80	0.317 3	0.321 9	0.348 2
占空比/%		21.04	21.34	23.09

其他参数：滚筒倾角 1.5°，喷嘴角度向下偏 4°，料液温度 55 ℃。

表 3.5　雾化压力 150 kPa、喷嘴角度向左 21°下烟叶料液重叠空间与占空比

指标表征结果	烟叶流量/（kg·h⁻¹）	滚筒转速/（r·min⁻¹）		
		9	11	13
烟叶料液重叠空间/m³	60	0.315 3	0.320 3	0.329 6
占空比/%		20.9	21.24	21.85
烟叶料液重叠空间/m³	70	0.312 6	0.318 4	0.324 1
占空比/%		20.73	21.11	21.49
烟叶料液重叠空间/m³	80	0.307 4	0.312 9	0.318 6
占空比/%		20.38	20.75	21.12

其他参数：滚筒倾角 1.5°，喷嘴角度向下偏 4°，料液温度 55 ℃。

表 3.6　雾化压力 150 kPa、喷嘴角度向左 25°下烟叶料液重叠空间与占空比

指标表征结果	烟叶流量/（kg·h⁻¹）	滚筒转速/（r·min⁻¹）		
		9	11	13
烟叶料液重叠空间/m³	60	0.245 2	0.263 1	0.275 5
占空比/%		16.26	17.44	18.27
烟叶料液重叠空间/m³	70	0.243 2	0.246 3	0.252 6
占空比/%		16.13	16.33	16.75
烟叶料液重叠空间/m³	80	0.212 2	0.225 4	0.238 7
占空比/%		14.07	14.94	15.83

其他参数：滚筒倾角 1.5°，喷嘴角度向下偏 4°，料液温度 55 ℃。

表 3.7　雾化压力 250 kPa、喷嘴角度向左 21°下烟叶料液重叠空间与占空比

指标表征结果	烟叶流量/（kg·h⁻¹）	滚筒转速/（r·min⁻¹）		
		9	11	13
烟叶料液重叠空间/m³	60	0.243 1	0.246 8	0.250 6
占空比/%		16.12	16.37	16.37
烟叶料液重叠空间/m³	70	0.235 3	0.241 3	0.247 5
占空比/%		15.60	16.00	16.41
烟叶料液重叠空间/m³	80	0.227 4	0.233 6	0.242 6
占空比/%		15.08	15.49	16.09

其他参数：滚筒倾角 1.5°，喷嘴角度向下偏 4°，料液温度 55 ℃。

表 3.8　雾化压力 350 kPa、喷嘴角度向左 21°下烟叶料液重叠空间与占空比

指标表征结果	烟叶流量/（kg·h⁻¹）	滚筒转速/（r·min⁻¹）		
		9	11	13
烟叶料液重叠空间/m³	60	0.174 6	0.174 6	0.174 6
占空比/%		11.58	11.58	11.58
烟叶料液重叠空间/m³	70	0.171 3	0.171 3	0.171 3
占空比/%		11.36	11.36	11.36
烟叶料液重叠空间/m³	80	0.168 9	0.168 9	0.168 9
占空比/%		11.20	11.20	11.20

其他参数：滚筒倾角 1.5°，喷嘴角度向下偏 4°，料液温度 55 ℃。

从表 3.4～表 3.8 中可以看出，雾化压力、滚筒转速、烟叶流量和喷嘴安装角度对烟叶料液重叠空间具有一定的影响，但各参数的影响程度存在显著差异。雾化压力从 150 kPa 不断增加到 350 kPa，烟叶料液重叠空间体积逐渐减小，减小幅度为 0.14～0.14 m³；滚筒转速从 9 r/min 不断增加到 13 r/min，烟叶料液重叠空间体积逐渐增大，增大幅度为 0.01～0.03 m³；烟叶流量从 60 kg/h 不断增加到 80 kg/h，烟叶料液重叠空间体积逐渐减小，减小幅度为 0.01～0.02 m³；喷嘴角度向左偏 15°增加到向左偏 25°，烟叶料液重叠空间体积逐渐减小，减小幅度为 0.06～0.08 m³。因此，各工艺参数对烟叶料液重叠空间的影响程度为雾化压力 ≥ 喷嘴角度向左偏 ≥ 滚筒转速 ≥ 烟叶流量。

3.1.4.2　工艺参数对料液重叠空间均匀性的影响

本节研究了雾化压力、料液流量、料液温度对料液重叠空间均匀性的影响规律。其中，雾化压力分别为 150 kPa、200 kPa、250 kPa、300 kPa、350 kPa、400 kPa，料液温度为 40 ℃、45 ℃、50 ℃、55 ℃、60 ℃，料液流量为 15 kg/h、30 kg/h、40 kg/h，滚筒尺寸为 0.8 m×3.0 m，滚筒倾角为 1.5°，喷嘴安装位置为向左偏 24°和向下偏 4°，滚筒转速为 9 r/min。

1. 雾化压力对料液重叠空间均匀性的影响

雾化压力对料液重叠空间均匀性的影响如图 3.16 所示。其中，料液流量为 30 kg/h，料液温度为 55 ℃。黑色曲线为料液重叠空间轴向均匀性随雾化压力变化曲线，红色曲线为料液重叠空间径向均匀性随雾化压力变化曲线，蓝色曲线为料液重叠空间均匀性随雾化压力变化曲线。

从图 3.16 中可以看出，随雾化压力从 150 kPa 不断增大到 400 kPa，料液重叠空间均匀性值呈现先减小后增加的趋势，在雾化压力为 350 kPa 时，料液重叠空间均匀性数值出现最小值，为

0.1247，说明料液重叠空间均匀性达到较高水平；雾化压力从 150 kPa 增大到 400 kPa 时，料液重叠空间均匀性数值变化幅度为 0.1 左右。这是由于雾化压力越大，其雾化粒径整体变小，雾化液滴初动量越大使其不容易扩散，即相对分布更集中，更均匀。

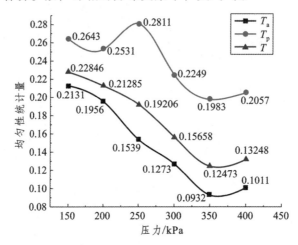

图 3.16 雾化压力对料液重叠空间均匀性的影响

2. 料液温度对料液重叠空间均匀性的影响

料液温度对料液重叠空间均匀性的影响如图 3.17 所示。其中，雾化压力为 350 kPa，料液流量为 30 kg/h。黑色曲线为料液重叠空间轴向均匀性随料液温度变化曲线，红色曲线为料液重叠空间径向均匀性随料液温度变化曲线，蓝色曲线为料液重叠空间均匀性随料液温度变化曲线。

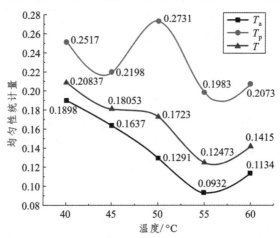

图 3.17 料液温度对料液重叠空间均匀性的影响

从图 3.17 中可以看出，随料液温度从 40 ℃升高到 60 ℃，料液重叠空间均匀性数值呈现先减小后增加的趋势，在料液温度为 55 ℃时，料液重叠空间均匀性数值存在最小值，为 0.127，说明料液重叠空间均匀性达到较高水平；料液温度从 40 ℃升高到 60 ℃，料液重叠空间均匀性数值变化幅度为 0.08 左右。

3. 料液流量对料液重叠空间均匀性的影响

料液流量对料液重叠空间均匀性的影响如图 3.18 所示。其中，雾化压力 350 kPa，料液温度为 55 ℃。黑色曲线为料液重叠空间轴向均匀性随料液流量变化曲线，红色曲线为料液重叠空间径向均匀性随料液流量变化曲线，蓝色曲线为料液重叠空间均匀性随料液流量变化曲线。

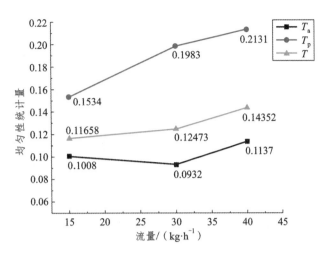

图 3.18　料液流量对料液重叠空间均匀性的影响

从图 3.18 中可以看出，随料液流量从 15 kg/h 增加到 40 kg/h，料液重叠空间均匀性数值不断增大，说明料液重叠空间均匀性逐渐变差；料液流量从 15 kg/h 增加到 40 kg/h，料液重叠空间均匀性数值变化幅度为 0.03 左右。

综上可知，各工艺参数对料液重叠空间均匀性的影响程度为雾化压力≥料液温度≥料液流量。

3.1.5　仿真计算结果与试验检测结果对比分析

试验是检验仿真研究可行性和准确性的唯一标准。本节对不同加工条件雾化压力、料液流量和料液温度对平台喷嘴雾化锥角和雾化粒径影响的仿真计算结果和试验检测结果进行了对比分析。

1. 工艺参数对雾化锥角影响的对比分析

本节对比分析了不同雾化压力、料液流量和料液温度对喷嘴雾化锥角影响的仿真计算和试验检测结果，分别如图 3.19 ~ 图 3.21 所示。其中，CA 代表喷嘴雾化锥角，F 表示料液流量值，T 表示料液温度值，P 表示雾化压力值。红色曲线代表试验结果曲线，黑色曲线为仿真结果曲线。

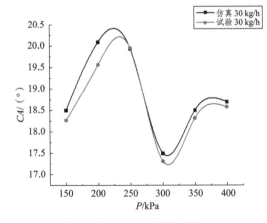

（a）料液温度 40 ℃、料液流量 30 kg/h

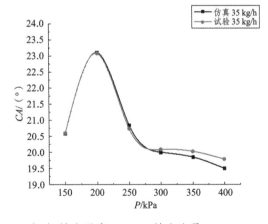

（b）料液温度 40 ℃、料液流量 35 kg/h

图 3.19　雾化压力对喷嘴雾化锥角影响的计算和检测结果对比

从图 3.19 ~ 图 3.21 中可以看出，对比雾化压力、料液流量和料液温度对喷嘴雾化锥角影响的仿真计算和试验检测结果，在变化趋势和数值上吻合较好，两者在相同加工条件下喷嘴雾化锥角相差在 2° 范围内。这说明采用仿真计算方法开展喷嘴雾化锥角的研究具有较好的正确性和准确性。

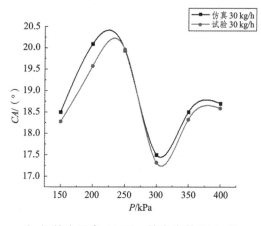

（a）料液温度 40 ℃、料液流量 30 kg/h

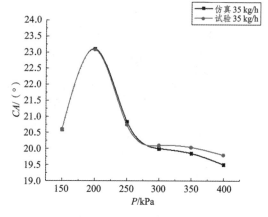

（b）料液温度 40 ℃、料液流量 35 kg/h

图 3.19　雾化压力对喷嘴雾化锥角影响的计算和检测结果对比

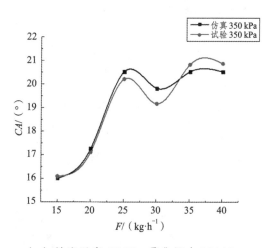

（a）料液温度 45 ℃、雾化压力 350 kPa

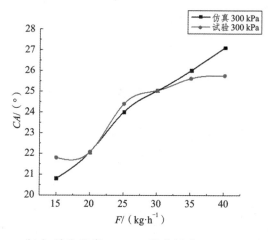

（b）料液温度 55 ℃、雾化压力 300 kPa

图 3.20　料液流量对喷嘴雾化锥角影响的计算和检测结果对比

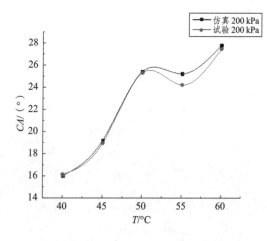

（a）料液流量 20 kg/h、雾化压力 200 kPa

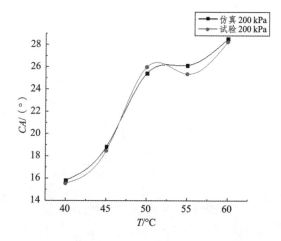

（b）料液流量 25 kg/h、雾化压力 200 kPa

图 3.21　料液温度对喷嘴雾化锥角影响的计算和检测结果对比

2. 工艺参数对雾化粒径影响的对比分析

本节对比分析了不同雾化压力、料液流量和料液温度对喷嘴雾化粒径影响的仿真计算和试验检测研究结果，分别如图 3.22 ~ 图 3.24 所示。其中，仿真计算的雾化粒径为雾化区域内所有液滴粒径的索特平均粒径，试验研究的雾化粒径为雾化空间区域内所有液滴粒径的索特平均粒径。SMD 代表喷嘴雾化索特平均粒径，F 表示料液流量值，T 表示料液温度值，P 表示雾化压力值。红色曲线代表试验结果曲线，黑色曲线为仿真结果曲线。

从图 3.22 ~ 图 3.24 中可以看出，对比雾化压力、料液流量和料液温度对喷嘴雾化锥角影响的仿真计算和试验检测结果，整体上，在变化趋势上吻合较好，但在数值上存在一定的偏差，且仿真计算结果基本小于试验检测结果，两者在相同加工条件下喷嘴雾化粒径相差 0.02 ~ 0.08 mm。这是两者在选取雾化区域来计算雾化粒径时的差异造成的，试验检测研究所测量雾化液滴的区域仅是雾化空间区域中的 3 个区域，而仿真计算雾化液滴的区域是整个雾化空间区域。由于采用试验检测方法测量的液滴粒径存在一定的下限值，且所取得的液滴数量有限，而仿真计算液滴数目远远大于实验测量数目，因此其计算结果在数值上要小于检测结果。

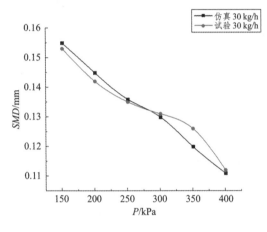

（a）料液温度 40 ℃、料液流量 30 kg/h

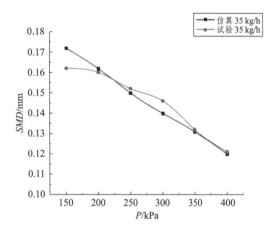

（b）料液温度 40 ℃、料液流量 35 kg/h

图 3.22　雾化压力对喷嘴雾化粒径影响的计算和检测结果对比

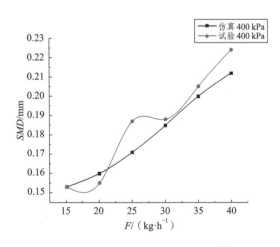

（a）料液温度 45 ℃、雾化压力 400 kPa

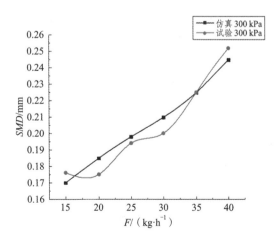

（b）料液温度 45 ℃、雾化压力 300 kPa

图 3.23　料液流量对喷嘴雾化粒径影响的计算和检测结果对比

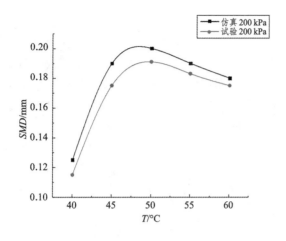
（a）料液流量 30 kg/h、雾化压力 400 kPa

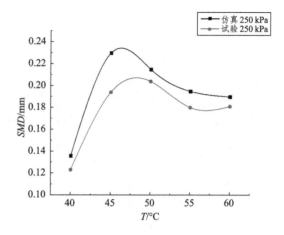
（b）料液流量 30 kg/h、雾化压力 300 kPa

图 3.24　料液温度对喷嘴雾化粒径影响的计算和检测结果对比

由以上分析可知，采用仿真计算和试验检测两种方法在对不同加工条件雾化压力、料液流量和料液温度对喷嘴雾化锥角和雾化粒径影响的研究结果上吻合较好，有效验证了采用仿真计算对喷嘴雾化特征数字化表征研究的可行性和准确性。

3.2　薄板干燥工艺过程影响规律研究

3.2.1　薄板干燥工艺特征参数构建

由薄板干燥工艺过程的"白箱化"研究得知，烟丝的基本运动状态和分布对滚筒烘丝工艺质量管控指标影响非常大，其中烟丝运动分布空间区域和气流分布空间区域尤为重要。为便于开展薄板干燥工艺过程影响规律研究，对薄板干燥工艺特征参数进行了构造，具体如下。

3.2.1.1　干燥时间

干燥时间分为两部分来定义，一是烟丝在滚筒内的滞留时间，一是烟丝分别与抄板筒壁接触、气流接触的时间。

1. 烟丝滞留时间

烟丝滞留时间是指烟丝在滚筒内的停留时间。基于前期的数字化空间模型构建、流固耦合超级计算，提取计算结果中的烟丝在滚筒内的运动时间。经仿真计算，不同工艺参数下烟丝平均滞留时间情况如图 3.25 所示。

从图 3.25 中我们可以看出，烟丝滞留时间最长的是第 1 参数组，滚筒倾角为 3°、滚筒转速为 9 r/min；而烟丝平均滞留时间最短的是第 9 组参数组，滚筒倾角为 7°、滚筒转速为 13 r/min。

烟丝在滚筒内部的平均滞留时间随转速的增大而减小。这是因为烟丝在升举和抛洒过程中，烟丝在有一定倾角的滚筒中沿轴向向前螺旋运动。滚筒的转速越大，在相同的时间内烟丝被升举的次数也越大，烟丝在相同的时间内运动的频率也越大，故烟丝在滚筒内的滞留时间就会减小。烟丝在滚筒内部的平均滞留时间随着滚筒倾角的增大而减小。这是因为烟丝在抛洒过程中，滚筒倾角越大，烟丝在重力作用下，轴向运动的距离也就越大，运动周期就会越短，所以烟丝在滚筒内的滞留时间会减小。

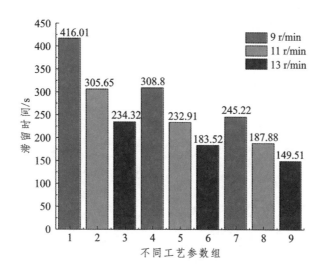

图 3.25　不同工艺参数下烟丝平均滞留时间

2. 烟丝接触时间

烟丝接触时间是指烟丝与抄板筒壁接触时间和烟丝与气流接触时间。烟丝与抄板筒壁接触时间与横截面的位置有关，$X<1\,100$ mm，$Z<1\,100$ mm 时，烟丝与抄板筒壁接触；其余时间为与气流接触时间，如图 3.26 所示。基于前期的数字化空间模型构建、流固耦合超级计算，提取计算结果中烟丝在滚筒中运动过程中的坐标变化和时间变化，归纳分析可以得到烟丝在滚筒烘丝过程中的接触时间。

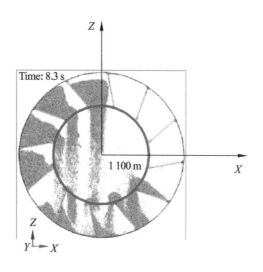

图 3.26　烟丝接触位置示意图

　　分别统计烟丝在抛洒区域烟丝出现次数与总时间的占比就是烟丝在抛洒区域内的时间占比。不同工艺参数下烟丝接触时间统计情况见表 3.9。

表 3.9　不同工艺参数下烟丝接触时间统计情况

序号	滚筒倾角/（°）	滚筒转速/（r·min⁻¹）	滞留时间 $T_滞$/s	筒壁抄板接触时间占比/%	抛洒时间占比/%	筒壁抄板接触时间/s	抛洒时间/s
1	3	9	416.01	86.7	13.3	360.51	55.50
2	3	11	305.65	87.9	12.1	268.57	37.08
3	3	13	234.32	88.1	11.9	206.44	27.88
4	5	9	308.80	84.6	15.4	261.00	47.80
5	5	11	232.91	86.7	13.3	201.79	31.12
6	5	13	183.52	90.51	9.49	166.11	17.41
7	7	9	245.22	90.01	9.99	220.72	24.50
8	7	11	187.88	91.49	8.51	171.89	15.99
9	7	13	149.51	93.35	6.65	139.57	9.94

　　从表 3.9 中可以看出，在烟丝流量相同的情况下，随着滚筒转速的增加，烟丝持料上升的时间占比也会增加，这主要是因为滚筒转速增加，烟丝的抛洒角度增大，持料的时间会比较长。同时，抛洒的时间会相应地减少，这主要是因为转速增大，抛洒角度增大的同时，烟丝抛洒的初速度会增大，落到抄板上的时间会缩短。从表 3.9 中还可以看出，在 20 kg、13 r/min $q = C_{particle} / C_{total}$ 时，烟丝在抄板上的时间会比较长，这是由于随着滚筒转速增大，烟丝的抛洒角度增大，初始速度大，抛洒的角度就大，直接抛洒到抄板上，抛洒的时间较短。25 kg 时的抛洒情况相较于其他流量，烟丝与抄板筒壁的接触时间更长，抛洒的时间更短。

3.2.1.2　烟丝离散度

　　在薄板干燥过程中，烟丝在滚筒内不断地抄起抛洒运动，使得烟丝群得以混合，在此过程中由于烟丝与气流、抄板存在温度差，烟丝群温度不断升高实现传热传质过程，显然烟丝在运动过程中的分布均匀性将对烟丝传热传质效果产生影响，因此需要对烟丝的混合程度加以研究。以颗粒的接触数来表征和定义烟丝颗粒的混合程度，以烟丝颗粒间的接触数与烟丝颗粒总接触数的比值来表征烟丝颗粒的离散程度，其中总接触数包括烟丝颗粒与壁面的接触数和烟丝颗粒间的接触数，通过比较两比值 q 的大小来分析烟丝颗粒的离散程度。其计算公式为：

$$q = C_{particle} / C_{total} \tag{3.1}$$

式中：$C_{particle}$ 为烟丝颗粒间的接触数；
　　　　C_{total} 为烟丝颗粒总接触数。

　　由此得到不同烟丝流量和滚筒转速下烟丝在滚筒内的离散度，分别如图 3.27 和图 3.28 所示。

　　从图 3.27 中可以看出，烟丝在滚筒转速为 9 r/min 和 11 r/min 状态下，烟丝的离散程度变化不大；而在滚筒转速为 13 r/min 时，烟丝的离散程度随着烟丝流量的增大而减小。

从图 3.28 中可以看出，烟丝在滚筒流量为 15 kg 和 20 kg 状态下，烟丝的离散程度变化不大；而在烟丝流量为 25 kg 时，烟丝的离散程度随着烟丝流量的增大而减小。当转速逐渐增大时，烟丝的离散值呈逐渐减小的变化趋势。当滚筒转速较低时，因烟丝颗粒做抛洒运动的初速度也较低，不能抛洒距离也就相应较短，导致烟丝混合不均匀。适当地增大转速可使得烟丝的抛洒距离增大，进而使得烟丝很好地散开。但是当转速超过一定值时，烟丝颗粒将会因过大的离心力粘贴在滚筒和抄板壁面上做圆周运动，导致烟丝不能抛洒散开，还可能造成烟丝的过度干燥现象。

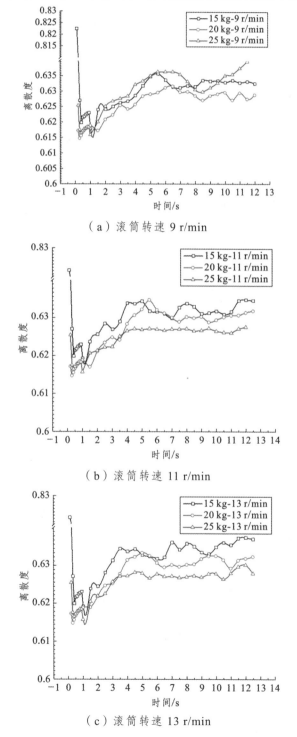

（a）滚筒转速 9 r/min

（b）滚筒转速 11 r/min

（c）滚筒转速 13 r/min

图 3.27　不同烟丝流量烟丝在滚筒内的离散度

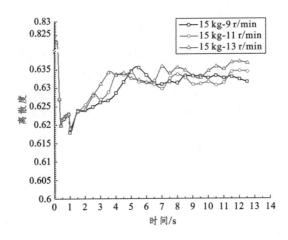

（a）烟丝流量 15 kg

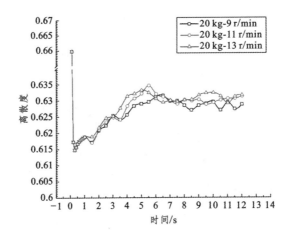

（b）烟丝流量 20 kg

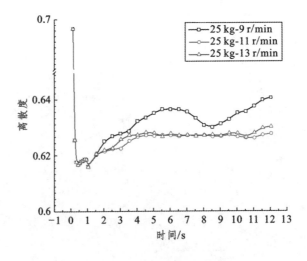

（c）烟丝流量 25 kg

图 3.28　不同滚筒转速下烟丝在滚筒内的离散度

3.2.1.3　烟丝空间利用率

烟丝空间利用率是指烟丝在滚筒烘丝筒内烟丝的空间占比。滚筒烘丝的横截面可以分为抛料面和抄板筒壁接触面。前期的数字化空间模型构建、流固耦合超级计算，可以分别通过烟丝滚筒内的分布结果进行统计分析，烟丝空间利用率与烟丝在空间内的分布状态有关，对于特定的设备，烟丝在干燥过程中的分布状态与烟丝的流量和滚筒转速等有关。

3.2.1.4　烟丝分布均匀性

烟丝分布的均匀性是指烟丝在滚筒烘丝机内运动时在空间中分布的均匀程度状态。借鉴材料学金相分析的颗粒均匀性相关研究方法，构造烟丝的空间分布状态的统计量。将烟丝运动区域体积分割成小区域，通过统计各小区域中烟丝数量并计算其均匀性系数 T_p 来表征烟丝分布的均匀性，其公式为：

$$T_p = \lambda_p T_{p1} + (1-\lambda_p)T_{p2} = \lambda_p \sum_{i=1}^{n} \frac{(p_{pi}-p_p)^2}{p_p} + (1-\lambda_p)\sum_{i=1}^{n} \frac{(q_{pi}-q_p)^2}{q_p} \tag{3.2}$$

式中：p_{pi} 表示每个小格内的烟丝体积比，$p_{pi} = \dfrac{s_{pi}}{s}$；

p_p 表示每个小格内期望含有的特征烟丝体积比，则 $p_p = \sum p_{pi} / (n \times m)$；

q_{pi} 表示每个小格内的特征烟丝的个数；

q_p 表示每个小格内期望含有的特征烟丝数量，$q_p = Q / (n \times m)$；

Q 表示特征烟丝的总个数；

λ_p 为 T_{p1}、T_{p2} 之间的权重。

针对烟丝分布数量的提取，可将滚筒横截面分为抛洒区和抄板筒壁区两部分进行统计，抛洒区为中间 16 个小部分，持料区为 48 个小部分，进而可分别统计每个时间段各部分的烟丝数量，如图 3.29 所示。

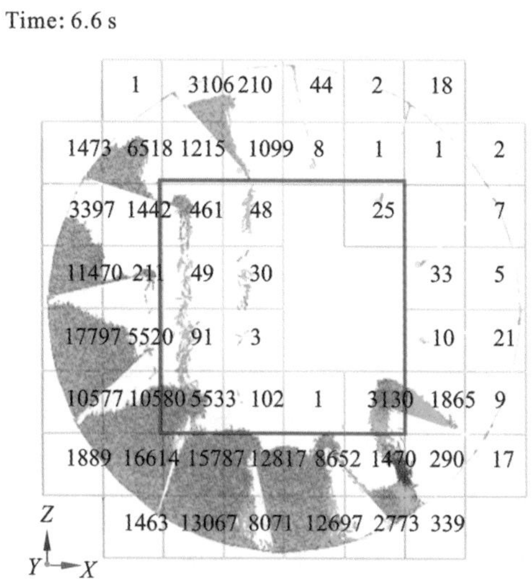

图 3.29　滚筒内烟丝区域划分及烟丝分布数量提取

由此得到了不同工艺参数下滚筒空间持料区和抛洒区烟丝数量占比，见表 3.10。

表 3.10　不同工艺参数下烟丝数量占比

序号	烟丝流量/kg	滚筒转速/（r·min⁻¹）	持料区占比/%	抛洒区占比/%
1	15	9	90.64	9.36
2	15	11	89.29	10.71
3	15	13	85.76	14.24
4	20	9	89.28	10.72
5	20	11	89.25	10.75
6	20	13	89.26	10.74
7	25	9	86.40	13.60
8	25	11	88.43	11.57
9	25	13	87.33	12.67

从表 3.10 中可以看出，烟丝的占比差异较小。而烟丝的数量占比是评价烟丝分布均匀性的其中一个指标，需要结合烟丝的离散度和烟丝的空间占比共同分析对分布均匀性的影响。

3.2.2　工艺参数对烟丝离散程度的影响

烟丝干燥的均匀性主要与烟丝分布的均匀性或烟丝离散程度直接相关。本节研究了不同工艺参数对烟丝在滚筒内离散程度的影响。

3.2.2.1　滚筒倾角对烟丝离散程度的影响

滚筒倾角对薄板干燥滚筒内烟丝离散程度的影响如图 3.30 所示。

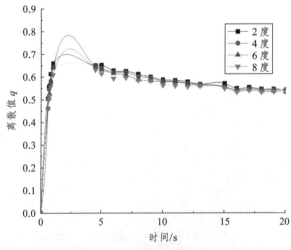

图 3.30　烟丝离散程度随滚筒倾角变化曲线

从图 3.30 中可以看出，当滚筒倾角增加时，烟丝的离散值呈减小的变化趋势。主要原因是随滚筒倾角的增大，烟丝在滚筒内部做抛洒运动的下降距离也相应地增加，因此，适当地增加滚筒倾角有利于提高烟丝均匀混合，但因滚筒倾角是烟丝滞留时间的主要影响因素之一，故不能过度增大滚筒倾角而影响到烟丝的干燥。

3.2.2.2　热风风速对烟丝离散程度的影响

热风风速对薄板干燥滚筒内烟丝离散程度的影响如图 3.31 所示。

从图 3.31 中可以看出，当热风风速增加时，烟丝的离散值呈减小的趋势。主要原因是随热风风速的逐渐增大，烟丝在抛洒过程中的轴向运动距离也相应地增大，因此，适当地增加热风风速有利于提高烟丝混料均匀，进而使得烟丝颗粒群的温度变化更加均匀。但是如过度增大热风风速，当风速超过某一值时，部分烟丝随热风直接吹出而不会落到滚筒底部，会出现烟丝不能完成干燥的现象，使得烘丝过程不均匀不彻底。

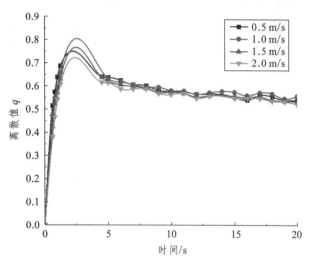

图 3.31　烟丝离散程度随热风风速变化曲线

3.2.2.3　滚筒转速对烟丝离散程度的影响

滚筒转速对薄板干燥滚筒内烟丝离散程度的影响如图 3.32 所示。

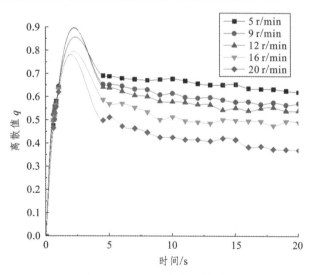

图 3.32　烟丝离散程度随滚筒转速变化曲线

从图 3.32 中可以看出，烟丝颗粒间的接触数与烟丝颗粒总接触数的比值变化很大，故滚筒转速是影响烟丝离散程度和均匀性的主要因素。当转速逐渐增大时，烟丝的离散值呈逐渐减小的变化趋势。当滚筒转速较低时，因烟丝颗粒做抛洒运动的初速度也较低，不能抛洒距离也就相应较短，导致烟丝混合不均匀。适当地增大转速使得烟丝的抛洒距离增大，进而使得烟丝很好地散开。但是当转速超过一定值时，烟丝颗粒将会因过大的离心力粘贴在滚筒和抄板壁面上做圆周运动，导致烟丝不能抛洒散开，还可能造成烟丝的过度干燥。

进一步，得到了烟丝离散程度与烟丝均匀干燥效果，如图 3.33 所示。

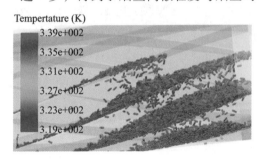 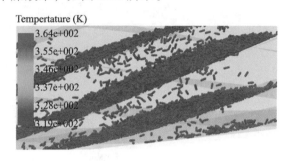

（a）t=5 s 颗粒离散程度变化图　　　　　　　（b）t=15 s 颗粒离散程度变化图

图 3.33　烟丝离散程度变化及干燥效果

从图 3.33 中可以看出，烟丝进入滚筒内部，在滚筒内部经过一段时间随滚筒旋转不断地升举和抛洒加混合加热后，烟丝基本混料均匀且烟丝的温度可以基本恒定在一定的范围内，保证了烟丝受热均匀。

3.2.3　工艺参数对烟丝空间分布的影响

3.2.3.1　烟丝流量对抛料和持料空间占比的影响

不同烟丝流量下烟丝在滚筒内抛料和持料空间占比，如图 3.34 所示。

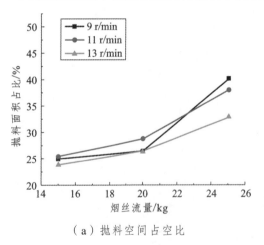 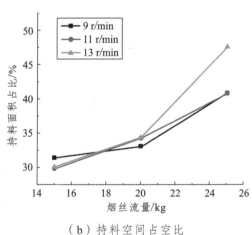

（a）抛料空间占空比　　　　　　　　　　（b）持料空间占空比

图 3.34　不同烟丝流量下烟丝在滚筒内抛料和持料空间占比

从图 3.34 中可以看出，随着烟丝流量的增加，抛料体积和持料体积都呈不断增加的趋势。这是因为随着烟丝流量的增加，相同体积内的烟丝量同样也会增加，体积占比也会增加。从图 3.34（a）中可以看出，在 9 r/min 和 11 r/min 的转速下趋势基本一致，但是在 13 r/min 转速、烟丝流量 25 kg 时，抛料的体积占比增加得比较多。这是因为烟丝量比较大，烟丝抛洒的量也会相应地增加，同时转速也比较大，抛洒的速度也比较快，抄板之间的抛洒时间间距缩短，烟丝在抛洒区域内的烟丝量不断增加，会比其他情况烟丝抛洒区域占比大很多。从图 3.34（b）中可以看出，在 13 r/min 转速、烟丝流量 25 kg 时，持料的体积占比同样增加得比较多。这是因为烟丝量比较大，抛洒角度、持料的时间就比较长，烟丝所占持料体积就会增加。

3.2.3.2　滚筒转速对抛料和持料空间占比的影响

同样，不同滚筒转速下烟丝在滚筒内抛料和持料空间占比，如图 3.35 所示。

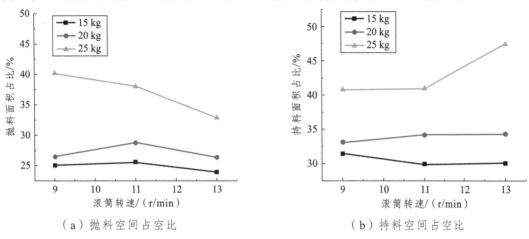

（a）抛料空间占空比　　　　　　　　（b）持料空间占空比

图 3.35　不同滚筒转速下烟丝在滚筒内抛料和持料体积占比

从图 3.35 中可以看出，在不同滚筒转速下抛料空间占比的趋势不尽相同，在烟丝量为 15 kg 和 20 kg 时，随着滚筒转速的增加，抛料空间占比呈现先增大后减小的趋势，变化范围不是很大，而持料空间的相差范围也比较小；但是在 25 kg 的烟丝流量下，随着滚筒转速的增加，抛料空间的占比是不断减小的，这是因为随着转速的增加，烟丝的抛洒角度不断增加，抛洒的时间较短，抛料空间占比减小，持料空间占比上升。

3.2.4　工艺参数对烟丝干燥时间的影响

烟丝在滚筒内运动的时间为烟丝的滞留时间，滞留时间的长短决定了烟丝干燥的效果。烟丝滞留时间过短，含水率达不到指标的要求；烟丝滞留时间过长，会造成过加热。烟丝在滚筒内的滞留时间与不同的工艺参数和设备参数有关。不同滚筒转速和滚筒倾角对干燥时间的影响，如图 3.36 所示。

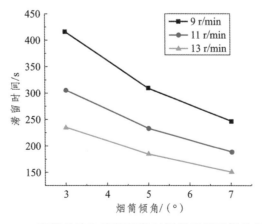

图 3.36　滚筒转速和滚筒倾角对烟丝干燥时间的影响

从图 3.36 中可以看出，烟丝在滚筒内的滞留时间随滚筒的倾角增大而减少，滚筒倾角和滚筒转速越大，烟丝在持料阶段的滑移位置越大，在抛洒阶段轴向运动的距离越大，从进口到出口的所用时长就会减少。

3.2.5　工艺参数对烟丝干燥效果的影响

薄板干燥工艺的干燥效果可以用出口烟丝的温度和含水率两个指标来表示。本节研究了不同工艺参数对干燥出口烟丝含水率和温度的影响规律。

3.2.5.1　工艺参数对干燥出口烟丝平均温度的影响

烟丝随着滚筒的转动，在滚筒内做不断向前的螺旋运动，在运动过程中烟丝的干燥方式也不同：烟丝在持料上升阶段主要是由滚筒和抄板进行加热，同时热空气也对表面一部分烟丝进行加热；烟丝在抛洒阶段主要是热空气对其进行加热。筒壁抄板的加热速率与热空气的加热速率不同，根据烟丝在滚筒内的滞留时间、持料上升时间占比和抛洒时间占比，可以得到烟丝持料上升阶段加热时间、抛洒阶段的加热时间，最终得到烟丝温度上升结果。

1. 滚筒转速对出口烟丝平均温度的影响

滚筒转速对出口烟丝平均温度的影响如图 3.37 所示。

从图 3.37 中可以看出，烟丝的平均温度随着滞留时间的增加而增加，不同的滚筒转速对烟丝温度的影响，主要是在滞留时间上，滞留时间较短的烟丝温度降低，滞留时间较长的烟丝温度较高。烟丝温度上升到 80 ℃后，上升的速率开始变得缓慢。

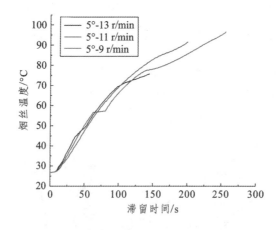

图 3.37　滚筒转速对烟丝平均温度的影响

2. 滚筒倾角对出口烟丝平均温度的影响

滚筒倾角对出口烟丝平均温度的影响如图 3.38 所示。

从图 3.38 中可以看出，烟丝的平均温度随着滞留时间的增加而增加，不同的滚筒倾角对烟丝温度的影响，主要是在滞留时间上，滞留时间较短的烟丝温度降低，滞留时间较长的烟丝温度较高。

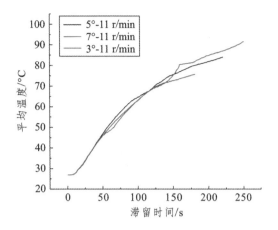

图 3.38 滚筒倾角对烟丝平均温度的影响

3.2.5.2 工艺参数对干燥出口烟丝平均含水率的影响

1. 滚筒转速对出口烟丝平均含水率的影响

滚筒转速对出口烟丝平均含水率的影响如图 3.39 所示。

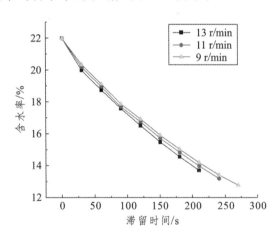

图 3.39 滚筒转速对出口烟丝平均含水率的影响

从图 3.39 中可以看出，含水率为 22%的烟丝湿物料经滚筒烘丝干燥以后，烟丝中的含水率降级到 14%左右，符合工艺加工质量的要求。从图 3.39 中还可以看出，烟丝的含水率下降趋势随滚筒转速逐渐增大而增大，但过度增大滚筒转速会使烟丝过度干燥，不符合工艺质量的要求。

2. 滚筒倾角对出口烟丝平均含水率的影响

滚筒倾角对出口烟丝平均含水率的影响如图 3.40 所示。

从图 3.40 中可以看出，含水率为 22%的烟丝湿物料经滚筒烘丝干燥以后，烟丝中的含水率降低到 14%左右，符合工艺加工质量的要求。从图 3.40 中还可以看出，烟丝含水率随滚筒倾角的速率变化不大，主要还是受滞留时间的影响。

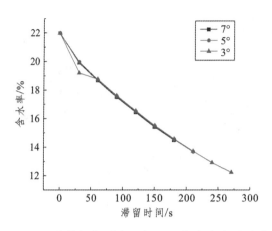

图 3.40　滚筒倾角对出口烟丝平均含水率的影响

3.3　气流干燥工艺过程影响规律研究

3.3.1　气流干燥工艺特征参数构建

研究表明，烟丝和气流的基本运动状态和分布对气流烘丝工艺质量管控指标影响非常大，其中，烟丝运动分布空间区域和气流分布空间区域尤为重要。

烟丝在干燥管内的烘丝过程受到很多因素的影响，根据前期对气流干燥过程的分析可知，在干燥过程中影响烟丝干燥效果的主要有烟丝气流运动重叠空间、烟丝有效运动时间、烟丝离散度、烟丝分布均匀性等过程指标。

1. 烟丝气流运动重叠空间

烟丝运动的重叠空间是指烟丝在运动过程中与热气流的空间重叠区域。基于本书前述数字化空间模型构建、流固耦合超级计算，可以分别通过烟丝在直管段和弯管段的空间分布结果进行统计分析。烟丝的重叠空间与烟丝在空间内的分布状态有关，对于特定的设备，烟丝在干燥过程中的分布状态与烟丝的流量和气流的速度有关。由此得到了 13 组不同工艺参数下烟丝气流运动重叠空间占比情况，见表 3.11。

表 3.11　不同工艺参数下烟丝气流运动重叠空间占比情况

序号	气流温度 x_1/℃	气流速度 x_2/（m·s⁻¹）	烟丝流量 x_3/（kg·s⁻¹）	直管段占比/%	弯管段占比/%	重叠空间占比/%
1	170	11	0.30	32.79	21.2	53.99
2	170	13	0.25	17.22	15.05	32.27
3	170	13	0.35	20.72	20.71	41.43
4	170	15	0.30	18.68	9.43	28.11
5	180	11	0.25	27.21	18.88	46.09
6	180	11	0.35	35.43	23.12	58.55

序号	气流温度 x_1/℃	气流速度 x_2/（m·s^{-1}）	烟丝流量 x_3/（kg·s^{-1}）	直管段占比/%	弯管段占比/%	重叠空间占比/%
7	180	13	0.30	18.09	18.4	36.49
8	180	15	0.25	15.74	7.63	23.37
9	180	15	0.35	18.94	11.56	30.50
10	190	11	0.30	31.11	21.20	52.31
11	190	13	0.25	16.80	15.47	32.27
12	190	13	0.35	21.13	20.66	41.79
13	190	15	0.30	18.12	9.57	27.69

从表 3.11 中可以看出，烟丝重叠空间占比最大的为第 6 组，烟丝在气流温度为 180 ℃、烟丝速度为 11 m/s、烟丝流量为 0.35 kg/s 参数情况下，在干燥管内所占空间最大；烟丝重叠空间占比最小的为第 8 组，烟丝在气流温度为 180 ℃、烟丝速度为 15 m/s、烟丝流量为 0.25 kg/s 参数情况下，在干燥管内所占空间最小；而且直管段和弯管段的空间占比与重叠空间的趋势一致。但是 3 个变量之间的关系不明显。

2. 烟丝有效运动时间

基于前期的数字化空间模型构建、流固耦合超级计算，提取计算结果中的烟丝在干燥段的运动时间，归纳分析可以得到烟丝在气流烘丝过程中在重叠空间中的有效运动时间，得到 13 组不同工艺参数下烟丝平均滞留时间情况，见表 3.12。

表 3.12　不同工艺参数下烟丝平均滞留时间情况

序号	气流温度 x_1/℃	气流速度 x_2/（m·s^{-1}）	烟丝流量 x_3/（kg·s^{-1}）	平均滞留时间/s
1	170	11	0.30	1.272
2	170	13	0.25	0.716
3	170	13	0.35	0.769
4	170	15	0.30	0.666
5	180	11	0.25	0.952
6	180	11	0.35	0.961
7	180	13	0.30	0.922
8	180	15	0.25	0.556
9	180	15	0.35	0.581
10	190	11	0.30	0.959
11	190	13	0.25	0.717
12	190	13	0.35	0.769
13	190	15	0.30	0.569

从表 3.12 中可以看出，烟丝在第 1 组参数下平均滞留时间最长，即烟丝在气流温度为 170 ℃、烟丝速度为 11 m/s、烟丝流量为 0.3 kg/s 时，在干燥管内的停留时间最长；烟丝在第 8 组参数下

平均滞留时间最短，即烟丝在气流温度为 180 ℃、烟丝速度为 15 m/s、烟丝流量为 0.35 kg/s 时，在干燥管内的停留时间最短。但是 3 个参数组之间没有明显的关系。

3. 烟丝离散度

在气流干燥过程中，随气流在干燥管内的运动，烟丝群得以混合并随气流运动。在此过程中，由于烟丝与气流存在温度差，烟丝群在气流温度的作用下温度升高，实现传热传质过程，显然烟丝在运动过程中的分布均匀性将影响烟丝与热风接触的接触状况，对传热传质效果产生影响，因此需要对烟丝的混合程度加以研究。以颗粒的接触数来表征和定义烟丝颗粒的混合程度，以烟丝颗粒间的接触数与烟丝颗粒总接触数的比值来表征烟丝颗粒的离散程度，其中总接触数包括烟丝颗粒与壁面的接触数和烟丝颗粒间的接触数，通过比较两比值 q 的大小来分析烟丝颗粒的离散程度。由此得到了 13 组不同工艺参数下烟丝离散度情况，见表 3.13。

表 3.13　不同工艺参数下烟丝平均离散度情况

序号	气流温度 x_1/℃	气流速度 x_2/（m·s⁻¹）	烟丝流量 x_3/（kg·s⁻¹）	烟丝离散程度/%
1	170	11	0.30	81.08
2	170	13	0.25	40.26
3	170	13	0.35	51.12
4	170	15	0.30	56.99
5	180	11	0.25	74.26
6	180	11	0.35	82.77
7	180	13	0.30	45.54
8	180	15	0.25	53.52
9	180	15	0.35	59.47
10	190	11	0.30	79.78
11	190	13	0.25	40.44
12	190	13	0.35	51.35
13	190	15	0.30	56.41

从表 3.13 中可以看出，烟丝在第 6 组参数下离散度最高，即烟丝在气流温度为 180 ℃、烟丝速度为 11 m/s、烟丝流量为 0.35 kg/s 时，烟丝之间的混合程度最高；烟丝在第 2 组参数下离散度最低，即烟丝在气流温度为 170 ℃、烟丝速度为 13 m/s、烟丝流量为 0.25 kg/s 时，烟丝之间的混合程度最低。从表 3.13 中还可以看出，对烟丝离散度的影响最大的因素为气流速度和烟丝流量，气流速度在 11 m/s 时离散度偏高，是因为气流速度低，烟丝在干燥管内的速度偏低，烟丝之间运动比较密集、碰撞较多，混合程度也比较高。而随着气流速度的增大，离散度与气流速度不是线性关系，而是随着气流速度的增大呈现先减小后增大的趋势。

4. 烟丝分布均匀性

烟丝分布的均匀性是指烟丝在气流烘丝机中（干燥段和旋风分离段）运动时在空间中分布的均匀程度状态。借鉴材料学金相分析的颗粒均匀性相关研究方法，构造烟丝的空间分布状态的统计量。将烟丝运动区域体积分割成小区域，通过统计各小区域中烟叶或烟丝数量并计算其均匀性系数 T_p 来表征烟丝分布的均匀性，得到了 13 组不同工艺参数下直管段和弯管段烟丝占比情况，见表 3.14。

表 3.14　不同工艺参下直管段和弯管段烟丝占比情况

序号	气流温度 x_1/℃	气流速度 x_2/($m \cdot s^{-1}$)	烟丝流量 x_3/($kg \cdot s^{-1}$)	直管段烟丝占比/%	弯管段烟丝占比/%
1	170	11	0.30	66.08	33.92
2	170	13	0.25	51.11	48.89
3	170	13	0.35	55.99	44.01
4	170	15	0.30	47.19	52.81
5	180	11	0.25	66.08	33.92
6	180	11	0.35	62.95	37.05
7	180	13	0.30	53.05	46.95
8	180	15	0.25	46.56	53.44
9	180	15	0.35	46.61	53.39
10	190	11	0.30	66.21	33.79
11	190	13	0.25	51.27	48.739
12	190	13	0.35	55.95	44.05
13	190	15	0.30	46.61	53.3

从表 3.14 中可以看出，弯管段的烟丝占比随着气流速度的增大而增加，烟丝在弯管段的相同时间内数量较多，但是随着气流速度的增大，烟丝在弯管处的离心力增大，容易造成弯管处堵塞。烟丝的数量占比是评价烟丝分布均匀性的其中一个指标，需要结合烟丝的离散度和烟丝的重叠空间共同分析对分布均匀性的影响。

3.3.2　热风温度对干燥效果的影响

通过前述对烟丝在气流干燥过程中的传热传质分析可知，热风温度对烟丝干燥效果影响较大，直接影响出料口烟丝的平均温度和含水率，进而影响烟丝的干燥质量。因此，本节采用计算机仿真技术，研究了热风温度对出料口烟丝的平均温度和含水率的影响规律。其中仿真实验参数梯度设计见表 3.15。

表 3.15　热风温度影响干燥效果仿真实验参数设计

气流温度/℃	气流速度/($m \cdot s^{-1}$)	进料量/($kg \cdot h^{-1}$)	烟丝含水率/%	烟丝初始温度/℃
160	13	1 044	22	26.85
165	13	1 044	22	26.85
170	13	1 044	22	26.85
175	13	1 044	22	26.85
180	13	1 044	22	26.85
185	13	1 044	22	26.85
190	13	1 044	22	26.85
195	13	1 044	22	26.85
200	13	1 044	22	26.85
205	13	1 044	22	26.85
210	13	1 044	22	26.85

1. 热风温度对出口烟丝平均温度的影响

热风温度对出口烟丝平均温度的影响如图 3.41 所示。

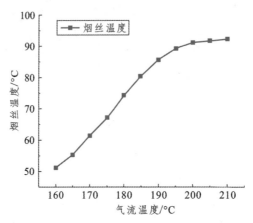

图 3.41　热风温度对出口烟丝平均温度的影响

从图 3.41 中可以看出,热风温度对出料口烟丝的平均温度影响非常显著,呈正相关趋势,热风温度越高,出料口烟丝温度也随之增大。当热风温度为 160 ~ 190 ℃时,出料口烟丝的平均温度为 51.2 ~ 85.6 ℃,变化趋势较大;当热风温度为 190 ~ 210 ℃时,出料口烟丝的平均温度为 85.6 ~ 92.3 ℃,变化趋势较为平缓。产生这种趋势的主要原因是,烟丝在气流干燥过程中与烟丝发生强制对流换热,对流换热系数受温度影响较大。在一定温度范围内,热风温度越高,对流换热系数也越大,烟丝的温度变化也越大;当热风温度达到 200 ℃左右时,对流换热系数变化不大,烟丝温度趋于饱和,热量传递较少,导致烟丝的温度变化不大。

在气流干燥过程中,热风温度应该控制在适当的范围内,不宜过高,也不宜过低,热风温度过高会造成烟丝干燥过度,增加烟丝的碎丝率,干燥效率低且能源消耗大;热风温度过低,烟丝温度较低,没有达到膨胀要求,填充值较低。出料口烟丝的平均温度是气流烘丝质量评价的重要指标之一,评价的范围为 60 ~ 75 ℃,可根据出口温度评价指标选择对应的热风温度为 170 ~ 180 ℃。

2. 热风温度对出口烟丝平均含水率的影响

热风温度对出口烟丝平均含水率的影响如图 3.42 所示。

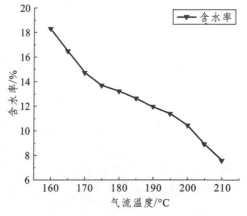

图 3.42　热风温度对出口烟丝平均含水率的影响

从图 3.42 中可以看出,热风温度对出料口烟丝平均含水率的影响规律,呈负相关趋势,热风温度越高，出料口烟丝的平均含水率就越低。热风温度为 160 ~ 175 ℃时，出料口烟丝的平均含水率为 18.3% ~ 14.7%，下降趋势较大；热风温度为 175 ~ 200 ℃时，出料口烟丝的平均含水率为 14.7% ~ 10.5%，下降趋势相对平缓。

烟丝温度升高，含水率降低，反映了烟丝气流干燥中的传热传质过程。出料口烟丝的平均含水率是气流烘丝质量评价的重要指标之一，评价的范围为 12% ~ 14%，可根据出口烟丝含水率评价指标选择对应的热风温度为 175 ~ 185 ℃。

综上可知，热风温度对出料口烟丝的平均温度和含水率影响显著，通过 11 组仿真实验分析，确定了最佳气流干燥温度为 180 ℃。

3.3.3　热风速度对干燥效果的影响

HDT 式气流烘丝机利用高温热风对烟丝进行干燥，一方面是对烟丝颗粒进行运输，另一方面主要利用烟丝颗粒与高温热风的剧烈湍流，加强烟丝颗粒与高温热风之间的热对流，强化干燥过程。烟丝颗粒进入烘丝机内，受膨胀单元的快速增温增湿后，进入气流干燥管，在干燥管内，在高温热风的吹动下，烟丝温度升高，表面气体流动速度快，烟丝颗粒内的水分被迅速脱出，并随着烟丝与气流进入旋风分离器，在旋风分离器的分离作用下将烟丝与高温热风分离。

3.3.3.1　热风速度对干燥管-旋风分离器内烟丝分布的影响

气流速度对干燥管–旋风分离器内烟丝分布的影响如图 3.43 所示。

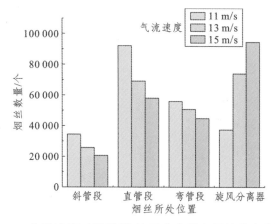

图 3.43　热风速度对干燥管-旋风分离器内烟丝分布的影响

从图 3.43 中可以看出，烟丝在干燥管–旋风分离器内的位置不同，数量分布有较大的差异，斜管段的烟丝分布最少，直管段的烟丝数量最多，由此可推断直管段为气流干燥的主要部位。随着热风速度增大，烟丝在斜管段、直管段、弯管段的数量逐渐减少，旋风分离器内的烟丝逐渐增多且变化趋势逐渐增大。当热风速度为 11 m/s 时，干燥管内的烟丝总量大于其余速度下的烟丝总量。

因此，热风速度对烟丝的流动及分布情况影响非常显著，热风速度对烟丝的干燥效果影响非常大。

进一步，得到了气流速度为 11 m/s、气流温度为 180 ℃、进料流量为 1 080 kg/h 时，干燥管–旋风分离器内烟丝的运动速度与烟丝数量分布如图 3.44 所示。

从图 3.44（a）中可以看出干燥管斜管段内烟丝运动的速度范围（0 ~ 4.75 m/s）和不同速度范围对应的烟丝数量。其中：0 ~ 1.25 m/s 内的烟丝数量最少，为 6 152 个，占斜管段内烟丝总量的 19.5%，烟丝数量波动较小；1.5 ~ 4 m/s 内的烟丝数量最多，为 26 191 个，占总量的 75.8%，数量波动较大。

从图 3.44（b）中可以看出，干燥管直管段内烟丝的数量较多，且运动的速度范围较广，为 0 ~ 6m/s。其中：0 ~ 1 m/s 内烟丝数量较多，为 41 458 个，且波动较大，占直管段内烟丝总量的 44.5%，产生种现象的原因是，干燥管近壁面的烟丝数量较多，与管壁发生碰撞摩擦的程度较为剧烈，动能损失严重；1.4 ~ 6 m/s 内的烟丝数量为 50 961 个，约占总量的 54.6%，颗粒数变化较小，产生这种现象的原因是，该部分烟丝主要在直管段中心区域做匀加速运动。

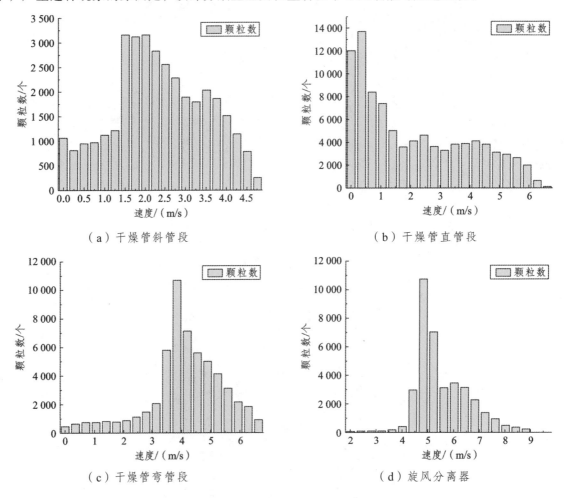

（a）干燥管斜管段　　　　　　　　　　　　　（b）干燥管直管段

（c）干燥管弯管段　　　　　　　　　　　　　（d）旋风分离器

图 3.44　干燥管-旋风分离器中不同速度范围内的烟丝数量

从图 3.44（c）中可以看出干燥管弯管段内不同速度范围内的烟丝数量。其中：0 ~ 3.15 m/s 内的数量较少，为 9 612 个，约占弯管段烟丝总量的 17.2%，烟丝数量波动较小；3.5 ~ 6.65 m/s 内的烟丝数量较多，为 46 201 个，约占总量的 82.7%，且烟丝数量波动较大。

从图 3.44（d）中可以看出，旋风分离器内烟丝的数量为 37 211 个，速度分布范围为 2 ~ 9.6 m/s。烟丝主要集中在 4.4 ~ 7.2 m/s 的速度范围内，数量为 34 074，约为总量 91.6%，其中 4.4 ~ 5.2 m/s 内的烟丝数量波动较大。

3.3.3.2　热风速度对干燥管内烟丝温度的影响

热风速度对干燥管内烟丝温度的影响如图 3.45 所示。

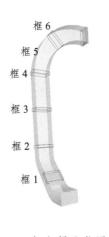

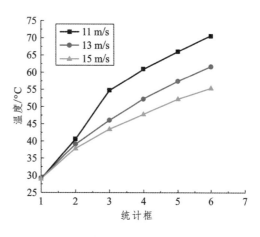

（a）提取位置　　　　　　　　　　　（b）烟丝温度变化曲线

图 3.45　热风速度对干燥管内烟丝温度的影响

从图 3.45 中可以看出，烟丝温度随着气流速度的增大而不断减小。热风速度为 11 m/s 时，烟丝在最终出口的平均温度为 70.68 ℃，烟丝温度达到最大值；热风速度为 13 m/s 时，烟丝出口温度为 61.68 ℃；当热风速度为 15 m/s 时，烟丝出口温度为 55.36 ℃，与 11 m/s 时的温度相差 15 ℃左右。从图 3.45 中还可以看出，热风速度越小，烟丝在统计框 2 与 3 之间的温度上升越大，原因是烟丝在进入干燥管后，由于热风速度较小，烟丝在上升过程中受到重力和摩擦力影响，会在统计框 2 与 3 之间的管段内停留较长时间，因此烟丝温度值也会更大。

3.3.3.3　热风速度对干燥管内烟丝速度的影响

运用同样的统计方法，当热风速度为 11 m/s、13 m/s、15 m/s 时，统计干燥管 5 段内烟丝的平均速度，如图 3.46 所示。

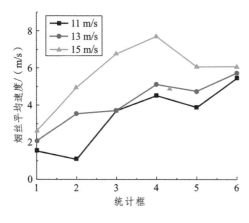

图 3.46　不同热风速度下的烟丝平均速度分布　　　　　图 3.47　烟丝局部堆积现象

从图 3.46 中可以看出，在热风速度影响下，烟丝速度整体都呈上升的趋势。但是不同的热风速度会影响烟丝的运动速度，当热风速度为 11 m/s 时，烟丝速度在第 1 段中有所下降，原因是热风速度过小，导致烟丝在重力和摩擦力的作用下会在干燥管第一段中有短暂的滞留现象，从而造成烟丝的堆积，如图 3.47 所示。随着热风速度的增大，烟丝堆积现象减轻直至消失。烟丝速度上升阶段主要发生在干燥管直管段中，在直管段末尾统计框 4 处速度达到最大值。在一开始进入弯管段时，由于离心力和重力作用，烟丝速度先缓慢下降，然后又慢慢上升。

3.3.3.4 热风速度对干燥效果的影响

热风速度是影响烟丝干燥效果的一个重要因素。热风速度直接影响烟丝在干燥管内的分布状态，影响旋风分离器的分离效率，影响烟丝在气流烘丝机内的总体干燥时间，进而影响出料口烟丝的平均温度和含水率。因此，仿真实验研究了热风速度对气流干燥出口烟丝的平均温度和含水率的影响。其中，前面的仿真实验确定了最优的气流干燥温度为180 ℃，其他工艺参数不变，热风速度仿真实验设计见表3.16。

表 3.16　热风速度仿真实验设计

热风温度/℃	热风速度/（m·s⁻¹）	烟丝流量/（kg·h⁻¹）	烟丝含水率/%	烟丝初始温度/℃
180	11	1 044	22	26.85
180	12	1 044	22	26.85
180	13	1 044	22	26.85
180	14	1 044	22	26.85
180	15	1 044	22	26.85
180	16	1 044	22	26.85

1. 热风速度对出口烟丝平均温度的影响

热风速度对出口烟丝平均温度的影响如图 3.48 所示。

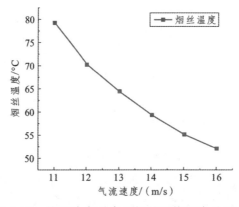

图 3.48　热风速度对出口烟丝平均温度的影响

从图3.48中可以看出，气流速度对出料口烟丝的平均温度影响较大，呈负相关趋势，气流速度越大，出料口烟丝的平均温度越低。气流速度为11 m/s时，烟丝在气流干燥管内的分布不均匀，滞留时间较长，约为4.7 s，干燥时间过长造成过度干燥，出口烟丝的平均温度为79.3 ℃；气流速度为13 m/s时，烟丝在气流干燥管内的分布均匀，离散度较好，在气流烘丝机内的滞留时间为3.5 s，与高温气流发生对流传热的时间适中，烟丝的出口平均温度为64.7 ℃；当气流速度为16 m/s时，烟丝在气流烘丝机内的滞留时间较短，约为2.7 s，烟丝与高温气流发生对流传热的时间较短，干燥不充分出料口烟丝的平均温度相对较低，为53.2 ℃。

在气流干燥过程中，热风速度应该控制在适当的范围内，不宜过高，也不宜过低，气流速度过高，烟丝与管壁的碰撞会加剧，增加烟丝的碎丝率，并且干燥不充分；热风速度过低，烟丝在干燥管内的分布不均匀，旋风分离器的分离效率较低，甚至可能堵料，使烟丝过度干燥。因此，选择合适的热风速度非常重要，可根据出口温度评价指标选择对应的热风速度为 12 ～ 13m/s。

2. 热风速度对出口烟丝平均含水率的影响

热风速度对出口烟丝平均含水率的影响如图 3.49 所示。

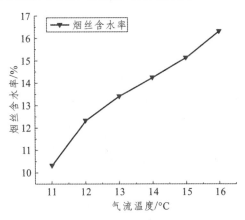

图 3.49　热风速度对出口烟丝平均含水率的影响

从图 3.49 中可以看出，热风速度对出料口烟丝平均含水率的影响规律，呈正相关趋势，热风速度越高，出料口烟丝的平均含水率就越高。当热风速度为 11 ～ 12 m/s 时，出料口烟丝的平均含水率为 10.2% ～ 12.3%，变化趋势较大；当热风速度为 12 ～ 15 m/s 时，出料口烟丝的平均含水率为 12.3% ～ 15.1%，变化趋势相对平缓。造成这种现象的原因是烟丝在干燥管–旋风分离器内的运动。

出料口烟丝的平均含水率是气流烘丝质量评价的重要指标之一，评价的范围为 12% ～ 14%，可根据出口烟丝含水率评价指标选择对应的热风速度为 12 ～ 13 m/s。

3.3.4　烟丝流量对干燥效果的影响

3.3.4.1　干燥直管段内烟丝分布随时间的变化规律

烟丝流量会直接影响直管段内烟丝的数量和分布。当热风速度为 13 m/s 时，在不同烟丝流量下，在高度 2.7 m 的直管段内，烟丝颗粒流动的瞬时分布如图 3.50 所示。

从图 3.50 中可以看出，在气流干燥的初始阶段，烟丝进入气流干燥管的数量较少，分散度较高，运动速度较快，随着时间的推移，烟丝的数量逐渐增多，在干燥管直管段内分布的不均匀性逐渐增强，烟丝主要集中在左侧近壁面处，在上升的过程中逐渐向右侧壁面流动，且轴向浓度由直管段底部到顶部逐渐增大，在浓度较高的壁面处易发生烟丝滞留和颗粒絮团。在一定的热风速度下，干燥管内的烟丝数量随着烟丝流量的增大而增加，直管段内各轴向截面的平均空隙率逐渐减小，在轴向浓度逐渐增加同时，轴向空隙率分布也趋于不均匀，烟丝与烟丝之间的碰撞加剧，在近壁面处更容易发生烟丝滞留与结团现象，使得直管中的气流与烟丝的混合流动特性更加复杂。从图 3.50 中还可以看出，当热风速度为 13 m/s、烟丝流量为 1 080 kg/h 时，气流干燥管直管段内的烟丝数量最多，烟丝浓度大，分布规律越好。

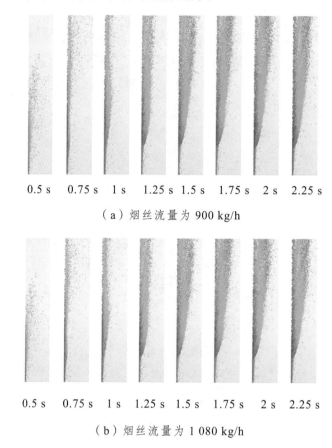

（a）烟丝流量为 900 kg/h

0.5 s　0.75 s　1 s　1.25 s　1.5 s　1.75 s　2 s　2.25 s

（b）烟丝流量为 1 080 kg/h

图 3.50　不同烟丝流量下烟丝的运动分布特性

3.3.4.2　干燥直管段内烟丝的轴向浓度分布

为了研究烟丝在干燥管直管段的轴向浓度分布，沿轴线方向将直管段由低到高依次分成 9 个大小相同的区域，并对每个区域内的烟丝数量进行统计，以烟丝的数量分布作为直管段内的浓度分布。干燥直管段内烟丝的轴向浓度分布如图 3.51 所示。

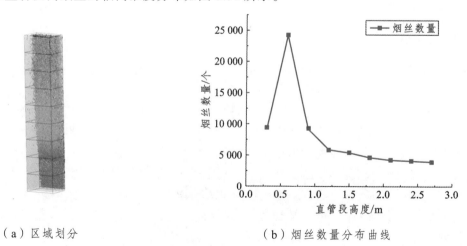

（a）区域划分　　　　（b）烟丝数量分布曲线

图 3.51　烟丝在干燥直管段的轴向浓度分布

从图 3.51 中可以看出烟丝在干燥管直管段的轴向浓度分布规律，烟丝在直管段下部的区域内分布较为密集，上部区域分布较为稀松，在直管段浓度沿轴线方向呈现上稀、下浓的不均匀分布。随着直管段高度增加，烟丝浓度先快速增加，当管道高度为 0.6 m 时，烟丝浓度开始急剧减小；高度为 0.9 m 时，烟丝浓度降低趋势减缓；当管道高度大于 1.2 m 时，烟丝的浓度变化非常小。烟丝的这种流动状态为稀相气力输送状态，进入直管段底部的烟丝会立即被气流携带向上运动，除了直管段底部很短的一段区域外，烟丝的轴向浓度分布非常均匀。

3.3.4.3　干燥弯管段内烟丝分布随时间的变化

干燥弯管段内烟丝分布随时间的变化如图 3.52 所示。

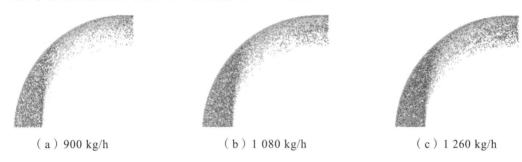

（a）900 kg/h　　　　　　（b）1 080 kg/h　　　　　　（c）1 260 kg/h

图 3.52　不同烟丝流量下弯管段烟丝分布

从图 3.52 中可以看出，在不同烟丝流量下，不同烟丝流量在弯管中的分布情况区别不大，随着质量流量的增加，烟丝在弯管中的分布均匀性也不断增加，其分布规律也符合实际生产时的分布状态。

3.3.4.4　烟丝流量对烟丝速度分布的影响

烟丝流量对干燥管内烟丝速度分布的影响如图 3.53 所示。

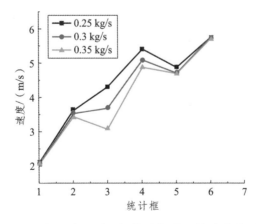

图 3.53　烟丝流量对干燥管内烟丝平均速度的影响

从图 3.53 中可以看出，将干燥管平均划分成 5 段，烟丝在这 5 段中的速度趋势相同。烟丝速度在干燥管第二段和第四段中有下降趋势，和之前分析的情况相似，随着烟丝流量的增加，烟丝速度下降就越明显。主要原因是烟丝从入口进入得越多，由于烟丝之间的相互作用和挤压，烟丝在干燥管第二段处的瞬时堆积量就会越多，从而导致烟丝速度下降。

3.3.4.5　烟丝流量对干燥效果的影响

烟丝流量直接影响烟丝在干燥管内的运动规律及分布状态,影响旋风分离器的分离效率,影响烟丝在气流烘丝机内的总体干燥时间,进而影响出料口烟丝的平均温度和含水率。因此,仿真实验研究了烟丝流量对气流干燥出口烟丝的平均温度和含水率的影响。其中,前面的仿真实验确定了最优的气流干燥温度为 180 ℃,最优的热风速度为 13 m/s,其他工艺参数不变,烟丝流量仿真实验设计见表 3.17。

表 3.17　烟丝流量仿真实验设计

热风温度/℃	热风速度/(m·s⁻¹)	烟丝流量/(kg·h⁻¹)	烟丝含水率/%	烟丝初始温度/℃
180	13	900	22	26.85
180	13	972	22	26.85
180	13	1 044	22	26.85
180	13	1 116	22	26.85
180	13	1 188	22	26.85
180	13	1 260	22	26.85

1. 烟丝流量对出口烟丝平均温度的影响

烟丝流量对气流干燥出口烟丝平均温度的影响如图 3.54 所示。

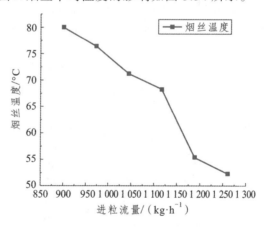

图 3.54　烟丝流量对出口烟丝平均温度的影响

从图 3.54 中可以看出,烟丝流量对出口烟丝的平均温度影响较大,呈负相关趋势,烟丝流量越大,出料口烟丝的平均温度就越低。当烟丝流量为 900~1 116 kg/h 时,出料口烟丝的平均温度为 80.1~68.3 ℃,波动范围较小;当烟丝流量为 1 116 kg/h~1 188 kg/h 时,出料口烟丝的平均温度为 68.3~55.4 ℃,波动范围相对比较大。产生这种趋势的原因是,在热风速度相同的条件下,烟丝流量直接影响烟丝的运动速度和分布状态,烟丝流量较小时,烟丝与高温气流充分接触,与高温气流对流换热的强度较大,温度较高,导致出口烟丝的平均温度较高;当烟丝流量较大时,干燥管内的烟丝浓度较高,且分布不均,与高温气流接触不充分,对流换热的效率较低,造成出口烟丝的平均温度波动较大。

在气流干燥过程中,烟丝流量应该控制在适当的范围内,不宜过高,也不宜过低。烟丝流量过高时,会造成烟丝干燥不充分,干燥质量差,影响卷烟加工质量;烟丝流量过低时,会造成烟丝的过度干燥,增加碎丝率,不利于烟丝的后续加工。根据出料口烟丝的平均温度指标,选择适当的烟丝流量，烟丝流量为 1 044 ～ 1 116 kg/h。

2. 烟丝流量对气流干燥出口烟丝平均含水率的影响

烟丝流量对气流干燥出口烟丝平均含水率的影响如图 3.55 所示。

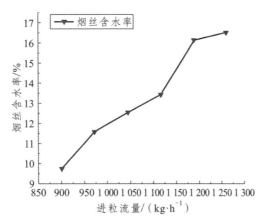

图 3.55 烟丝流量对出口烟丝平均含水率的影响

从图 3.55 中可以看出，烟丝流量越大，出料口烟丝的平均含水率就越高。烟丝流量为 1 116 ～ 1 188 kg/h 时，出料口烟丝的平均含水率为 13.6% ～ 16.1%，波动范围较大；烟丝流量为 972 ～ 1 116 kg/h 时，出料口烟丝的平均含水率为 11.5% ～ 13.6%，波动范围相对较小。产生这种现象的主要原因是，干燥过程中烟丝的分布规律及运动状态影响了烟丝与高温气流的热质传递。

出料口烟丝的平均含水率是气流烘丝质量评价的重要指标之一，评价的范围为 12% ～ 14%，可根据出口烟丝含水率评价指标选择对应的烟丝流量，烟丝流量为 1 044 ～ 1 116 kg/h。

综上可知，烟丝流量对出料口烟丝的平均温度和含水率影响显著，通过 6 组温度仿真实验分析，确定了最佳烟丝流量为 1 080 kg/h。

3.4 加香工艺过程影响规律研究

加香的工艺任务是按照产品设计要求，将香精准确均匀地施加到烟丝上，并使各种物料进一步混合均匀。目前，对加香工艺过程的研究主要集中在加香效果、加香设备优化改造、加香工艺参数优化等方面，而对加香工艺过程内在机理、本质规律及可视化等方面的研究较少。鉴于此，本节通过计算机仿真、数字化建模和超级规模科学计算，对加香工艺过程系统开展了"白箱化"研究。

3.4.1 工艺参数对烟丝香料重叠空间的影响

1. 滚筒转速对烟丝香料重叠空间的影响

3 种烟丝量下滚筒转速对烟丝香料重叠空间的影响如图 3.56 所示。

从图 3.56（a）中可以看出，当烟丝量为 20 kg 时，得到滚筒转速与重叠空间之间的二阶拟合曲线方程为：$C_{x1}=0.005\,5\,x^2+0.032x-0.25$，其中 C_{x1} 表示烟丝香料有效重叠空间，x 为滚筒转速。滚筒转速与重叠空间体积呈现正相关趋势，滚筒转速越快，重叠空间体积就越大。当滚筒转速为 11 r/min 时，重叠空间体积达到最大值 0.769 m³；滚筒转速为 7 r/min 时，重叠空间体积最小，仅为 0.243 m³。

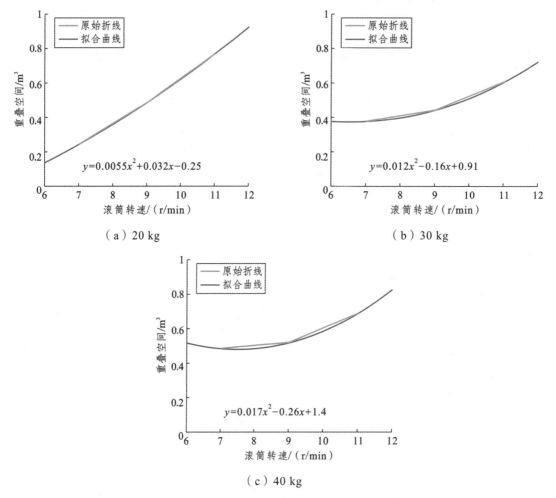

图 3.56　滚筒转速对烟丝香料重叠空间的影响

从图 3.56（b）中可以看出，当烟丝量为 30 kg 时，得到滚筒转速与重叠空间之间的二阶拟合曲线方程为：$C_{x1}=0.012x^2-0.16x+0.91$，其中 C_{x1} 表示烟丝香料有效重叠空间，x 为滚筒转速。滚筒转速与重叠空间体积呈现正相关趋势，滚筒转速越快，重叠空间体积就越大。当滚筒转速为 11 r/min 时，重叠空间体积达到最大值 0.608 m³；滚筒转速为 7 r/min 时，重叠空间体积最小，仅为 0.377 m³。

从图 3.56（c）中可以看出，当烟丝量为 40 kg 时，得到滚筒转速与重叠空间之间的二阶拟合曲线方程为：$C_{x1}=0.017x^2-0.26x+1.4$，其中 C_{x1} 表示烟丝香料有效重叠空间，x 为滚筒转速。滚筒转速与重叠空间体积呈现正相关趋势，滚筒转速越快，重叠空间体积就越大。当滚筒转速为 11 r/min 时，重叠空间体积达到最大值 0.690 m³；滚筒转速为 7 r/min 时，重叠空间体积最小，为 0.485 m³。

从图 3.56 中的 3 个拟合方程可知，随着滚筒转速增大，烟丝随滚筒壁面爬升的高度越高，抛洒分布越均匀，烟丝与香料重叠的空间体积增大，利于香料烟丝充分接触。滚筒转速为 11 r/min 时，3 个拟合方程的重叠空间体积均达到最大值，即滚筒转速在 7 ~ 11 r/min 范围的局部最优为 11 r/min。

2. 烟丝量对烟丝香料重叠空间的影响

3 种滚筒转速下的烟丝量对烟丝香料重叠空间的影响如图 3.57 所示。

从图 3.57（a）中可以看出，当滚筒转速为 7 r/min 时，得到烟丝量与烟丝香料重叠空间的二阶拟合曲线方程为：$C_{x1}=-0.000\,13x^2+0.02x-0.1$，其中 C_{x1} 表示烟丝香料有效重叠空间，x 为烟丝量。烟丝流量与重叠空间体积呈现正相关趋势，烟丝量越大，重叠空间体积就越大。当烟丝量为 40 kg 时，重叠空间体积达到最大值 0.485 m^3；当烟丝量为 20 kg 时，重叠空间体积最小，仅为 0.243 m^3。

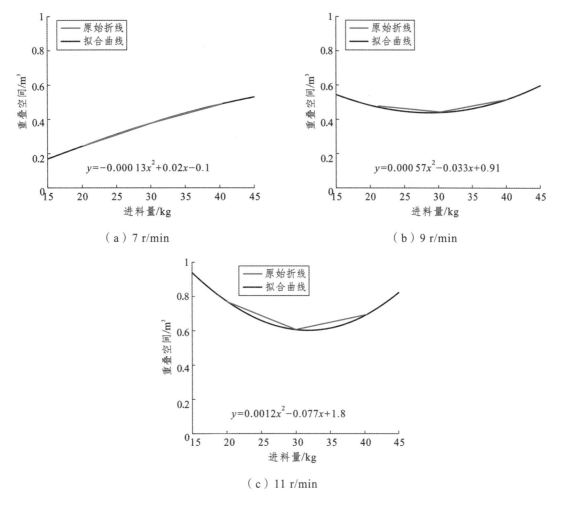

（a）7 r/min　　　　　　　　　　（b）9 r/min

（c）11 r/min

图 3.57　烟丝量对烟丝香料重叠空间的影响

从图 3.57（b）中可以看出，当滚筒转速为 9 r/min 时，得到烟丝量与烟丝香料重叠空间的二阶拟合曲线方程为：$C_{x1}=0.000\,57x^2-0.033x+0.91$，其中 C_{x1} 表示烟丝香料有效重叠空间，x 为烟丝量。烟丝量与重叠空间体积呈先下降后上升的趋势。当烟丝量为 40 kg 时，重叠空间体积达到最大值 0.519 m^3；当烟丝量为 30 kg 时，重叠空间体积最小，仅为 0.444 m^3。

从图 3.57（c）中可以看出，当滚筒转速为 11 r/min 时，得到烟丝量与烟丝香料重叠空间的二阶拟合曲线方程为：$C_{x1}=0.001\,2x^2-0.077x+1.80$，其中 C_{x1} 表示烟丝香料有效重叠空间，x 为烟丝量。烟丝量与重叠空间体积呈先下降后上升的趋势。当烟丝量为 20 kg 时，重叠空间体积达到最大值 0.769 m^3；当烟丝量为 30 kg 时，重叠空间体积最小，为 0.608 m^3。

从图 3.57 中的 3 个拟合方程可知，随着烟丝量增大，随滚筒壁面爬升的烟丝在不断下坠，抛洒过程中烟丝不断吸收香料，单位空间内的烟丝量增加，利于香料烟丝充分接触。当烟丝量为

40 kg 时，有两个拟合方程的烟丝量均达到最大值，即整体来看，烟丝量在 20～40 kg 范围的局部最优为 40 kg。

3. 滚筒转速和烟丝量对烟丝香料重叠空间的影响

滚筒转速和烟丝量对烟丝香料重叠空间影响的三维曲面关系如图 3.58 所示。

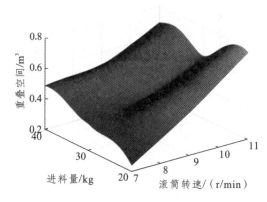

图 3.58　滚筒转速和烟丝量对烟丝香料重叠空间影响的三维曲面关系

从图 3.58 中可以看出，烟丝香料重叠空间最大为 0.787 4 m³，此时滚筒转速为 11 r/min，烟丝量为 21.82 kg；烟丝香料重叠空间最小为 0.243 m³，此时滚筒转速为 11 r/min，烟丝量为 20 kg。随着烟丝量与滚筒转速的增大，香料与烟丝的重叠空间逐渐增大，这是由于烟丝的抛洒会更加分散，与香料接触的空间也随之变大，进而使重叠空间体积扩大。因此，根据三维拟合曲面得到最优的工艺参数为滚筒转速 11 r/min、烟丝量 21.82 kg。

3.4.2　工艺参数对烟丝分布均匀性的影响

1. 滚筒转速对烟丝分布均匀性的影响

3 种烟丝量下滚筒转速对加香滚筒内烟丝分布均匀性的影响如图 3.59 所示。

从图 3.59（a）中可以看出，当烟丝量为 20 kg 时，得到滚筒转速与烟丝分布均匀性的二阶拟合曲线方程为：$X_{ysjy}=0.35x^2-2.5x+25$，其中 X_{ysjy} 表示烟丝分布均匀性，x 为滚筒转速。滚筒转速与烟丝分布均匀性呈现正相关趋势，滚筒转速越快，烟丝分布均匀性就越好。当滚筒转速为 11 r/min 时，烟丝分布均匀性达到最大值 39.79%；滚筒转速为 7 r/min 时，烟丝分布均匀性最小，仅为 24.73%。

从图 3.59（b）中可以看出，当烟丝量为 30 kg 时，得到滚筒转速与烟丝分布均匀性的二阶拟合曲线方程为：$X_{ysjy}=1.7x^2-31x+1.7e^2$，其中 X_{ysjy} 表示烟丝分布均匀性，x 为滚筒转速。滚筒转速与烟丝分布均匀性呈现先下降后上升趋势。根据拟合方程计算结果可知，当滚筒转速为 7 r/min 时，烟丝分布均匀性达到最大值 39.37%；滚筒转速为 9 r/min 时，烟丝分布均匀性最低，仅为 31.49%。

从图 3.59（c）中可以看出，当烟丝量为 40 kg 时，得到滚筒转速与烟丝分布均匀性的二阶拟合曲线方程为：$X_{ysjy}=-0.45x^2+8.8x-7.7$，其中 X_{ysjy} 表示烟丝分布均匀性，x 为滚筒转速。滚筒转速与烟丝分布均匀性呈现先增加后小幅下降的趋势，滚筒转速越快，烟丝分布均匀性就越好。当滚筒转速为 9.78 r/min 时，烟丝分布均匀性达到最大值 35.32%；滚筒转速为 7 r/min 时，烟丝分布均匀性最小，为 32.22%。

从图 3.59 中的 3 个拟合方程可知，随着滚筒转速增大，烟丝随滚筒壁面爬升的高度越高，烟丝在滚筒空间内分布均匀性越好，利于香料烟丝充分接触。

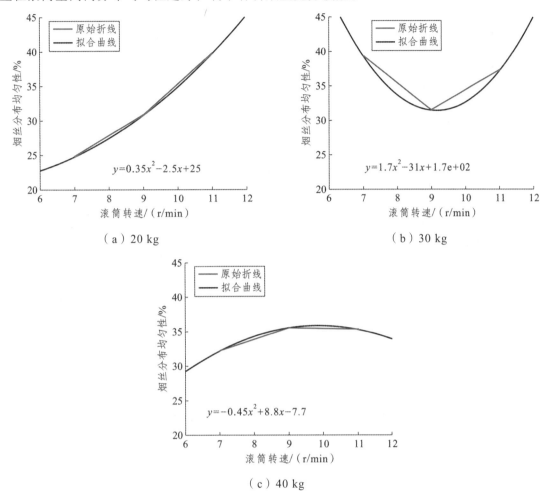

（a）20 kg

（b）30 kg

（c）40 kg

图 3.59　滚筒转速对烟丝分布均匀性的影响

2. 烟丝量对烟丝分布均匀性的影响

3 种滚筒转速下烟丝量对加香滚筒内烟丝分布均匀性的影响如图 3.60 所示。

从图 3.60（a）中可以看出，当滚筒转速为 7 r/min 时，得到了烟丝量与烟丝分布均匀性的二阶拟合曲线方程为：$X_{ysjy}=-0.11x^2+6.9x-70$，其中 X_{ysjy} 表示烟丝分布均匀性，x 为烟丝量。烟丝量与烟丝分布均匀性呈现先增加后减少趋势，总体来看，烟丝量越大，烟丝分布均匀性有所提高。根据拟合方程计算结果可知，当烟丝流量为 31.36 kg 时，烟丝分布均匀性达到最大值 38.20%；当烟丝量为 20 kg 时，烟丝分布均匀性最小，为 24%。

从图 3.60（b）中可以看出，当滚筒转速为 9 r/min 时，得到了烟丝量与烟丝分布均匀性的二阶拟合曲线方程为：$X_{ysjy}=0.017x^2-0.80x+40$，其中 X_{ysjy} 表示烟丝分布均匀性，x 为烟丝量。烟丝量与烟丝分布均匀性呈现正相关趋势，烟丝量越大，烟丝分布均匀性就越好。由拟合方程计算可得，当烟丝量为 40 kg 时，烟丝分布均匀性达到最大值 35.2%；烟丝量为 23.53 kg 时，烟丝分布均匀性最小，仅为 30.59%。

从图 3.60（c）中可以看出，当滚筒转速为 11 r/min 时，得到了烟丝量与烟丝分布均匀性的二阶拟合曲线方程为：$X_{ysjy}=0.002\ 4x^2-0.37x+46$，其中 X_{ysjy} 表示烟丝分布均匀性，x 为烟丝量。烟丝量与烟丝分布均匀性呈现负相关趋势，烟丝量越大，烟丝分布均匀性越低。根据拟合方程计算可知，当烟丝量为 20 kg 时，烟丝分布均匀性达到最大值 39.56%；当烟丝量为 40 kg 时，烟丝分布均匀性最小，为 35.04%。

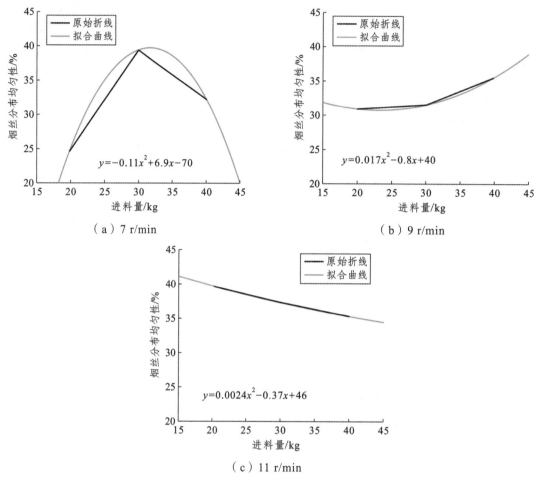

（a）7 r/min

（b）9 r/min

（c）11 r/min

图 3.60　烟丝量对烟丝分布均匀性的影响

从图 3.60 中 3 个拟合方程得，整体来看，随着烟丝量增大，烟丝随滚筒壁面爬升的高度越高，烟丝在空间内的分布越均匀，与烟丝香料重叠的空间体积增大，利于香料和烟丝充分接触。

3. 滚筒转速和烟丝量对烟丝分布均匀性的影响

滚筒转速和烟丝量对烟丝分布均匀性影响的三维曲面关系如图 3.61 所示。

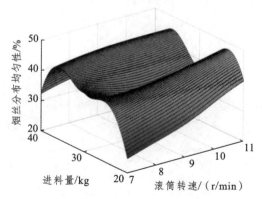

图 3.61　滚筒转速和烟丝量对烟丝分布均匀性的影响

从图 3.61 中可以看出，烟丝分布均匀性最大为 47.72%，此时滚筒转速为 11 r/min，烟丝量为 23.64 kg；烟丝分布均匀性最低为 24.73%，此时滚筒转速为 7 r/min，烟丝量为 20 kg。随着烟丝量与滚筒转速的增大，烟丝在滚筒内的抛洒会更加分散，与香料接触的空间也随之变大，进而使烟丝分布均匀性提高。因此，根据三维拟合曲面得到最优的工艺参数为滚筒转速 11 r/min、烟丝量 21.82 kg。

3.4.3　工艺参数对香料雾化均匀性的影响

1. 滚筒转速对香料雾化均匀性的影响

3 种喷嘴雾化压力下滚筒转速对加香滚筒内料液雾化均匀性的影响如图 3.62 所示。

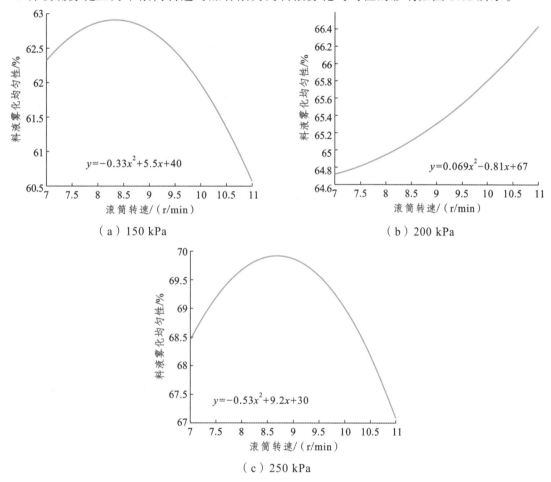

图 3.62　滚筒转速对香料雾化均匀性的影响

从图 3.62（a）中可以看出，当喷嘴雾化压力为 150 kPa 时，得到了滚筒转速与香料雾化均匀性的二阶拟合曲线方程为：$S_{whjy}=-0.33x^2+5.5x+40$，其中 S_{whjy} 表示香料雾化均匀性，x 为滚筒转速。滚筒转速与香料雾化均匀性呈现先上升后下降的趋势。由拟合方程计算可知，当滚筒转速为 8.33 r/min 时，香料雾化均匀性达到最大值 62.90%；滚筒转速为 11 r/min 时，香料雾化均匀性最小，为 60.57%。

从图 3.62（b）中可以看出，当喷嘴雾化压力为 200 kPa 时，得到了滚筒转速与香料雾化均匀性的二阶拟合曲线方程为：$S_{whjy}=0.069x^2-0.81x+67$，其中 S_{whjy} 表示香料雾化均匀性，x 为滚筒转速。滚筒转速与香料雾化均匀性呈现正相关趋势，滚筒转速越快，香料雾化均匀性就越好。根据拟合方程结果，当滚筒转速为 11 r/min 时，香料雾化均匀性达到最大值 66.44%；滚筒转速为 7 r/min 时，香料雾化均匀性最小，为 64.71%。

从图 3.62（c）中可以看出，当喷嘴雾化压力为 250 kPa 时，得到了滚筒转速与香料雾化均匀性的二阶拟合曲线方程为：$S_{whjy}=-0.53x^2+9.2x+30$，其中 S_{whjy} 表示香料雾化均匀性，x 为滚筒转速。滚筒转速与香料雾化均匀性呈现先上升后下降的趋势。由拟合方程计算可得，当滚筒转速为 8.68 r/min 时，香料雾化均匀性达到最大值 69.92%；滚筒转速为 7 r/min 时，香料雾化均匀性最小，为 67.07%。

整体而言，随着滚筒转速增大，香料雾化均匀性呈现先上升后下降的趋势，当滚筒转速为 8～9 r/min 内时，有两个拟合方程的香料雾化均匀性达到最大值，即局部最优解在 8～9 r/min 范围内。

2. 喷嘴雾化压力对香料雾化均匀性的影响

3 种滚筒转速下喷嘴雾化压力对香料雾化均匀性的影响如图 3.63 所示。

从图 3.63（a）中可以看出，当滚筒转速为 7 r/min 时，得到喷嘴雾化压力与香料雾化均匀性的二阶拟合曲线方程为：$S_{whjy}=5.8x^2-17x+75$，其中 S_{whjy} 表示香料雾化均匀性，x 为喷嘴雾化压力。喷嘴雾化压力与香料雾化均匀性呈现正相关趋势，喷嘴雾化压力越大，香料雾化均匀性就越好。根据拟合方程计算结果，当喷嘴雾化压力为 250 kPa 时，香料雾化均匀性达到最大值 68.75%；喷嘴雾化压力为 150 kPa 时，香料雾化均匀性最小，仅为 62.55%。

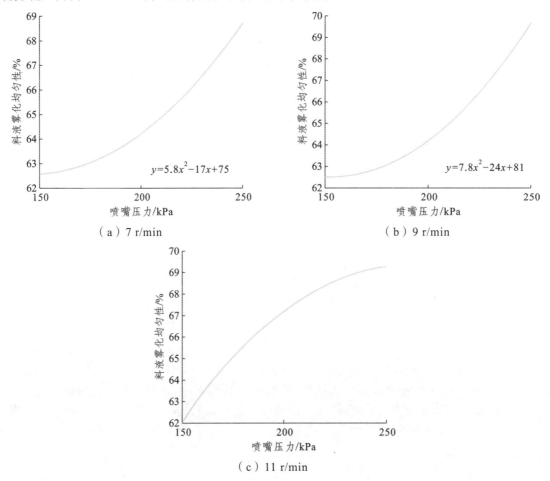

图 3.63　喷嘴雾化压力对香料雾化均匀性的影响

从图 3.63（b）中可以看出，当滚筒转速为 9 r/min 时，得到喷嘴雾化压力与香料雾化均匀性的二阶拟合曲线方程为：$S_{whjy}=7.8x^2-24x+81$，其中 S_{whjy} 表示香料雾化均匀性，x 为喷嘴雾化压力。喷嘴雾化压力与香料雾化均匀性呈现正相关趋势，喷嘴雾化压力越大，香料雾化均匀性就越好。根据拟合方程计算结果，当喷嘴雾化压力为 250 kPa 时，香料雾化均匀性达到最大值 69.75%；当喷嘴雾化压力为 150 kPa 时，香料雾化均匀性最小，为 62.55%。

从图 3.63（c）中可以看出，当滚筒转速为 11 r/min 时，得到喷嘴雾化压力与香料雾化均匀性的二阶拟合曲线方程为：$S_{whjy}=-6.2x^2+32x+28$，其中 S_{whjy} 表示香料雾化均匀性，x 为喷嘴雾化压力。喷嘴雾化压力与香料雾化均匀性呈现正相关趋势，喷嘴雾化压力越大，香料雾化均匀性就越好。根据拟合方程计算结果，当喷嘴雾化压力为 250 kPa 时，香料雾化均匀性达到最大值 69.25%；当喷嘴雾化压力为 150 kPa 时，香料雾化均匀性最小，为 62.05%。

从图 3.63 中 3 个拟合方程可知，随着喷嘴雾化压力的增大，香料雾化效果越好，使得香料与烟丝能充分接触。喷嘴雾化压力为 250 kPa 时，三个拟合方程的香料雾化均匀性达到最大值。整体来看，喷嘴雾化压力增大会使香料颗粒在单位空间内的数量增加，有利于附着在烟丝上。因此，在 150～250 kPa 压力范围内，250 kPa 喷嘴雾化压力为最优。

3. 烟丝量和喷嘴雾化压力对香料雾化均匀性的影响

烟丝量和喷嘴雾化压力对香料雾化均匀性影响的三维曲面关系如图 3.64 所示。

从图 3.64 中可以看出，烟丝分布均匀性最大为 88%，此时喷嘴雾化压力为 250 kPa，烟丝量为 36.36 kg；香料雾化均匀性最低为 61.65%，此时喷嘴雾化压力为 250 kPa，烟丝量为 20 kg。随着烟丝量与喷嘴压力的增大，香料雾化程度越高，但香味物质的气化、损失会增加，容易造成加香结果的波动。在现有仿真结果数据的基础上，三维拟合曲面得到最优的工艺参数为喷嘴压力 250 kPa，烟丝量 36.36 kg。

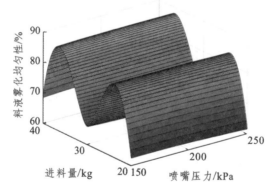

图 3.64　烟丝量和喷嘴雾化压力对香料雾化均匀性的影响

3.4.4　工艺参数对烟丝滞留时间的影响

1. 滚筒转速对加香滚筒内烟丝滞留时间的影响

3 种烟丝流量下滚筒转速对加香滚筒内烟丝滞留时间的影响如图 3.65 所示。

从图 3.65（a）中可以看出，烟丝量为 20 kg 时，得到滚筒转速与烟丝滞留时间的二阶拟合曲线方程为：$X_{zlsj}=-0.065x^2+1.1x+55$，其中 X_{zlsj} 表示烟丝与香料在滚筒内的接触时间，x 为滚筒转速。滚筒转速与烟丝滞留时间呈先上升后下降的趋势，但下降幅度不大，仅为 0.5 s。当滚筒转速为 9 r/min 时，烟丝滞留时间达到最大值 59.43 s；滚筒转速为 11 r/min 时，烟丝滞留时间最短，仅为 58.97 s。

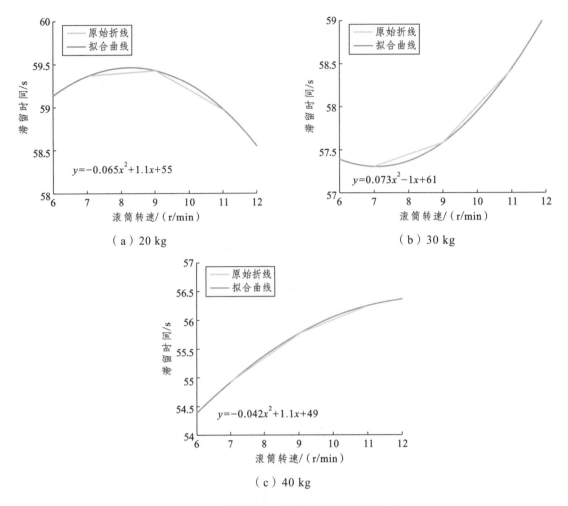

$y=-0.065x^2+1.1x+55$

（a）20 kg

$y=0.073x^2-1x+61$

（b）30 kg

$y=-0.042x^2+1.1x+49$

（c）40 kg

图 3.65　滚筒转速对烟丝滞留时间的影响

从图 3.65（b）中可以看出，烟丝量为 30 kg 时，得到滚筒转速与烟丝滞留时间的二阶拟合曲线方程为：$X_{zlsj}=0.073x^2-1.1x+61$，其中 X_{zlsj} 表示烟丝与香料在滚筒内的接触时间，x 为滚筒转速。滚筒转速与烟丝滞留时间呈现正相关趋势，滚筒转速越快，烟丝滞留时间就越长。当滚筒转速为 11 r/min 时，烟丝滞留时间达到最大值 58.45 s；滚筒转速为 7 r/min 时，烟丝滞留时间最短，仅为 57.31 s。

从图 3.65（c）中可以看出，烟丝量为 40 kg 时，得到滚筒转速与烟丝滞留时间的二阶拟合曲线方程为：$X_{zlsj}=-0.042x^2+1.1x+49$，其中 X_{zlsj} 表示烟丝与香料在滚筒内的接触时间，x 为滚筒转速。滚筒转速与烟丝滞留时间呈现正相关趋势，滚筒转速越快，烟丝滞留时间就越长。当滚筒转速为 11 r/min 时，烟丝滞留时间达到最大值 56.25 s；滚筒转速为 7 r/min 时，烟丝滞留时间最小，为 54.93 s。

从图 3.65 中 3 个拟合方程可知，随着滚筒转速增大，烟丝随滚筒壁面爬升的高度越高，抛洒分布越均匀，利于香料与烟丝充分接触。滚筒转速为 11 r/min 时，有两个拟合方程的滞留时间达到最大值，有一个拟合方程的滞留时间最大值在滚筒转速为 9 r/min 时得到。整体来看，转速增大会使烟丝与香料接触时间增加，但是进料量一定时，变化幅度不明显，仅在 1 s 范围以内。

2. 烟丝量对烟丝滞留时间的影响

3 种滚筒转速下烟丝量对加香滚筒内烟丝滞留时间的影响如图 3.66 所示。

从图 3.66（a）中可以看出，当滚筒转速为 7 r/min 时，得到烟丝量与烟丝滞留时间的二阶拟合曲线方程为：$X_{zlsj}=-0.0016x^2-0.13x+63$，其中 X_{zlsj} 表示烟丝与香料在滚筒内的接触时间，x 为烟丝流量。烟丝量与烟丝滞留时间呈现负相关关系，烟丝量越大，烟丝滞留时间就越短。当烟丝量为 40 kg 时，烟丝滞留时间达到最小值 54.93 s；当烟丝量为 20 kg 时，烟丝滞留时间最长，为 59.37 s。

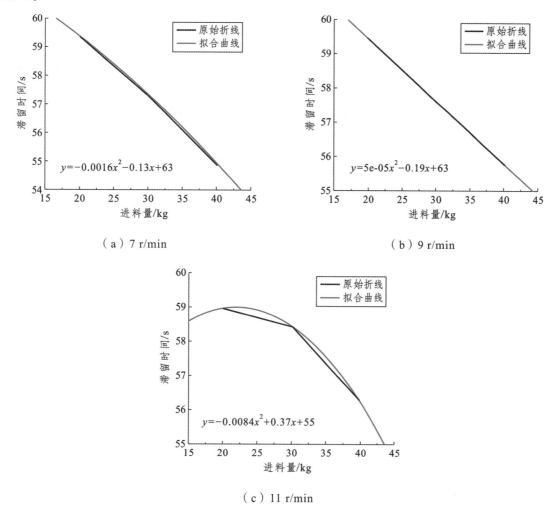

（a）7 r/min

（b）9 r/min

（c）11 r/min

图 3.66　烟丝量对烟丝滞留时间的影响

从图 3.66（b）中可以看出，当滚筒转速为 9 r/min 时，得到烟丝量与烟丝滞留时间的二阶拟合曲线方程为：$X_{zlsj}=5e^{-5}x^2-0.19x+63$，其中 X_{zlsj} 表示烟丝滞留时间，x 为烟丝量。烟丝量与烟丝滞留时间呈负相关关系，烟丝量越大，烟丝滞留时间就越短。当烟丝量为 40 kg 时，烟丝滞留时间达到最小值 55.76 s；烟丝量为 20 kg 时，烟丝滞留时间最长为 59.43 s。

从图 3.66（c）中可以看出，当滚筒转速为 11 r/min 时，得到烟丝量与烟丝滞留时间的二阶拟合曲线方程为：$X_{zlsj}=-0.008\ 4x^2+0.37x+55$，其中 X_{zlsj} 表示烟丝与香料在滚筒内的接触时间，x 为烟丝流量。烟丝量与烟丝滞留时间呈负相关关系，烟丝量越大，烟丝滞留时间就越短。当烟丝量为 20 kg 时，烟丝滞留时间达到最大值 58.97 s；烟丝量为 40 kg 时，烟丝滞留时间最短，为 56.25 s。

从图 3.66 中 3 个拟合方程可知，随着烟丝量增大，抛洒过程中烟丝不断吸收香料，单位空间内的烟丝量增加，除了抄板的螺旋角和滚筒倾角作用外，烟丝与烟丝间挤压作用也增大，导致烟丝滞留时间变短。烟丝量为 40 kg 时，3 个拟合方程的烟丝量均达到最大值，即整体来看，烟丝量在 20 ~ 40 kg 范围的局部最优为 40 kg。

3. 滚筒转速和烟丝量对烟丝滞留时间的影响

滚筒转速和烟丝量对烟丝滞留时间影响的三维曲面关系如图 3.67 所示。

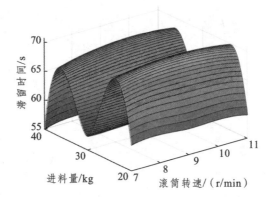

图 3.67　滚筒转速和烟丝量对烟丝滞留时间的影响

从图 3.67 中可以看出，烟丝滞留时间最长为 70.76 s，此时滚筒转速为 8.90 r/min，烟丝量为 23.43 kg；烟丝滞留时间最短为 54.93 s，此时滚筒转速为 7 r/min，烟丝量为 40 kg。随着烟丝量与滚筒转速的增大，烟丝的滞留时间呈现波动式变化，且烟丝量对滞留时间的影响比滚筒转速的影响要大，曲面图呈 M 形，即存在两个波峰、三个波谷。综上所述，根据三维拟合曲面得到最优的工艺参数为滚筒转速 8.90 r/min、烟丝量 23.43 kg。

3.4.5　工艺参数对加香效果的影响

1. 滚筒转速对加香效果的影响

得到滚筒倾角为 5°、烟丝量为 20 kg 条件下的 3 种滚筒转速的烟丝在加香滚筒中的运动状态如图 3.68 所示。

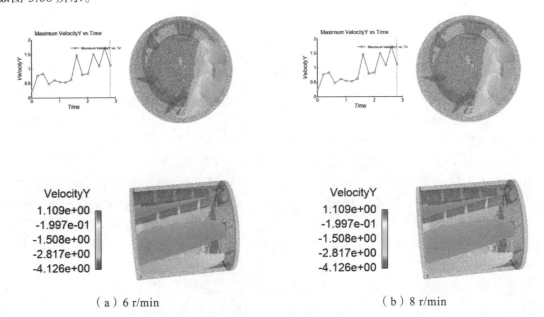

（a）6 r/min　　　　　　　　　　　　（b）8 r/min

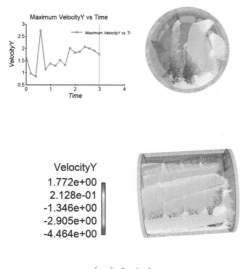

（c）9 r/min

图 3.68　不同滚筒转速下滚筒中烟丝分布状态

从图 3.68 中可以看出，由于滚筒转速较小，烟丝在滚筒内部的均匀性较差。烟丝在滚筒中运动稳定后，以初速度 0.5 m/s 做圆周运动，0.6 s 后到达抛洒位置，大量烟丝出现滑落、泻落运动。增大滚筒转速参数为 8 r/min，烟丝在滚筒 Y 方向上以 0.607 m/s 做圆周运动，0.7 s 后以 1.137 m/s 做抛洒运动，此时烟丝的抛洒运动较佳。当滚筒转速增大到 9 r/min 时，烟丝以 0.72 m/s 的初速度做匀速圆周运动，0.6 s 后到达抛洒运动初相位做抛洒运动，此时烟丝抛洒初速度为 1.3 m/s。由于转速较大时离心力过大，少许烟丝出现离心运动，到达滚筒正上端然后在重力作用下做自由落体运动。

因此，当滚筒内部烟丝质量及滚筒倾角一定时，增大转速使烟丝在滚筒中的分布更加松散，且在滚筒内部的占空比增大，烟丝在滚筒内的滞留时间减少。转速过大，烟丝在滚筒内部发生离心运动，使烟丝的造碎率增加，且滞留时间较短，不利于烟丝与料液的充分混合。

进一步，得到滚筒转速对烟丝运动状态的影响如图 3.69 所示。

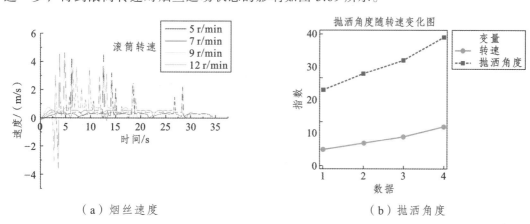

（a）烟丝速度　　　　　　　　　　（b）抛洒角度

图 3.69　滚筒转速对烟丝运动状态影响

从图 3.69 中可以看出，烟丝在滚筒中的速度呈周期性变化的趋势，但是随着滚筒转速的增大，烟丝在滚筒内的相对速度增大；同时，从横坐标时间可以看出，随着转速的增大，烟丝在滚筒内的滞留时间减少。从图 3.69（b）中可以看出，随着转速的增大，烟丝的抛洒角度也是逐渐增大的,但烟丝粒子在滚筒内完成周期位移变化很小,所以烟丝粒子在滚筒内向下滑移运动主要是由于抄板具有内旋角度。

2. 滚筒倾角对加香效果的影响

工艺参数滚筒转速为 7 r/min、烟丝质量 15 kg 条件下两种滚筒倾角的烟丝运动状态分布如图 3.70 所示。

从图 3.70 中可以看出,在滚筒倾角为 5°时,烟丝在滚筒中以 0.437 m/s 的 Y 向速度做圆周运动,到达一定高度后在抄板的带动下做抛洒运动,此时烟丝以 1.24 m/s 向下做加速运动。烟丝开始做圆周运动到抛洒运动结束周期时长为 1 s。改变滚筒倾角为 6°,其余参数不变,烟丝以 0.52 m/s 做圆周运动,此时由于滚筒倾角的增大,烟丝在滚筒底端发生少量堆积。由此可得,当滚筒内部烟丝滚筒转速及烟丝质量一定时,随着滚筒倾角的增大,烟丝在滚筒底端出现一定的烟丝堆积。由于抄板的内旋角度为 7°,烟丝从滚筒前端开始做抛洒运动,且随着滚筒倾角的增大,烟丝向滚动底端滑动的速度变大,即烟丝在滚筒内部的滞留时间减小,使烟丝与料液混合时间减小。

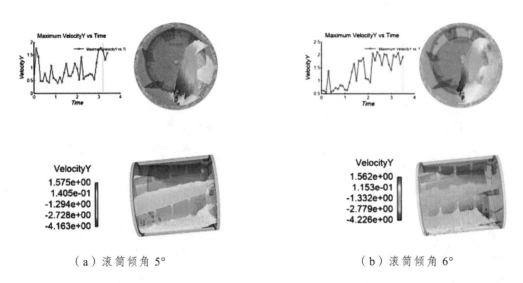

(a)滚筒倾角 5°   (b)滚筒倾角 6°

图 3.70 不同滚筒倾角对烟丝分布状态

进一步,得到了滚筒倾角对烟丝分布状态的影响如图 3.71 所示。

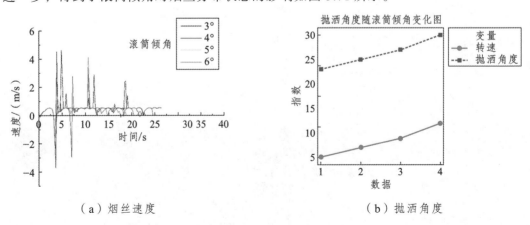

(a)烟丝速度   (b)抛洒角度

图 3.71 滚筒倾角对烟丝运动状态影响规律

从图 3.71（a）中可以看出，增加滚筒倾角，烟丝粒子在滚筒内的运动速度基本没有变化，但随着滚筒倾角的增大，烟丝在抄板上沿滚筒倾角方向滑移速度变快，进而烟丝在滚筒内的滞留时间减小。从图 3.71（b）中可以看出，随着滚筒倾角的增大，烟丝的抛洒角度也逐渐增大。

3. 烟丝量对加香效果的影响

滚筒倾角为 4°、滚筒转速为 7 r/min 条件下两种烟丝量的烟丝运动状态如图 3.72 所示。

从图 3.72 中可以看出，在滚筒倾角为 4°、滚筒转速为 7 r/min、烟丝流量为 10 kg 时烟丝在滚筒内的运动，其中 VelocityY 表示烟丝在 Y 方向上的速度，当滚筒转速为 7 r/min 时，烟丝在滚筒中以 0.57 m/s 的速度做圆周运动，到达一定高度后在抄板的带动下做抛洒运动，此时烟丝以 1.49 m/s 的速度向下做加速运动。烟丝开始做圆周运动到抛洒运动结束周期时长为 0.9 s。仅增加烟丝流量为 20 kg 时，烟丝以 0.608 m/s 做圆周运动，0.7 s 后以 1.69 m/s 做抛洒运动。由于烟丝量较大，烟丝在到达一定高度时出现泻落运动。

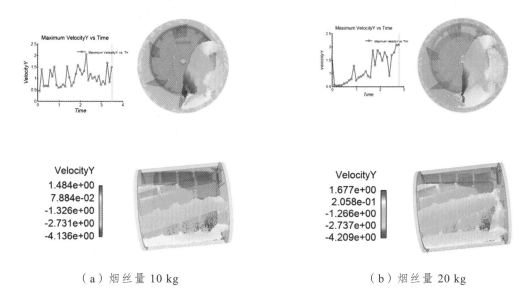

（a）烟丝量 10 kg　　　　　　　　　　　　（b）烟丝量 20 kg

图 3.72　不同烟丝量的烟丝运动状态

进一步，得到了烟丝量对烟丝运动状态的影响如图 3.73 所示。

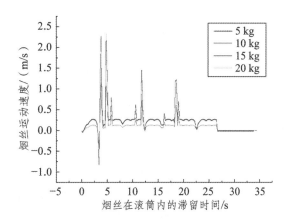

图 3.73　烟丝量对烟丝运动状态影响规律

从图 3.73 中可以看出，增加烟丝处理量，烟丝粒子在滚筒内的运动速度基本线性减小，对烟丝在滚筒内运动速度影响较大。烟丝量对抛洒角度的影响较大，其原因是随着烟丝量增大，滚筒转速与滚筒倾角不变，在烟丝量较大的情况下，烟丝到达一定位置后在滚筒抄板上开始泻落，基本无抛洒角度。

4. 香料雾化对加香效果的影响

根据仿真计算结果，以香料颗粒粒径和浓度指标为边界分析得到香料喷嘴雾化关键区域体积，计算模型中计入了以喷嘴现行安装角度为基准的横向和纵向偏转角度。其中，香料喷嘴雾化关键区域提取如图 3.74 所示，计算统计结果见表 3.18。

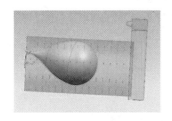 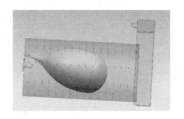 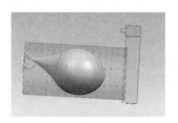

（a）150 kPa 横向 0°纵向 0° 　　（b）200 kPa 横向 0°纵向 0° 　　（c）250kPa 横向 0°纵向 0°

图 3.74　香料喷射雾化关键区域提取

表 3.18　不同雾化压力下香料雾化关键区域体积情况

雾化压力/kPa	关键区域体积/m³
150	2.602
200	2.443
250	3.434

从表 3.18 中可以看出，喷嘴引射压力越大，香料雾化效果越好，关键区域的体积就越大，大覆盖范围香料与烟丝接触和作用的机会与时间也就越多、越长，加香效果自然地也就越好。

5. 烟丝香料耦合作用对加香效果的影响

加香效果的主要作用是烟丝在香料喷嘴雾化关键区域与香料接触过程中完成的，因此，烟丝在滚筒中的分布空间与香料喷嘴雾化关键区域空间的重叠区域，是加香得以完成和效果得以优化的基本保障。通过机理分析研究和示范生产线对标计算，得到量化结果见表 3.19。

表 3.19　烟丝在加香滚筒中的持料上升和抛洒的空间体积

滚筒转速/ （r · min⁻¹）	烟丝持料上升和抛洒的空间体积/m³		
	烟丝量 20 kg	烟丝量 30 kg	烟丝量 40 kg
7	0.142	0.177	0.185
9	0.181	0.187	0.205
11	0.240	0.217	0.232

进一步，将烟丝持料上升和抛洒（有效运动）空间与香料喷射雾化关键区域体积空间叠加，得到香料烟丝耦合作用关键区域体积叠加生成如图 3.75 所示，计算结果见表 3.20、表 3.21 和表 3.22。

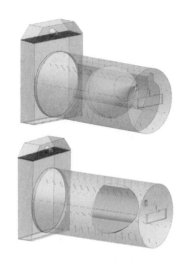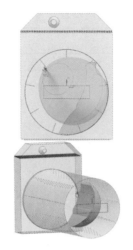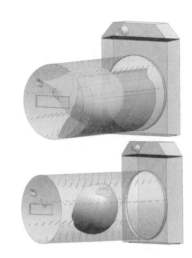

（a）烟丝量 20 kg　　　　　（b）烟丝量 30 kg　　　　　（c）烟丝量 40 kg

图 3.75　烟丝有效运动空间与香料喷射雾化关键区域空间叠加生成关键耦合区域

表 3.20　香料烟丝耦合作用关键区域体积（烟丝量 20 kg）　　单位：m³

喷嘴偏转角度	转速 7 r/min	转速 9 r/min	转速 11 r/min
横向 0°、纵向 0°	0.201	0.461	0.756
横向 0°、纵向 5°	0.128	0.368	0.565
横向 0°、纵向 −5°	0.345	0.577	0.932
左偏 5°、纵向 0°	0.384	0.678	0.965
左偏 5°、纵向 5°	0.251	0.544	0.768
左偏 5°、纵向 −5°	0.480	0.788	1.137
右偏 5°、纵向 0°	0.277	0.512	0.832
右偏 5°、纵向 5°	0.024	0.184	0.383
右偏 5°、纵向 −5°	0.092	0.267	0.577

表 3.21　香料烟丝耦合作用关键区域体积（烟丝量 30 kg）　　单位：m³

喷嘴偏转角度	转速 7 r/min	转速 9 r/min	转速 11 r/min
横向 0°、纵向 0°	0.614	0.693	0.905
横向 0°、纵向 5°	0.067	0.259	0.448
横向 0°、纵向 −5°	0.528	0.576	0.759
左偏 5°、纵向 0°	0.503	0.565	0.776
左偏 5°、纵向 5°	0.368	0.420	0.637
左偏 5°、纵向 −5°	0.622	0.704	0.949
右偏 5°、纵向 0°	0.401	0.422	0.645
右偏 5°、纵向 5°	0.068	0.088	0.256
右偏 5°、纵向 −5°	0.218	0.260	0.396

表 3.22　香料烟丝耦合作用关键区域体积（烟丝量 40 kg）　　　单位：m³

喷嘴偏转角度	转速 7 r/min	转速 9 r/min	转速 11 r/min
横向 0°、纵向 0°	0.721	0.793	0.962
横向 0°、纵向 5°	0.235	0.282	0.439
横向 0°、纵向 −5°	0.674	0.707	0.911
左偏 5°、纵向 0°	0.540	0.640	0.803
左偏 5°、纵向 5°	0.362	0.434	0.633
左偏 5°、纵向 −5°	0.727	0.792	0.985
右偏 5°、纵向 0°	0.469	0.547	0.697
右偏 5°、纵向 5°	0.076	0.108	0.248
右偏 5°、纵向 −5°	0.308	0.354	0.513

　　从表 3.20 ~ 表 3.22 中可直接得工艺参数对烟丝香料耦合作用的影响规律，为加香效果优化设计提供参考依据。

3.5　本章小结

　　本章利用计算机仿真技术对制丝关键工艺过程中参数与质量之间的影响规律进行了数字化表征研究：构建了加料、薄板干燥、气流干燥和加香工艺过程内在特征参数指标；对加料工艺参数对烟叶运动空间分布、料液雾化粒径、雾化锥角及烟叶料液耦合指标的影响规律，薄板干燥工艺参数对烟丝离散程度、烟丝空间分布、烟丝干燥时间和烟丝干燥效果的影响规律，气流干燥工艺参数对烟丝空间分布、干燥段内烟丝温度、出口烟丝温度和出口烟丝含水率的影响规律，加香工艺参数对烟丝香料重叠空间、烟丝分布均匀性、香料雾化均匀性、烟丝滞留时间和加香效果的影响规律进行了数字化表征；有效揭示了制丝关键工艺过程的内在规律，为合理指导提升制丝加工过程质量及加工工艺水平提供了技术支撑。

第 4 章

计算机仿真技术在
烟丝和梗签风选过程
仿真及参数优化
设计中的应用

梗签是烟梗和叶脉在制丝加工过程中不可避免产生的。卷制到烟支中的梗签不仅会造成烟丝填充松紧不均匀，进而影响烟支质量、吸阻等物理质量指标的稳定；也是烟支刺破、漏气的主要原因；同时，梗签在燃烧时易产生燃烧爆口现象，进而影响烟支的燃烧性和感官质量。因此，烟丝在卷制前需将其中的梗签剔除，减少烟丝中的含梗签量，以稳定和提升卷烟产品质量。

然而，烟丝中梗签控制一直是卷烟企业过程控制的重点和难点。目前，烟丝中梗签的剔除主要集中在制丝和卷制过程。其中：制丝环节中配置的就地风分设备，可同时剔除重质异物和部分梗签；卷制环节中的卷烟机设置有进料风分管，也可剔除部分梗签。这两种剔除方式均是基于风选除杂原理，即通过气力吹送将悬浮速度较大的梗签从烟丝中分离。由于风分过程中气流速度分布及烟丝物料分散不均匀，难以保持较高的梗签剔除率，且风分过程难以实现梗签剔除率和剔除过程烟丝损耗等指标同时兼顾。

为掌握烟丝和梗签在风选过程的基本规律，且在降低烟丝损耗的前提尽可能提升梗签去除率，本章采用计算机仿真技术，对烟丝和梗签风选过程进行了仿真研究，并基于梗签去除效果对风选过程工艺参数和设备结构参数进行了优化设计。

4.1 烟丝和梗签及风选设备几何模型构建

4.1.1 烟丝和梗签数字化模型构建

1. 烟丝和梗签尺寸、形状和不同尺寸所占比例

针对某代表性卷烟成品烟丝样品，对烟丝的形状和物理参数进行测量统计，如图 4.1 所示。其中：烟丝的形状为片状，长度按照 4 组长度范围进行确定，宽度和厚度利用游标卡尺进行测量；不同长度的烟丝占比依据甲方提供的数据进行确定。

图 4.1 不同长度烟丝分类实物图

由此得到烟丝的长度、宽度和厚度的具体参数，以及不同长度烟丝的占比，见表 4.1。

表 4.1 某卷烟成品烟丝物理参数

分层	宽度 /mm	厚度 /mm	长度 /mm	占比 /%
1	1.0	0.1	>35	37
2	1.0	0.1	24 ~ 35	20
3	1.0	0.1	15 ~ 24	20
4	1.0	0.1	7.5 ~ 15	23

注：宽度和厚度的测定工具为游标卡尺。

同样，针对某卷烟成品烟丝中的梗签样品，对梗签的形状和物理参数进行测量统计，如图 4.2 所示。其中：梗签的形状为片状，长度按照 4 组长度范围进行确定，宽度和厚度利用游标卡尺进行测量；不同长度的梗签占比依据甲方提供的数据进行确定。

图 4.2　不同长度梗签分类实物图

由此得到梗签的长度、宽度和厚度的具体参数，以及不同长度梗签的占比，见表 4.2。

表 4.2　某卷烟成品烟丝中梗签物理参数

分层	宽度/mm	厚度/mm	长度/mm	占比/%
1	1.8	1	>18	15
2	1.8	1	12 ~ 18	35
3	1.8	1	6.5 ~ 12	28
4	1.8	1	4.2 ~ 6.5	22

注：宽度和厚度的测定工具为游标卡尺。

2. 烟丝和梗签密度测定

由于烟丝和梗签分布松散，形状不规则，并且质量较轻，难以对其质量和体积进行直接测量，故采用研磨的方法对两者的密度进行测定，其中所用筛网筛孔尺寸为 1 mm×1 mm 的正方形。首先，选择两个带有刻度线的刻度瓶，称量空刻度瓶的质量并记录，再将烟丝和梗签研磨成粉末，将粉末装入刻度瓶中，分别称量装入烟丝粉末和梗签粉末的瓶重并记录；然后，通过读取刻度瓶的刻度线，可直接得到烟丝和梗签粉末的体积；最后，通过两次称量的质量差与刻度瓶读数的比值，即可求出烟丝和梗签密度。由于测量过程中存在误差，如烟丝与梗签捣碎不充分、过滤过程中存在较大尺寸烟丝与梗签碎屑、刻度瓶刻度读取误差，以及质量秤刻度读取误差，所以需采用多次测量，最后将多次测量结果取平均值。测量烟丝与梗签密度的具体步骤如图 4.3 所示。

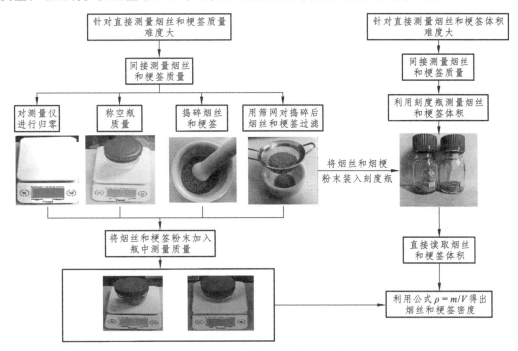

图 4.3　烟丝或梗签密度测量流程

总共进行 5 次测量，每次测量得到的密度以及 5 次测量的平均密度见表 4.3。

表 4.3　烟丝和梗签密度测定结果

测量次数	烟丝粉末瓶质量/g	梗签粉末瓶质量/g	空瓶质量/g	刻度瓶刻度/mL	烟丝密度/（g·mL⁻¹）	梗签密度/（g·mL⁻¹）
第一次	172	174	166.8	20	0.26	0.36
第二次	172.5	175.5	166.8	20	0.285	0.435
第三次	173	175.8	166.8	22	0.282	0.45
第四次	173.5	176	166.8	22	0.301	0.418
第五次	174	177	166.8	24	0.3	0.425
平均密度					0.285	0.42

从表 4.3 中可以看出，烟丝的平均密度为 0.285 g/mL，梗签的平均密度为 0.42 g/mL。

3. 烟丝和梗签几何模型构建

实际的烟丝与梗签形状比较复杂，弯曲度较大，如果按照实际烟丝与梗签的形状进行建模，计算量大，仿真时间长，并且实际烟丝与梗签在分离过程中姿态复杂，数量极多，因此无法直接进行精确几何建模，且不利于提高烟丝与梗签分离效率，也难以优化烟丝与梗签分离设备。针对这一问题，采用柱状烟丝与梗签模型，这样可以大大减少计算量和仿真时间，并且能够更好地控制烟丝与梗签模型的准确性。

烟丝与梗签的运动特征分析可使用仿真软件来实现。本次仿真通过控制与实际烟丝和梗签的几何尺寸以及质量一致来构建柱状烟丝与梗签模型，并将柱状烟丝与梗签通过自定义纤维粒子导入，纤维粒子是通过将线性片段串在一起制成的线束状三维对象，每个片段都可以有自己的厚度。该厚度以及筛网尺寸有助于确定用于构成形状的元素数量。在默认情况下，其他自定义纤维形状可以通过文本或电子表格文件导入。

对于自定义纤维，元素的最小数量等于定义的分段数。设置一个小于"分段"数量的值将导致形状在灵活时仅在组成"分段"的节点的交点处弯曲。这仅对于直的和自定义的纤维颗粒形状，当选择了多个元素，并且为关节模型选择了双线性弹塑性时。这就定义了双线性弹塑性模型上纯弹性状态的极限，用于弯曲变形。

事实上，柔性颗粒是由简单的形状连接而成的复合颗粒，称为元素。这些元素是纤维中的球形圆柱体。柔性粒子中的两个相邻元素通过可变形实体（即关节）连接。当关节受到线性和角度变形时，它会在连接的元件上施加力和力矩，与变形相反。这些力和力矩将这些元素保持在一起，形成一个单一的粒子，否则这些元素将是普通的分离粒子。在这种方法中，只有关节可以变形，因为组成复合粒子的单个元素是刚性的。

纤维主要是一类一维的颗粒形状。在任何时候，纤维的主要几何形状都可以用三维空间中的一条线或一组线来描述。如图 4.4（a），直纤维的中心线被细分为一定数量的段，这将产生相同数量的球柱状元件。线段的端点与在元素两端生成半球形帽面的中心点重合。此外，在纤维未变形的初始状态下，两个相邻元件的端点位置总是重合的。

在进行柔性纤维的动力学建模时，考虑了作用在两个相邻球圆柱体中心线段端点处的力和力矩，这些力和力矩与变形相反。这些力和力矩应该是对连接这些点的关节实体变形的反应。如图 4.4（b），作用在由接头连接的两个元件上的力和力矩大小相同，但方向相反。合力和力矩的大小将是线性变形和角变形的函数，有时也是变形速度的函数。它们通常会使纤维恢复到未变形的状态。

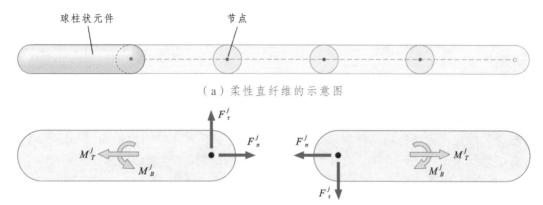

（a）柔性直纤维的示意图

（b）关节施加在两个相邻纤维元件上的力和力矩

图 4.4　柔性纤维示意图

由连接元件的相对平移引起的接头的线性变形由相对位移矢量 $\boldsymbol{d}^{\mathrm{rel}}$ 量化。如图 4.5 所示，该矢量连接两个相邻中心线段的端点，这两个中心线段在纤维未变形状态下重合。为了编写张力和剪切力的模型方程，通常需要将位移以及其他变量分解为法向分量和切向分量。这种分解的法线方向由单位向量 $\hat{\boldsymbol{n}} = \dfrac{\hat{\boldsymbol{a}}_1 + \hat{\boldsymbol{a}}_2}{|\hat{\boldsymbol{a}}_1 + \hat{\boldsymbol{a}}_2|}$，如图 4.6 所示，其中，$\hat{\boldsymbol{a}}_1$ 和 $\hat{\boldsymbol{a}}_2$ 是平行于由关节连接的两个元素的方向的单位向量。

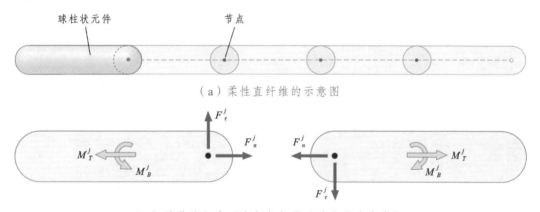

（a）柔性直纤维的示意图

（b）关节施加在两个相邻纤维元件上的力和力矩

图 4.4　柔性纤维示意图

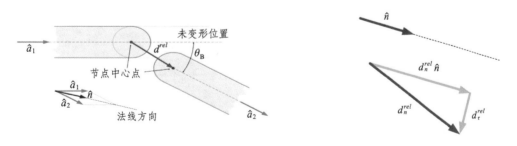

图 4.5　相对位移矢量和法线方向的定义

图 4.6　矢量幅度的分解

图 4.6 说明了在给定上述法向的情况下，矢量幅度（如相对位移 $\boldsymbol{d}^{\mathrm{rel}}$）如何分解为法向分量和切向分量。正常分量将由以下公式给出：

$$\boldsymbol{d}_n^{\mathrm{rel}} = d^{\mathrm{rel}} \cdot \hat{\boldsymbol{n}} \tag{4.1}$$

而切向分量可以获得为：

$$d_\tau^{\mathrm{rel}} = d^{\mathrm{rel}} - d_n^{\mathrm{rel}}\hat{n} \tag{4.2}$$

纤维中的元件之间存在两种类型的角变形。第一种是扭转变形，当两个相邻的元件绕其自身的轴线旋转不同的角度时，会产生扭转变形。第二种是弯曲变形，其中一个图元在由其中心线定义的同一平面内相对于另一个图元旋转。图 4.5 中所示的角度 θ_B 是一个弯曲角度。

根据为柔性定制光纤指定的总元素数量，所提供的中心线几何图形中的每个线段仍然可以细分为更小的线段。因此，柔性定制纤维可以被解释为几种柔性直纤维的结合。

实际的烟丝与梗签如图 4.7 所示，对于柱状烟丝与梗签模型，在 Excel 软件中输入柱状烟丝与梗签的结构参数进行模型构建；建立纤维类状烟丝与梗签模型，包括柱状烟丝与梗签的起点坐标、终点坐标以及颗粒直径，其中颗粒几何中心线为坐标轴 Z 轴，起点坐标均为原点坐标，终点坐标在 Z 方向上的长度均为颗粒实际长度；由于实际烟丝与梗签为片状，其截面为矩形，通过保持柱状烟丝和梗签截面面积与实际烟丝和梗签截面面积相等，得到柱状烟丝直径为 0.319 mm，柱状梗签直径为 1.514 mm，柱状烟丝与梗签几何建模如图 4.8 所示。

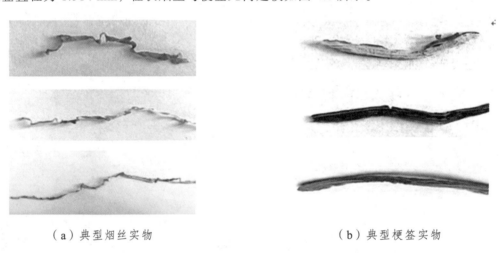

（a）典型烟丝实物　　　　　　　　　　（b）典型梗签实物

图 4.7　典型烟丝和梗签实物图

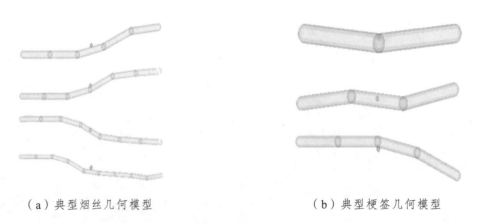

（a）典型烟丝几何模型　　　　　　　　（b）典型梗签几何模型

图 4.8　典型烟丝和梗签几何模型

4.1.2　风选设备数字化模型构建

风选设备采用垂直风管，其主要结构包括圆形分选腔、方形分选腔以及叶轮，分别如图 4.9

和图 4.10 所示。其中，分选腔主要包括如下部分：竖直方向放置的分选腔；设于分选腔的左侧壁上的烟丝与梗签混合物的入料口，用于输送未分离的物料混合物；分选腔的右下方倾角 25°壁面上设置的一个吹风口，用于正压风机吹风，使烟丝与梗签混合物达到分离的效果；分选腔上方连接烟丝的出口，用于及时排出已经分离出来的纯净烟丝；分选腔下方设置的梗签出口，用于及时排出分离出的梗签；叶轮，设置在分选腔下方。吹风口处正压风机的吹风量可调节，入料口的风速大小可调节，叶轮的旋转速度和叶片大小可调节。

（a）圆形分选腔　　　　　　　　　　　　　　　（b）方形分选腔

图 4.9　圆形和方形分选腔剖视图

 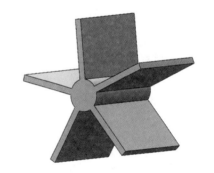

（a）圆形风选叶轮　　　　　　　　　　　　　　（b）方形风选叶轮

图 4.10　圆形和方形风选叶轮剖视图

　　烟丝与梗签混合物在垂直风管内分离的工作原理为：从入料口加入烟丝与梗签混合物，调整入料口进入风速的大小在 18 ~ 22 m/s 范围内；启动吹风口处正压风机，调节风速在 8 ~ 16 m/s 范围内；启动叶轮，使叶轮转速为 15 r/min；从入料口进入的梗签由于质量大，在重力作用下由分选腔下落，沿着 25°倾斜壁面滑落，最后经过叶轮的搅拌作用，梗签变得松散，从梗签出口排出；从入料口进入的烟丝，由于质量轻，在吹风口风速的作用下沿着分选腔向上漂浮，最终经过烟丝出口，掺杂在烟丝中的轻梗签和杂质在经过二次风选剔除系统装置后得到进一步剔除，最终获得较为纯净的烟丝。对于圆形风选腔和方形风选腔，构建的数字化模型装配图如图 4.11 所示。其中，圆形分选腔各部分结构尺寸见表 4.4，方形分选腔各部分结构尺寸见表 4.5。

　　为使圆形风选与方形风选条件基本一致，圆形分选腔半径的确定方法为：由于方形分选腔是截面尺寸为 100 mm × 700 mm，其截面面积为 0.7 m²，为保持两者的内部容积相等，需要控制圆形分选腔和方形分选腔的截面面积相等，即将圆形分选腔的截面面积视为 0.7 m²，利用圆的面积公式可求出圆形分选腔的半径为 0.472 m，四舍五入取 0.45 m 作为圆形分选腔的最终半径。

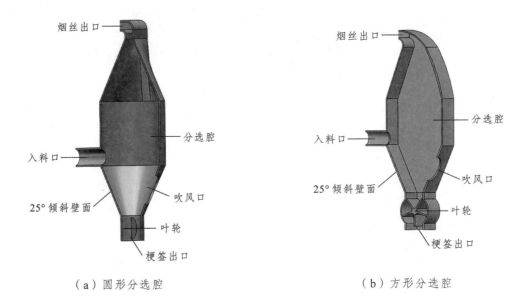

（a）圆形分选腔　　　　　　　　（b）方形分选腔

图 4.11　圆形风选和方形风选数字化模型装配图

表 4.4　圆形风选设备各部分结构尺寸

结构名称	形状及尺寸
入料口	半径为 100 mm 的圆管
吹风口	半径为 200 mm 的圆管
分选腔	半径为 450 mm 的圆管
烟丝出口	截面尺寸为 100 mm×700 mm 的矩形
梗签出口	半径为 150 mm 的圆管
叶轮	半径为 140 mm 的球体

表 4.5　方形风选设备各部分结构尺寸

结构名称	形状及尺寸
入料口	半径为 100 mm 的圆管
吹风口	半径为 200 mm 的圆管
分选腔	截面尺寸为 1000 mm×700 mm 的矩形
烟丝出口	截面尺寸为 100 mm×700 mm 的矩形
梗签出口	截面尺寸 300 mm×700 mm 的矩形
叶轮	叶片半径为 50 mm，厚度为 20 mm，宽度为 700 mm

4.2　圆形和方形风选设备内流场特征

4.2.1　分选腔内流线分布

1. 圆形分选腔内流线分布特征

入料口速度为 18 m/s 时不同吹风口速度下圆形分选腔内流线分布如图 4.12 所示。

从图 4.12（a）和（b）中可以看出，当吹风口以 8 m/s 和 10 m/s 风速与入料口处风速相互作用后，分选腔内形成两块速度差别较为明显的区域，其中在吹风口进风与入料口进风形成的流场，以及两者交汇后分支形成的流场处的速度较大，在 10 ~ 12 m/s 范围内，而在上述区域以外的流场速度在 0 ~ 4 m/s 范围内。在图 4.12（a）与（b）中，分选腔内均形成明显的速度涡流。入料口进风与吹风口进风交汇后，均分流形成两处流场，两支分流均靠近中轴线附近，速度范围在 10 ~ 14 m/s 左右。

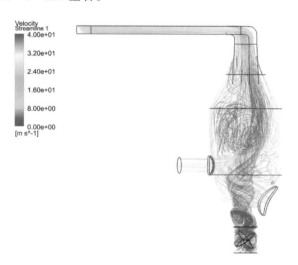

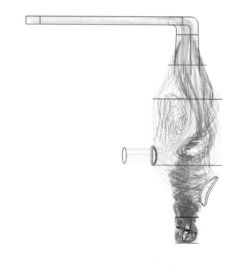

（a）吹风口风速为 8 m/s　　　　　　　　　（b）吹风口风速为 10 m/s

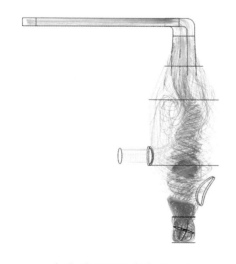

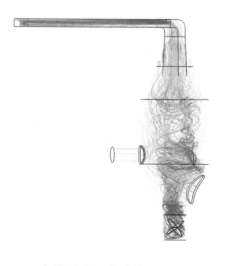

（c）吹风口风速为 12 m/s　　　　　　　　　（d）吹风口风速为 14 m/s

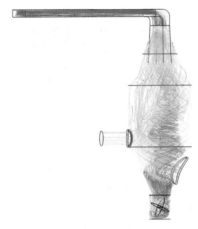

（e）吹风口风速为 16 m/s

图 4.12　入料口速度为 18 m/s 圆形分选腔内流线分布

从图 4.12（c）和（d）中可以看出，当吹风口以 12 m/s 和 14 m/s 进风时，分选腔内流线呈现出螺旋上升的趋势，腔内流场较为均匀，腔内速度都在 0～14 m/s 范围内；分选腔顶端的烟丝出口处，由于分选腔的结构收缩比较大，收缩比越大，压强差越大，导致气流速度越快，所以靠近烟丝出口处速度较大，为 30 m/s 左右。

从图 4.12（e）中可以看出，当吹风口以 16 m/s 进风时，分选腔内整体速度较大，腔内流场分布基本均匀，除了叶轮附近的流场速度较小外，其他区域速度在 10～16 m/s 范围内，腔内流线以螺旋状从叶轮处上升至分选腔顶端。

2. 方形分选腔内流线分布特征

入料口速度为 18 m/s 时不同吹风口速度下方形分选腔内流线分布如图 4.13 所示。

从图 4.13（a）中可以看出，当吹风口以 8 m/s 的进风与入料口处进风相互作用后，在分选腔内形成了小范围速度涡流，涡流中心处速度为零，从中心向边缘延伸，速度逐渐增大；并且在吹风口风速为 8 m/s 作用下，入料口处进风形成的流场能够到达分选腔的右侧壁面，由于分选腔右侧壁面的阻挡，最终汇入烟丝出口，分选腔的左上侧壁面和右上侧壁面速度在 9～13 m/s 左右。与圆形分选腔相比，两者的内部流线均螺旋上升，都形成了速度涡流，但是相比圆形分选腔，方形分选腔的吹风口进风和入料口进风影响范围较小。

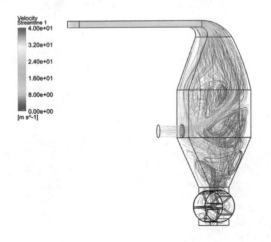

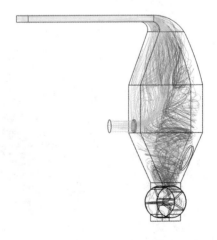

（a）吹风口风速为 8 m/s　　　　　　　　　　（b）吹风口风速为 10 m/s

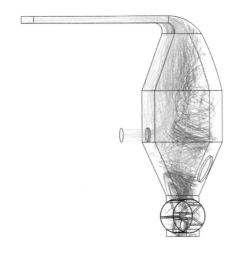

（c）吹风口风速为 12 m/s

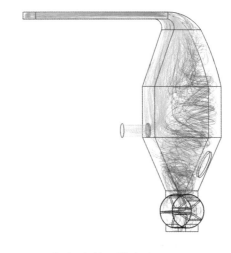

（d）吹风口风速为 14 m/s

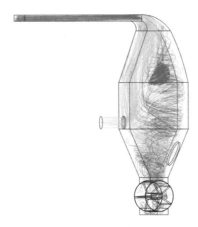

（e）吹风口风速为 16 m/s

图 4.13　入料口速度为 18 m/s 方形分选腔内流线分布

从图 4.13（b）中可以看出，当吹风口以 10 m/s 的风速与入料口处风速相互作用后，从叶轮处形成螺旋上升的流场，螺旋状流场的速度在 0~2 m/s 之间，分选腔内形成较小的速度场涡流，并且入料口进风与吹风口进风交汇后，其中以吹风口处进风为主形成的流场，在左侧分选腔壁面的阻挡以及入料口进风的共同作用下，沿着左侧壁面上升，速度在 10~14 m/s 范围内。与圆形分选腔相比，两者的内部流线均为螺旋上升，均有涡流形成；但是圆形分选腔内部流场左上方速度较低，在 0~3 m/s 之间，右下方速度较高，在 10~12 m/s 之间，而方形分选腔的流场特征与之相反，左上方区域速度较高，在 10~14 m/s 之间，右下方区域速度较低，除了吹风口风力范围以外，其他区域速度均在 0~4 m/s 之间。

从图 4.13（c）中可以看出，当吹风口以 12 m/s 的风速与入料口处风速相互作用后，仅在吹风口进风形成流场之下，形成一个较小的涡流，并且吹风口和入料口两处进风形成的流场交汇后，均靠近腔内左侧壁面上升，形成较为均匀的流场，速度在 10~16 m/s 范围内。

从图 4.13（d）和（e）中可以看出，当吹风口以 14 m/s 和 16 m/s 进风，与入料口进风相互作用后，均形成明显的螺旋状流场，螺旋上升，并且在入料口进风与吹风口进风交汇后，形成的流场均沿着分选腔左侧壁面上升，速度在 10~16 m/s 范围内；并且在吹风口风速为 16 m/s 时，在腔内形成一个密集的速度涡流。

从图 4.13 中还可以看出，与圆形分选腔相比，两者内部的流线均为螺旋上升，但是圆形分选腔内部流场速度分布较为均匀，叶轮以上区域并未形成明显的速度分区，速度均在 10 ~ 16 m/s 之间；而方形分选腔内部流场均形成速度差别较为明显的两处区域，靠近分选腔左上方壁面的速度较大，在 10 ~ 16 m/s 之间，右侧区域速度较小。

4.2.2　风选设备中轴线速度分布

4.2.2.1　中轴线速度分布曲线

1. 圆形和方形设备中轴线划分

对于圆形风选设备，分选腔内中轴线位于圆形分选腔的几何中心，与 Y 轴重合，起点坐标为（0，0.16，0），终点坐标为（0，2.43，0），中轴线总长为 2.27 m；在气力输送管道内，起点坐标为（0.07，2.6，0），终点坐标为（2.07，2.6，0），中轴线总长为 2 m。对于方形风选设备，分选腔内中轴线位于方形风选腔的几何中心，与 Z 轴重合，起点坐标为（0，0，0.29），终点坐标为（0，0，2.56），中轴线总长为 2.27 m。在气力输送管道内，起点坐标为（0.29，0，2.76），终点坐标为（2.29，0，2.76），中轴线总长为 2 m。圆形和方形设备中轴线如图 4.14 所示。

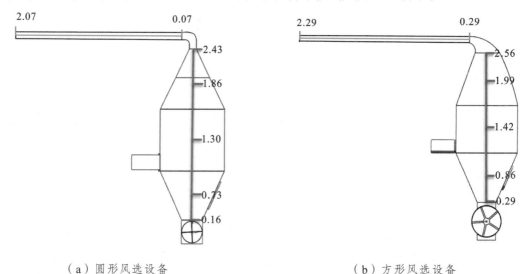

（a）圆形风选设备　　　　　　　　　　　（b）方形风选设备

图 4.14　圆形和方形设备中轴线示意图

中轴线确定后，依次统计从起点到终点的速度大小，并将线上所有速度点绘制成折线图，以直观地分析和对比分选装置内的速度变化。由于方形和圆形风选设备结构存在差异，即使入料口风速和吹风口风速相同，实际风速大小仍可能有所不同。因此，可将方形和圆形风选设备的中轴线速度放在同一折线图中进行对比分析。

2. 吹风口速度为 8 m/s 条件下中轴线速度分布

对吹风口速度为 8 m/s 条件下圆形和方形分选腔内中轴线速度及水平气力输送管道中轴线上的速度进行了对比分析，结果分别如图 4.15 和图 4.16 所示。其中，折线图上虚线表示方形风选设备中轴线上的速度，实线表示圆形风选设备中轴线上的速度，图例所示速度为入料口风速，其中颜色相同的线条代表同一入料口速度。

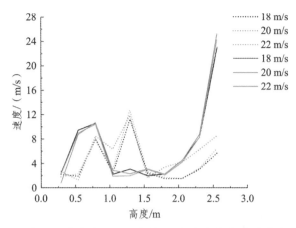

图 4.15　吹风口速度为 8 m/s 条件下分选腔中轴线速度变化曲线

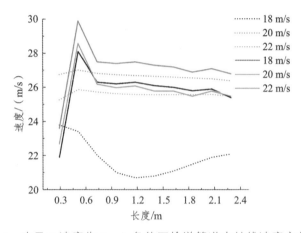

图 4.16　吹风口速度为 8 m/s 条件下输送管道中轴线速度变化曲线

从图 4.15 中可以看出，方形和圆形分选腔都呈现出两个明显的速度波峰，对于方形分选腔而言，第一个波峰出现在高度为 0.8 m 处，速度大小在 8 m/s 左右，与吹风口处的风速基本一致。第二个波峰出现在高度为 1.3 m 处，速度大小在 12 m/s 左右，略低于入料口处的速度。而对于圆形分选腔来说，第一个波峰出现在高度为 0.55 m 处，速度大小在 8 m/s 左右，与吹风口处的风速基本一致。第二个波峰出现在高度为 0.8 m 处，速度大小在 12 m/s 左右，略低于入料口处的速度。出现这种现象的原因是当入料口和吹风口同时进风时，吹风口处进入的风速受到入料口风速的影响很小。因此，在经过吹风口风速范围内的中轴线上时，其速度与吹风口的风速大小基本一致。然而，一旦吹风口处风力到达入料口附近，两者便会相互作用相互削弱而减小，导致在入料口风速范围内的中轴线速度低于入料口进入的风速。从图 4.15 中还可以看出，方形和圆形分选腔的折线图中除了波峰外，还有明显的波谷，波谷处速度较低。对于方形分选腔，折线图中出现 3 个速度波谷，而圆形分选腔折线图中出现 2 个速度波谷。此外，对于方形和圆形分选腔，从高度 1.8 m 处开始，中轴线速度开始持续增大；在中轴线高度 0.25～0.8 m 和 2～2.8 m 之间时，圆形风选腔的速度高于方形分选腔的速度。

从图 4.16 中可以看出，圆形输送管道和方形输送管道在长度为 0.6 m 左右处都存在速度增加或减少的转折。对于圆形输送管道，一开始速度急剧增加，到了 0.6 m 位置处速度都呈现出下降的趋势，到了大约 0.75 m 的长度位置，速度呈现缓慢下降的趋势；对于方形输送管道，除了入料口速度为 18 m/s 的情况外，其他两种情况下与圆形输送管道速度变化基本一致，速度都是先升后降，但是相比于圆形输送管道而言，速度变化相对平稳。从图 4.16 中还可以看出，在相同的吹风口和入料口速度条件下，圆形装置内的管道速度都大于方形。出现圆形与方形在输送管道内速度变化差明显的原因是：对于圆形装置，在风选腔与水平气力输送管道内交接处的收缩口截面变化较大，风选腔内的风经过该截面区域从而导致速度的增加，在到达长度为 0.6 m 的区域后，速度才逐渐缓和下来，出现下降的趋势；对于方形装置，因为交接处收缩通道的横截面积减少得相对缓和，导致在入料口速度为 20 m/s 和 22 m/s 的时候，在 0.29～0.6 m 的区域速度增加得不大。

通过观察圆形输送管道中轴线速度折线图可以看出，当吹风口速度一致时，随着入料口速度的不断增加，管道内的平均速度也在不断地上升。吹风口速度为 22 m/s 的平均速度相比于 20 m/s、18 m/s 的速度差距较为明显，而吹风口速度为 20 m/s 与 18 m/s 时，两条折线几乎重叠，差距不大。并且随着入料口速度的增加，三条折线的平均速度依次增加。通过观察方形输送管道中轴线速度折线图可以看出，当入料口速度为 18 m/s 时，管道内的速度先呈现轻微下降，在经过 0.6 m 的区域后速度剧烈下降，当经过 1.2 m 的区域位置后，速度又呈现上升的趋势。当入料口速度为 22 m/s 与 20 m/s 时，速度先呈现轻微的上升，在 0.6 m 的区域速度开始下降，直到风从输送管道吹出。与圆形类似，随着入料口速度的不断增加，三条折线的平均速度依次增加。

出现方形在入料口速度为 18m/s、吹风口速度为 8 m/s 时，与其他情况不同的原因是，在流场分布中流线倾向于两侧，并且在流动过程中从两侧向中间汇合，水平管道中间三角区域速度较慢，两侧速度快，导致开始时速度一直下降，直到两侧较快的速度达到了汇聚以后，在中间区域的速度才开始上升。在其他情况下，流场速度都是均匀平直的，导致中轴线上的速度在水平管道长度 0.7 m 以后，总体波动不明显。

3. 吹风口速度为 10 m/s 条件中轴线速度分布

对吹风口速度为 10 m/s 条件下圆形和方形分选腔内中轴线速度及水平气力输送管道中轴线上的速度进行了对比分析，结果分别如图 4.17 和图 4.18 所示。其中，折线图上虚线表示方形风选设备中轴线上的速度，实线表示圆形风选设备中轴线上的速度，图例所示速度为入料口风速，其中颜色相同的线条代表同一入料口速度。

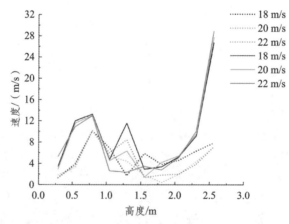

图 4.17　吹风口速度为 10 m/s 的分选腔中轴线速度变化曲线

从图 4.17 中可以看出，方形分选腔呈现出两个明显的速度波峰，第一个速度波峰出现在高度均为 0.8 m 处，速度大小在 10 m/s 左右，与吹风口处的风速基本一致。但是在不同入料口风速下，第二个速度波峰出现的高度有所差异，当入料口风速为 18 m/s 时，速度波峰位于 1.6 m 高度处；当入料口风速为 20 m/s 时，速度波峰位于 1.35 m 高度处；当入料口风速为 22 m/s 时，速度波峰位于 1.3 m 高度处。当入料口风速为 22 m/s 时，腔内达到第二个速度波峰时的中轴线高度最低；而入料口风速为 18 m/s 时，腔内速度达到第二个速度波峰时的中轴线高度最高。这主要是因为当吹风口同时吹入 10 m/s 的风时，从入料口处进入的风力越小，其抵抗吹风口风速对其削弱的能力越小，从而形成的速度涡流位置高度较高，所以第二个速度波峰出现的位置较高；反之，从入料口处进入的风力越大，形成的速度涡流位置高度越低，则第二个速度波峰出现的位置较低。对于圆形分选腔，出现了 3 个速度波峰：第一个波峰出现在高度为 0.55 m 处，速度大小在 12 m/s 左右；第二个波峰出现在高度为 0.8 m 处，速度大小在 15 m/s 左右；第三个波峰出现在高度为 1.3 m 处，速度大小在 12 m/s 左右。前两个波峰的位置与图 4.16 中基本保持一致，出现第三个波峰的原因，主要是在第二个速度波峰产生的位置，形成了一个涡流，第二个速度波峰位置刚好位于这个涡流的下边缘，随着中轴线高度增加，会再次穿过涡流的上边缘，当通过涡流的上边缘时，会再次达到一个速度峰值，从而形成第三个速度波峰。

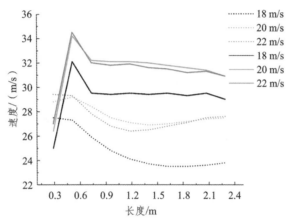

图 4.18　吹风口速度为 10 m/s 的输送管道中轴线速度变化曲线

从图 4.18 中可以看出，圆形输送管道和方形输送管道在长度为 0.6 m 左右都存在速度增加或减少的转折。对于圆形输送管道，一开始速度急剧增加，因为收缩口截面变化较大，分选腔内的风经过该截面区域从而导致速度的增加，到了 0.6 m 位置处速度都呈现出下降的趋势，到了大约 0.75 m 的长度位置，速度呈现缓慢下降的趋势。出现 3 条折线形状类似的原因是在流场中，速度分布在靠近管道入口处速度较大，出口处速度较小，对应圆形的折线图，因为收缩口截面变化较大导致速度增加，然后逐渐减小趋于平稳。3 条曲线形状基本相同，在入料口速度为 20 m/s 和 22 m/s 时，这两条速度折线图有多处区域相互重叠，可以看出平均速度差距不大。当入料口速度为 18 m/s 时，速度折线图的平均速度明显小于前面两条折线，并且入料口速度为 20 m/s 时，管道内的平均速度是略大于入料口速度（为 22 m/s）的。对于方形输送管道，当入料口速度为 18 m/s 和 22 m/s 时，管道内的风速度先下降，在长度为 0.6 m 左右速度呈现剧烈下降，在 1.2 m 位置处速度又开始逐渐增大。当入料口速度为 20 m/s 时，管道内的风速度先增加，在长度为 0.6 m 左右速度呈现剧烈下降，在 1.2 m 位置处速度又开始逐渐增大。可以看出 3 条折线总体形状都是缓慢下降又上升，对应管道中间区域处速度较小且有一定的波动，但最终都趋于平稳。与圆形一致，在入料口速度为 20 m/s 和 22 m/s 时，这两条速度折线图有多处区域相互重叠，可以看出平均速度差距不大。当入料口速度为 18 m/s 时，速度折线图的平均速度明显小于前面两条折线。并且入料口速度为 20 m/s 时，管道内的平均速度是略大于入料口速度（为 22 m/s）的。

4. 吹风口速度为 12 m/s 条件中轴线速度分布

对吹风口速度为 12 m/s 条件下圆形和方形分选腔内中轴线速度及水平气力输送管道中轴线上的速度进行了对比分析，结果分别如图 4.19 和图 4.20 所示。其中，折线图上虚线表示方形风选设备中轴线上的速度,实线表示圆形风选设备中轴线上的速度,图例所示速度为入料口风速,其中颜色相同的线条代表同一入料口速度。

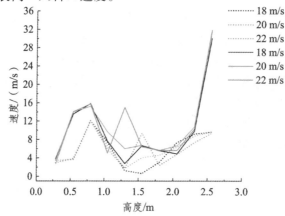

图 4.19　吹风口速度为 12 m/s 的分选腔中轴线速度变化曲线

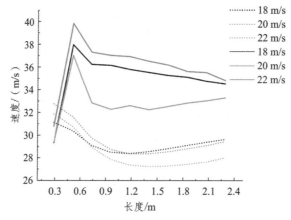

图 4.20　吹风口速度为 12 m/s 的输送管道中轴线速度变化曲线

　　从图 4.19 中可以看出,对于方形分选腔,仅当入料口风速为 22 m/s 时,速度折线图出现了两个明显的速度波峰,风速为 18 m/s 和 20 m/s 时只形成了一个速度波峰,主要是因为当入料口风速为较低的 18 m/s 和 20 m/s 时,其抵抗吹风口处风速影响的能力较小,所以其进入分选腔之后,在吹风口风力作用下均靠近分选腔左侧壁面,即远离中轴线,所以中轴线没有直接穿过其风力范围之内,就没有达到明显的速度峰值;而入料口风速为 22 m/s 时,其抵抗吹风口风速影响的能力较强,使得中轴线能够直接穿过其风力范围之内,达到一个明显的速度峰值。对于圆形分选腔,同时出现了 3 个速度波峰,在 3 个入料口风速中,入料口风速为 22 m/s 时,速度折线图在第三个波峰处的速度值最大,大小为 16 m/s 左右,而入料口风速为 18 m/s 和 20 m/s 时,速度折线图上第三个波峰处的速度值较小,为 7 m/s 左右。出现这种现象主要是由于在入料口风速为 22 m/s 时,流场所产生的涡流最明显,所以导致涡流边缘的速度峰值较大,而入料口风速为 18 m/s 和 20 m/s 时流场所形成的涡流不明显,从而涡流边缘达到的速度峰值较低。

　　从图 4.20 中可以看出,圆形输送管道内的风速从一开始的增加到长度为 0.6 m 左右开始减小。对于方形输送管道内速度一致呈现下降的趋势,直到 0.9 ~ 1.2 m 之间速度才开始缓慢上升。这与前面两种情况的中轴线折线图有相同的规律,圆形与方形在水平输送管道内的平均速度大小在不同的入料口速度下呈一致大小。从图 4.20 中还可以看出,给定相同的吹风口速度,对于圆形,管道的平均速度由大到小依次为入料口 22 m/s、18 m/s、20 m/s,而方形也是一样的。通过观察圆形输送管道中轴线速度折线图可以看出,当入料口速度为 22 m/s 和 18 m/s 时,这两条速度折线图在同样的折点后具有相同的趋势。当入料口速度为 20 m/s 时，在长度位置为 0.75～1.5 m 后，速度又呈现上升的趋势，并且该速度折线图的平均速度明显小于前面两条折线。在入料口速度为 22 m/s 和 18 m/s 时，存在速度损耗而出现下降，但最终速度都会趋于平稳；当入料口速度为 20 m/s 时，在长度位置为 0.75～1.5 m 后又上升的原因是在流场中，在 3 种入料速度下，中轴线所在的区域位于流线速度较大的区域，并且两侧流线逐渐向中间聚集，因为在不同组合下，流线聚集角度以及速率存在差别，导致 20 m/s 的折线在 1.5 m 后与其他两条有所不同。通过观察方形输送管道中轴线速度折线图可以看出，3 条曲线形状基本相同，类型都是先下降再缓慢上升。当入料口速度为 22 m/s 和 18 m/s 时，这两条折线的平均速度相差不大，当入料口速度为 20 m/s 时，该速度折线图的平均速度明显小于前面两条折线，与圆形管道类似。可以看出 3 条折线总体形状都是缓慢下降又上升，对应管道中间区域处速度较小且有一定的波动，但最终都趋于平稳。

5. 吹风口速度为 14 m/s 条件中轴线速度分布

对吹风口速度为 14 m/s 条件下圆形和方形分选腔内中轴线速度及水平气力输送管道中轴线上的速度进行了对比分析，结果分别如图 4.21 和图 4.22 所示。其中，折线图上虚线表示方形风选设备中轴线上的速度，实线表示圆形风选设备中轴线上的速度，图例所示速度为入料口风速，其中颜色相同的线条代表同一入料口速度。

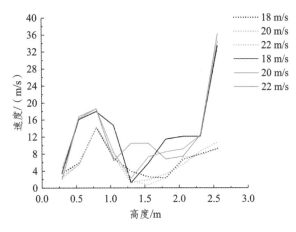

图 4.21　吹风口速度为 14 m/s 的分选腔中轴线速度变化曲线

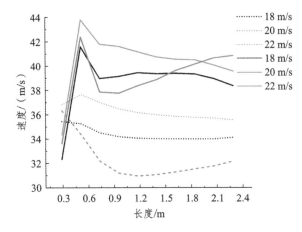

图 4.22　吹风口速度为 14 m/s 的输送管道中轴线速度变化曲线

从图 4.21 中可以看出，对于方形分选腔，在 3 个不同入料口风速下，均只出现一个明显的速度波峰，位置在 0.8 m 处，其速度大小在为 14 m/s 左右；图 4.21 中并未出现第二个速度波峰，主要是因为此时的吹风口速度为 14 m/s，风力较大，在较大吹风口风速的作用下，入料口处进入的风流整体向左侧壁面偏移，从而远离中轴线，所以中轴线没有直接穿过入料口风速范围内，从而不会在此处产生速度峰值，折线图中就不会出现第二个速度波峰。对于圆形分选腔，当入料口风速在 22 m/s 时，在高度 1.3 ~ 1.55 m 之间，中轴线上速度几乎趋于不变，其大小在 10 m/s 左右，这主要是因为在此高度范围内，14 m/s 的吹风口风速与 22 m/s 的入料口风速相互作用，形成了较为均匀的流场，从而在此区域的速度变化很小。

从图 4.22 中可以看出，在相同的吹风口条件下，圆形比方形在水平输送管道内的平均速度大。在相同条件下，圆形和方形的速度折线形状类似，在入料口速度为 20 m/s 和 18 m/s 的情况下，圆形和方形中轴线速度折线图具有相似的形状，都是先升高后缓慢降低；在入料口速度为 22 m/s 的情况下，虽然圆形气力输送管道在位置 0.29 ~ 0.6 m 有上升的速度，然后又继续下降，但在 1 m 位置后又出现逐渐上升的趋势，这与方形类似，方形先下降，在 1 m 位置处也是具有上升的趋势，这与其他 4 条速度折线截然不同，因为在其他组合下在某点位置后都是下降的。通过观察圆形输送管道中轴线速度折线图可以看出，3 条折线速度在 0.29 ~ 0.6 m 时速度都迅速上升，在 0.6 m 后又下降，并且由入料口速度为 22 m/s 的折线图可以看出在 1 m 位置处速度又缓慢上升。通过图片可以推断 20 m/s 情况下的平均速度是大于 18 m/s 和 22 m/s 的，并且 18 m/s 和 22 m/s 情况下的平均速度相差不大。在入料口速度为 20 m/s 和 18 m/s 时，存在速度损耗而出现下降，但最终速度都会趋于平稳；当入料口速度为 22 m/s 时，在长度位置为 1 m 后又上升的原因是在流场中，在 3 种入料速度下，中轴线所在的区域位于流线速度较大的区域，并且两侧流线逐渐向中间聚集，因为在不同组合下，流线聚集角度以及速率存在差别，导致 22 m/s 情况的折线在 1 m 后与其他两条有所不同。通过观察方形输送管道中轴线速度折线图可以看出，入料口速度为 18 m/s 和 20 m/s 的折线图形状相同，在 0.29 ~ 0.6 m 时速度都迅速上升，在 0.6 m 后又下降，之后就一致呈缓慢下降的趋势。但由入料口速度为 22 m/s 的折线图可以看出该折线先迅速下降，在 1 m 位置处速度又缓慢上升。通过图可以推断 3 条折线的平均速度由大到小依次是 20 m/s、18 m/s、22 m/s，并且有一定的平均速度差。出现入料口速度为 22 m/s 的折线图与其他两个折线图不一样的原因是，对于吹风口风速在 14 m/s 的情况下，流场图中中轴线所在的中间区域速度较小，但是因为在不同速度组合下，中间区域所在的位置并不是完全对正的，在入料口速度为 18 m/s 和 20 m/s 时，中轴线穿过速度较大的区域，速度损耗与该速度进行一定的作用，造成最终速度趋于平稳；在入料口速度为 22 m/s 时，因为中轴线位置一直在低速区域之内，造成速度下降剧烈，后因为流场变化才慢慢上升。

6. 吹风口速度为 16 m/s 条件中轴线速度分布

对吹风口速度为 16 m/s 条件下圆形和方形分选腔内中轴线速度及水平气力输送管道中轴线上的速度进行了对比分析，结果分别如图 4.23 和图 4.24 所示。其中，折线图上虚线表示方形风选设备中轴线上的速度，实线表示圆形风选设备中轴线上的速度，图例所示速度为入料口风速，其中颜色相同的线条代表同一入料口速度。

从图 4.23 中可以看出，对于方形分选腔，在高度为 0 ~ 2.3 m 范围之间时，最大速度为 16 m/s，对于圆形分选腔，在高度为 0 ~ 2.3 m 范围之间时的最大速度为 21 m/s，并且方形分选腔和圆形分选腔的速度峰值的位置都在 0.8 m 高度处。从折线图中还能清晰地看出，当吹风口风速为 16 m/s 时，圆形分选腔中轴线速度几乎均高于方形分选腔轴线上的速度。并且此时两种分选腔内的速度变化规律基本保持一致，其中在 3 种不同入料口风速下，两种形状的分选腔内的 3 条速度折线图基本趋于重合，即入料口风速对分选腔内的速度变化影响很小。

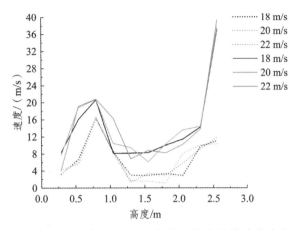

图 4.23　吹风口速度为 16 m/s 的分选腔中轴线速度变化曲线

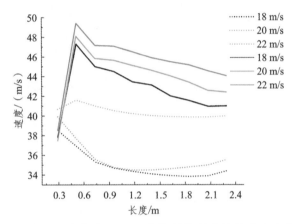

图 4.24　吹风口速度为 16 m/s 的输送管道中轴线速度变化曲线

从图 4.24 中可以看出，圆形分选管道内的平均速度由大到小依次为，入料口为 22 m/s、20 m/s、18 m/s；方圆形分选管道内的平均速度由大到小依次为，入料口为 20 m/s、22 m/s、18 m/s。并且可以看出，在圆形分选腔气力输送管道内，当吹风口速度一致为 16 m/s 时，随着入料口速度的不断增加，平均速度也不断增大；但是对方形却不适用。通过观察圆形输送管道中轴线速度折线图可以看出，这 3 条速度折线图在同样的折点后具有相同的趋势，都是先急剧增大，在 0.6 m 位置处达到最大速度，然后速度又逐渐降低。出现 3 条折线形状类似的原因是在流场中，因为收缩口截面变化较大导致速度增加，速度分布在靠近管道入口处速度较大，出口处速度较小。通过观察方形输送管道中轴线速度折线图可以看出，当入料口速度为 22 m/s 和 18 m/s 时，这两种情况的速度折线图都是在开始时速度呈现不断下降的趋势，都在 0.75 m 位置处下降的趋势缓慢下来。当入料口速度为 22 m/s 时，在 1.2 m 位置后呈现缓慢上升趋势；当入料口速度为 18 m/s 时，在 1.8 m 位置后呈现缓慢上升趋势，并且可以看出这两条折线图的平均速度相差不大。当入料口速度为 20 m/s 时，速度先呈小幅度地上升，在 0.6 m 位置处达到最大速度，然后缓慢下降，并且该折线的平均速度明显大于前面两条折线。出现在入料口速度为 20 m/s 的折线图与其他两个折线图不一样的原因是，对于吹风口在 16 m/s 的情况下，流场图中中轴线所在的中间区域速度较小，但是因为在不同速度组合下，中间区域所在的位置并不是完全对正的，在入料口速度为 20 m/s 时，中轴线穿过速度较大的区域，速度损耗与该速度进行一定的作用，造成最终速度趋于平稳；在入料口速度为 18 m/s 和 22 m/s 时，因为中轴线位置一直在低速区域之内，造成速度下降剧烈，后因为流场变化才慢慢上升。

4.2.2.2 中轴线平均速度统计及分布规律

1. 分选腔中轴线平均速度及分布规律

方形分选腔和圆形分选腔中轴线上平均速度统计数据，具体见表 4.6。

表 4.6　方形分选腔和圆形分选腔中轴线上平均速度　　单位：m·s⁻¹

入料口速度		吹风口风速				
		8	10	12	14	16
18	方形	3.926 49	4.747 664	4.842 761	5.785 914	5.860 376
	圆形	4.588 879	7.018 815	7.586 531	10.367 14	11.365 17
20	方形	4.305 069	3.632 938	5.342 949	5.372 079	5.905 594
	圆形	4.424 515	6.159 661	8.393 209	9.464 828	12.110 66
22	方形	5.058 311	4.282 535	5.451 908	5.262 538	5.980 79
	圆形	4.461 966	5.639 204	8.898 611	9.904 863	11.800 71

从表 4.6 中可以看出，圆形分选腔中轴线上平均速度总是高于方形分选腔中轴线上平均速度，主要是因为圆形分选腔的收缩比较大，收缩比定义为开始收缩处的截面积与结束收缩处的截面积之比，经计算，圆形分选腔的收缩比为 9.083，方形分选腔的收缩比为 2.273，圆形分选腔的收缩比远大于方形分选腔的收缩比，收缩比大，压强差较大，气流加速快，所以圆形分选腔中轴线上平均速度总是高于方形分选腔中轴线上的平均速度。

进而，得到了方形分选腔和圆形分选腔中轴线上平均速度分布规律：吹风口风速是决定分选腔内流场特征的主要因素，入料口风速大小对分选腔中轴线上的速度变化影响较小；由于圆形分选腔和方形分选腔的结构不同，速度变化规律也不同，两者速度较高点和速度较低点出现的位置不同；在入料口速度和吹风口速度相互作用下，在流场中会形成的涡流，涡流中心速度为零，而向外延伸的速度逐渐增大，所以中轴线经过涡流中心时速度折线图上出现速度波谷，经过涡流边缘时速度折线图上出现速度波峰；收缩比较大时，压强差较大，导致气流加速快，因为圆形分选腔收缩比大于方形分选腔的收缩比，所以圆形分选腔中轴线上平均速度总是高于方形分选腔中轴线上的平均速度。

2. 水平气力输送管道中轴线平均速度及分布规律

方形气力输送管道和圆形气力输送管道中轴线上平均速度统计数据，具体见表 4.7。

表 4.7　方形分选装置和圆形分选装置在输送管道的中轴线平均速度　　单位：m·s⁻¹

入料口风速		吹风口风速				
		8	10	12	14	16
18	方形	21.830 000	24.770 000	29.289 165	34.342 574	34.984 430
	圆形	25.800 000	29.220 000	35.037 740	38.655 605	42.655 269
20	方形	25.603 792	27.700 000	28.453 497	36.308 071	40.357 756
	圆形	25.800 000	31.470 000	32.803 966	40.408 189	43.900 763
22	方形	26.675 785	27.520 000	29.545 782	32.285 384	35.671 383
	圆形	27.120 000	31.370 000	36.029 814	38.997 222	45.364 608

从表 4.7 中可以看出，在相同条件下，圆形输送管道中轴线上平均速度总是高于方形输送管道中轴线上平均速度，主要是因为圆形分选装置的收缩比较大，这与上面分选腔中轴线的平均速

度规律保持一致。

进而，得到了方形分选装置和圆形分选装置在输送管道的中轴线上的平均速度分布规律：① 吹风口风速是决定水平气力输送管道流场特征的主要因素，入料口风速大小对分选腔中轴线上的速度变化影响较小；当入料口速度保持一致时，无论是圆形的输送管道还是方形的，流场速度都随吹风口速度的增加而依次递增。② 由于圆形分选装置和方形分选装置的结构不同，速度变化规律也不同；对于圆形分选装置的气力输送管道，所有折线都在相同的位置达到速度最高点；对于方形分选装置的气力输送管道，大部分折线形状为凹形，小部分在不同的速度配合下与圆形折线形状相似。③ 收缩比较大时，压强差较大，导致气流加速快，因为圆形分选装置收缩比大于方形分选装置的收缩比，所以圆形气力输送管道中轴线上平均速度总是高于方形气力输送管道中轴线上的平均速度。

4.3　风选过程中烟丝和梗签运动轨迹特征

4.3.1　纯烟丝运动轨迹

4.3.1.1　圆形风选设备分选腔内烟丝运动轨迹

1. 吹风口速度为 8 m/s 的情况

在吹风口速度为 8 m/s 的情况下，得到不同入料口速度和入料流量条件下纯烟丝在圆形分选腔内的运动轨迹，如图 4.25 所示。其中，■为烟丝。

从图 4.25 中可以看出，烟丝颗粒从入料口进入分选装置后，因为两股风速碰撞，以向上的倾斜角度到腔内右侧，又因为腔内吹风口位置以上存在小旋涡，一部分颗粒顺着向上的气流从壁面右侧进入水平气力输送管道，一部分颗粒顺着旋涡的旋转方向绕行到腔内左侧壁面直到进入管道。这是吹风口速度为 8 m/s 时，都存在的颗粒轨迹特征。不同的是，因为入料口速度大小不同，腔内靠近壁面左右两侧的轨迹有粗有细。从图 4.25 图（b）和（c）中可以看出，当入料口速度为 18 m/s 时，靠近右侧壁面的轨迹比较多；从图 4.25（a）中可以看出，当入料口速度为 20 m/s 时，靠近左侧壁面的轨迹比较多；与上面两个入料口速度不同的是，当入料口速度为 22 m/s（最大）时，因为风速过大，在吹风口位置以下靠近右侧壁面有烟丝轨迹流入梗签出口的现象。

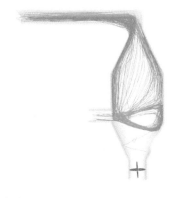

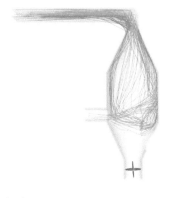

（a）$v_{入料口}$=20 m/s，F=270 kg/h　　　　　　（b）$v_{入料口}$=18m/s，F=90 kg/h

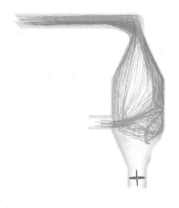

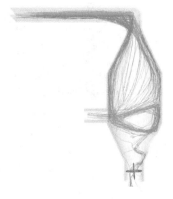

（c）$v_{入料口}$=18 m/s，F=450 kg/h   （d）$v_{入料口}$=22 m/s，F=270 kg/h

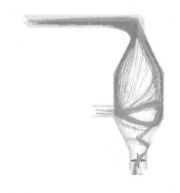

（e）$v_{入料口}$=22 m/s，F=720 kg/h

图 4.25　吹风口速度为 8 m/s 条件下圆形分选腔内烟丝的运动轨迹

2. 吹风口速度为 10 m/s 的情况

在吹风口速度为 10 m/s 的情况下，得到不同入料口速度和入料流量条件下纯烟丝在圆形分选腔内的运动轨迹，如图 4.26 所示。其中，■为烟丝。

从图 4.26 中可以看出，烟丝颗粒从入料口进入分选设备后，因为两股风速碰撞，以向上的倾斜角度到腔内右侧，又因为腔内入料口位置以上靠近左侧壁面存在大旋涡，大部分颗粒顺着向上的气流从壁面右侧进入水平气力输送管道。这是吹风口速度为 10 m/s 时，都存在的颗粒轨迹特征。不同的是，当入料口速度为 22 m/s（最大）时，因为风速过大，出现了烟丝落入梗签出口的轨迹。

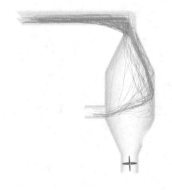

（a）$v_{入料口}$=18 m/s，F=270 kg/h   （b）$v_{入料口}$=18 m/s，F=450 kg/h

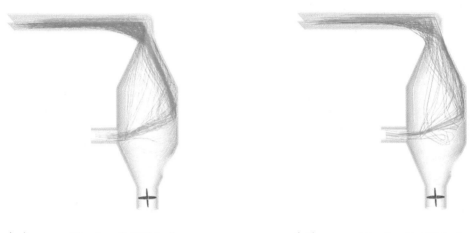

（c）$v_{入料口}$=18 m/s，F=720 kg/h　　　　　（d）$v_{入料口}$=20 m/s，F=270 kg/h

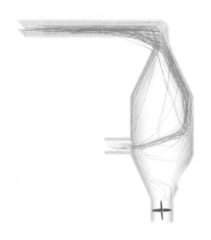

（e）$v_{入料口}$=22 m/s，F=90 kg/h

图 4.26　吹风口速度为 10 m/s 条件下圆形分选腔内烟丝的运动轨迹

3. 吹风口速度为 12 m/s 的情况

在吹风口速度为 12 m/s 的情况下，得到不同入料口速度和入料流量条件下纯烟丝在圆形分选腔内的运动轨迹，如图 4.27 所示。其中，■为烟丝。

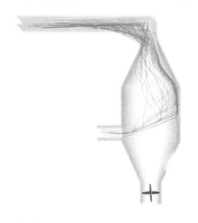

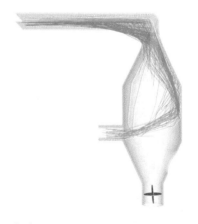

（a）$v_{入料口}$=18 m/s，F=90 kg/h　　　　　（b）$v_{入料口}$=22 m/s，F=450 kg/h

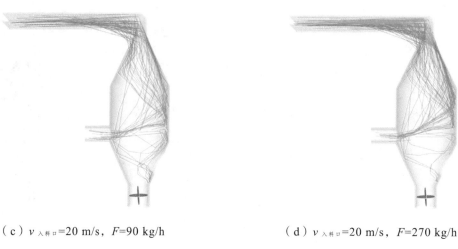

（c）$v_{入料口}$=20 m/s，F=90 kg/h　　　　　　（d）$v_{入料口}$=20 m/s，F=270 kg/h

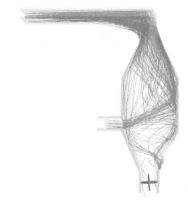

（e）$v_{入料口}$=20 m/s，F=720 kg/h

图 4.27　吹风口速度为 12 m/s 条件下圆形分选腔内烟丝的运动轨迹

从图 4.27 中可以看出，烟丝颗粒以向上的倾斜角度从入料口进入分选装置，大部分颗粒顺着向上的气流从壁面右侧进入水平气力输送管道。这是吹风口速度为 12 m/s 时，都存在的颗粒轨迹特征。不同的是，因为入料口速度大小不同，腔内右侧的烟丝轨迹范围有广有窄。从图 4.27（a）中可以看出，当入料口速度为 18 m/s 时，烟丝轨迹在腔内右侧分布范围就比较窄；从图 4.27（b）、（c）、（d）和（e）中可以看出，当入料口速度为 20 m/s、22 m/s 时，烟丝的轨迹分布范围比较广，图 4.27（e）甚至有轨迹在腔内左侧的圆桶内。从图 4.27（b）中可以看出，在入料口速度为 22 m/s 时，在较大吹风口风速 12 m/s 的情况下，有少许烟丝颗粒刚刚进入分选腔内，就已经被风送入水平输送管道内；而图 4.27（c）、（d）和（e）中除了上述两种轨迹情况以外，还出现颗粒行经路线最长的一种。因为质量有别，部分颗粒以向上的较小倾斜角度从入料口进入分选装置，碰撞到腔内右侧壁面，先顺着向下的气流在将要落到梗签出口的位置处，在内部流场的作用下被吹送到左侧壁面。这里面的烟丝有少许在此过程中因为风速较小掉落，有一些沿着偏左侧被带出腔外，剩下的颗粒又再一次以倾斜角度从左侧输送到右侧壁面附近，最终被带离腔内进入水平管道。

4. 吹风口速度为 14 m/s 的情况

在吹风口速度为 14 m/s 的情况下，得到不同入料口速度和入料流量条件下纯烟丝在圆形分选腔内的运动轨迹如，图 4.28 所示。其中，■为烟丝。

从图 4.28 中可以看出，烟丝颗粒以向上的倾斜角度从入料口进入分选装置，大部分颗粒顺着向上的气流从壁面右侧进入水平气力输送管道，有少许烟丝颗粒刚刚进入分选腔内，就已经贴着左侧壁面被风送入水平输送管道内，并且几乎所有烟丝轨迹都分布在入料口水平位置以上分选腔右半部分和中间位置处，右侧更多。

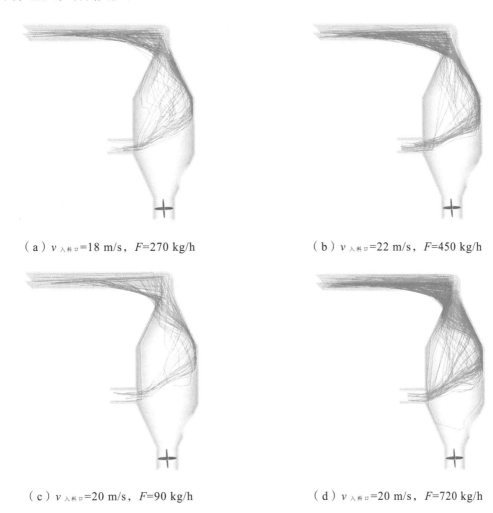

（a）$v_{入料口}$=18 m/s，F=270 kg/h　　　　　　　（b）$v_{入料口}$=22 m/s，F=450 kg/h

（c）$v_{入料口}$=20 m/s，F=90 kg/h　　　　　　　（d）$v_{入料口}$=20 m/s，F=720 kg/h

图 4.28　吹风口速度为 14 m/s 条件下圆形分选腔内烟丝的运动轨迹

5. 吹风口速度为 16 m/s 的情况

在吹风口速度为 16 m/s 的情况下，得到不同入料口速度和入料流量条件下纯烟丝在圆形分选腔内的运动轨迹，如图 4.29 所示。其中，■为烟丝。

从图 4.29 中可以看出，烟丝颗粒以向上的倾斜角度从入料口进入分选装置，并且倾斜角度比吹风口速度为 14 m/s 的更大，大部分颗粒顺着向上的气流从壁面右侧进入水平气力输送管道，也有部分颗粒未接触到右侧壁面就被气流带出进入管道，所示图中全部烟丝颗粒轨迹分布都在入料口水平位置以上的区域。

综上，得到了纯烟丝在圆形分选设备分选腔内运动轨迹规律：① 在吹风口速度为 8 m/s 时，烟丝颗粒以向上的倾斜角度到腔内右侧，一部分颗粒顺着向上的气流从壁面右侧进入水平气力输送管道，一部分颗粒顺着旋涡的旋转方向绕行到腔内左侧壁面直到进入管道。② 在吹风口速度由 10 m/s 逐渐递增到 16 m/s 时，烟丝轨迹分布逐渐从右侧壁面扩展到左侧壁面，在靠近梗签出口的区域，烟丝轨迹数量逐渐减少。③ 因为两种风速的不断组合，在吹风口速度比较大的 14 m/s 和 16 m/s 时，烟丝颗粒轨迹路径比较短，由此得出在分选装置内停留的时间也较短；在吹风口速度比较小的 8 m/s 以及吹风口速度为 12 m/s 且入料口速度为 20 m/s 时，少部分烟丝轨迹路径较长，在分选装置内停留时间也较长。

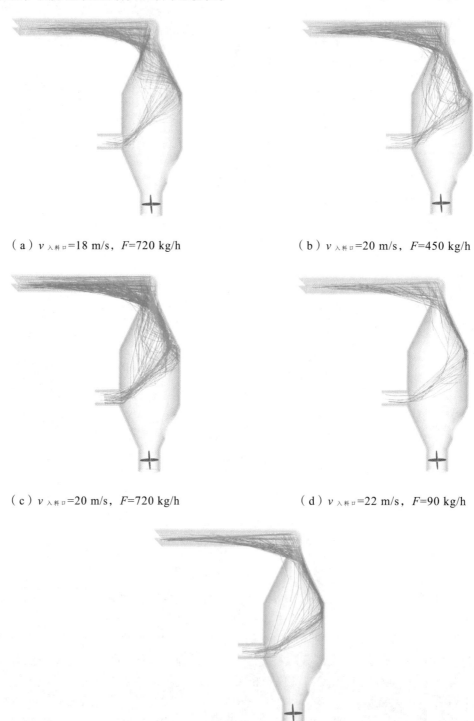

（a）$v_{入料口}$=18 m/s，F=720 kg/h　　　（b）$v_{入料口}$=20 m/s，F=450 kg/h

（c）$v_{入料口}$=20 m/s，F=720 kg/h　　　（d）$v_{入料口}$=22 m/s，F=90 kg/h

（e）$v_{入料口}$=22m/s，F=270 kg/h

图 4.29　吹风口速度为 16 m/s 条件下圆形分选腔内烟丝的运动轨迹

4.3.1.2　方形风选设备分选腔内烟丝运动轨迹

1. 吹风口速度为 8 m/s 的情况

在吹风口速度为 8 m/s 的情况下，得到不同入料口速度和入料流量条件下纯烟丝在方形分选腔内的运动轨迹，如图 4.30 所示。其中，■ 为烟丝。

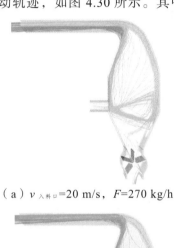

（a）$v_{入料口}$=20 m/s，F=270 kg/h

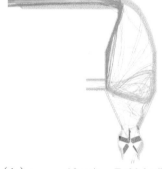

（b）$v_{入料口}$=18 m/s，F=90 kg/h

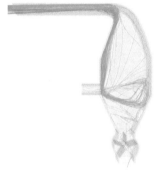

（c）$v_{入料口}$=18 m/s，F=450 kg/h

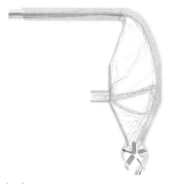

（d）$v_{入料口}$=22 m/s，F=270 kg/h

（e）$v_{入料口}$=22 m/s，F=720 kg/h

图 4.30　吹风口速度为 8 m/s 条件下方形分选腔内烟丝的运动轨迹

从图 4.30 中可以看出，烟丝颗粒从入料口进入分选装置，因为两股风速碰撞，以向上的倾斜角度到腔内右侧，又因为腔内吹风口位置以上存在小旋涡，大部分颗粒顺着旋涡的顺时针旋转方向绕行到腔内左侧壁，最后顺着向上的气流从壁面左侧进入水平气力输送管道，也有少数颗粒没经过绕行，直接从腔内左侧被吹到管道内，如图 4.30（a）、（b）和（c）所示；当入料口速度逐渐增大为 22 m/s 时，如图 4.30（d）和（e）所示，腔内左侧壁面的轨迹分布越来越明显，说明以前从左侧上升的颗粒逐渐开始从右侧上升。以上图片都有显示颗粒在绕行过程中出掉落到梗签出口的现象，并且当入料速度变大时，烟丝掉落的轨迹数量也越多。与圆形分选腔相比，烟丝的运动轨迹基本类似，并且都是随着入料口速度的增加，烟丝轨迹出现在梗签出口的数量也增多。

2. 吹风口速度为 10 m/s 的情况

在吹风口速度为 10 m/s 的情况下，得到不同入料口速度和入料流量条件下纯烟丝在方形分选腔内的运动轨迹，如图 4.31 所示。其中，■为烟丝。

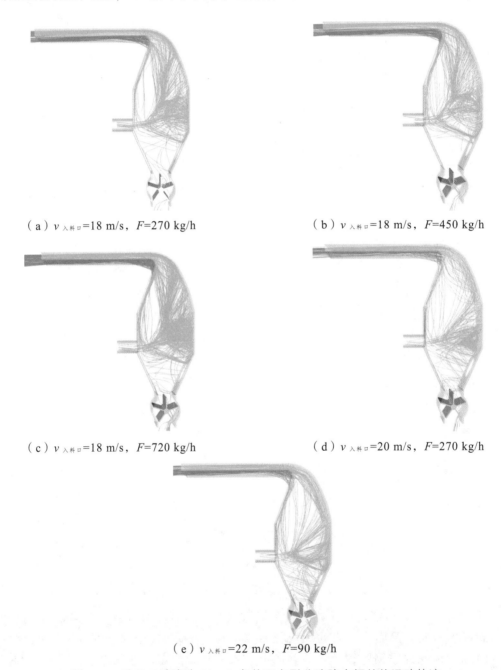

（a）$v_{入料口}$=18 m/s，F=270 kg/h   （b）$v_{入料口}$=18 m/s，F=450 kg/h

（c）$v_{入料口}$=18 m/s，F=720 kg/h   （d）$v_{入料口}$=20 m/s，F=270 kg/h

（e）$v_{入料口}$=22 m/s，F=90 kg/h

图 4.31　吹风口速度为 10 m/s 条件下方形分选腔内烟丝的运动轨迹

从图 4.31 中可以看出，烟丝颗粒从入料口以向上的倾斜角度到腔内右侧进入分选装置，一部分颗粒顺着旋涡的顺时针旋转方向环绕旋涡一周到腔内右侧壁，最后顺着向上的气流从壁面右侧进入水平气力输送管道；也有大部分颗粒未经过绕行，直接以向上的倾斜角度从腔内右侧被吹到管道内；还有少数烟丝绕行后被吹送到腔内左侧，最终贴着壁面上升。从图 4.31（a）、（c）、（d）和（e）中可以看出，烟丝轨迹出现在梗签出口，推断颗粒在绕行过程中出现烟丝掉落。对比圆形分选腔，在方形分选腔中烟丝轨迹路径更长，轨迹类型更多，圆形更为简单和统一，大部分都是入料口进入，以向上的倾斜角度到腔内右侧，顺着向上的气流从壁面右侧进入水平气力输送管道。烟丝轨迹的主要分布区域是相似的，都在吹风口位置以上腔内右侧区域，但方形范围更大，中间区域分布也较多。

3. 吹风口速度为 12 m/s 的情况

在吹风口速度为 12 m/s 的情况下，得到不同入料口速度和入料流量条件下纯烟丝在方形分选腔内的运动轨迹，如图 4.32 所示。其中，■ 为烟丝。

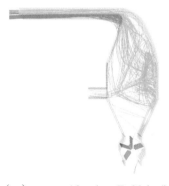

（a）$v_{入料口}$=18 m/s，F=90 kg/h

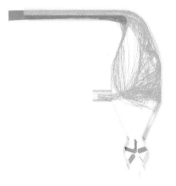

（b）$v_{入料口}$=22 m/s，F=450 kg/h

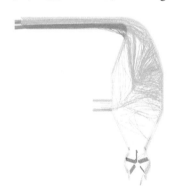

（c）$v_{入料口}$=20 m/s，F=90 kg/h

（d）$v_{入料口}$=20 m/s，F=270 kg/h

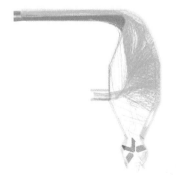

（e）$v_{入料口}$=20 m/s，F=720 kg/h

图 4.32　吹风口速度为 12 m/s 条件下方形分选腔内烟丝的运动轨迹

从图 4.32 中可以看出，吹风口速度为 12 m/s 的情况与吹风口速度为 8 m/s 的情况相似，不同的是烟丝在环绕时，旋涡明显变小了，轨迹路线也变短了。烟丝颗粒从入料口以向上的倾斜角度到腔内右侧进入分选装置，少部分颗粒顺着旋涡的顺时针旋转到腔内右侧壁，最后顺着向上的气流从壁面右侧进入水平气力输送管道；更多的颗粒未经过绕行，直接以向上的倾斜角度从腔内右侧被吹到管道内；还有少数烟丝从腔内左侧贴着壁面上升。在入料口速度为 18 m/s 和 22 m/s 时，如图 4.32（a）和（b）所示，出现在左侧壁面的轨迹较多；当入料口速度为 20 m/s 时，如图 4.32（c）、（d）和（e）所示，出现在左侧壁面的轨迹较少，并且可以看出，有烟丝轨迹出现在梗签出口，推断在颗粒在绕行过程中有烟丝掉落。对比圆形分选腔，在方形分选腔中少部分烟丝路径更长是因为存在绕行。相同的是圆形和方形分选腔，大部分烟丝轨迹都是以向上的倾斜角度到腔内右侧，顺着向上的气流从壁面右侧进入水平气力输送管道，并且烟丝轨迹的主要分布区域是相似的，都在吹风口位置以上腔内右侧和中间区域。入料口速度为 20 m/s 时，都有烟丝轨迹出现在梗签出口。

4. 吹风口速度为 14 m/s 的情况

在吹风口速度为 14 m/s 的情况下，得到不同入料口速度和入料流量条件下纯烟丝在方形分选腔内的运动轨迹，如图 4.33 所示。其中，■为烟丝。

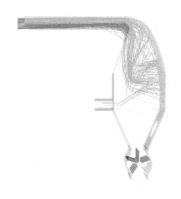

（a）$v_{入料口}$=18 m/s，F=270 kg/h

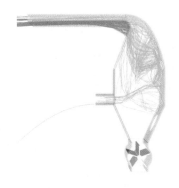

（b）$v_{入料口}$=22 m/s，F=450 kg/h

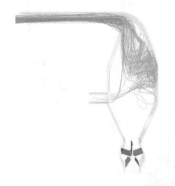

（c）$v_{入料口}$=20 m/s，F=90 kg/h

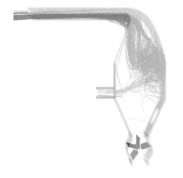

（d）$v_{入料口}$=20 m/s，F=720 kg/h

图 4.33　吹风口速度为 14 m/s 条件下方形分选腔内烟丝的运动轨迹

从图 4.33 中可以看出，烟丝颗粒以向上的倾斜角度从入料口进入分选装置，大部分颗粒顺着向上的气流从壁面右侧进入水平气力输送管道，并且在上升过程中做无规则运动；有少许烟丝颗粒刚刚进入分选腔，就已经贴着左侧壁面被风送入水平输送管道内，如图 4.33（c）和（d）所示，并且几乎所有烟丝轨迹都分布在入料口水平位置以上分选腔右半部分和中间位置处。烟丝轨迹路线与分布情况与圆形分选腔一致，并且都是在该吹风口速度下，几乎无轨迹出现在梗签出口。

5. 吹风口速度为 16 m/s 的情况

在吹风口速度为 16 m/s 的情况下，得到不同入料口速度和入料流量条件下纯烟丝在方形分选腔内的运动轨迹，如图 4.34 所示。其中，▇为烟丝。

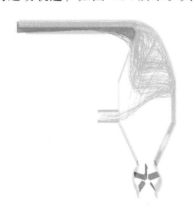

（a）$v_{入料口}$=18 m/s，F=720 kg/h

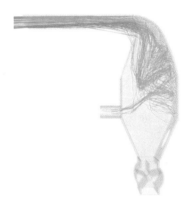

（b）$v_{入料口}$=20 m/s，F=450 kg/h

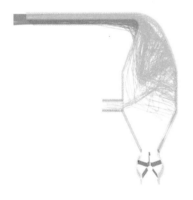

（c）$v_{入料口}$=20 m/s，F=720 kg/h

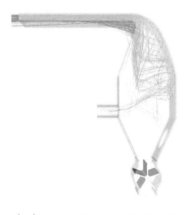

（d）$v_{入料口}$=22 m/s，F=90 kg/h

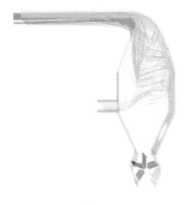

（e）$v_{入料口}$=22 m/s，F=270 kg/h

图 4.34　吹风口速度为 16 m/s 条件下方形分选腔内烟丝的运动轨迹

从图 4.34 中可以看出，烟丝颗粒以向上的倾斜角度从入料口进入分选装置，基本所有颗粒都顺着向上的气流从腔内右侧以及中间区域进入水平气力输送管道，且在上升过程中做无规则运动。几乎所有烟丝轨迹都分布在入料口水平位置以上分选腔右半部分和中间位置处。烟丝轨迹路线与分布情况与圆形分选腔基本一致，且都是在该吹风口速度下几乎无轨迹出现在梗签出口，区别在于当入料口速度为 22 m/s 时，圆形分选腔内轨迹主要分布在右侧。

综上，得到了纯烟丝在方形风选设备分选腔中的运动轨迹规律：① 在吹风口速度为 8 ~ 12 m/s 时，部分烟丝从入料口以向上的倾斜角，顺着旋涡的顺时针旋转方向环绕旋涡到腔内右侧壁，最后顺着向上的气流从壁面右侧进入水平气力输送管道。② 在吹风口速度为 14 ~ 16 m/s 时，几乎无烟丝轨迹出现在梗签出口，并且几乎所有烟丝轨迹都分布在入料口水平位置以上分选腔右半部分和中间位置处。③ 在吹风口速度为 10 ~ 16 m/s 时，烟丝轨迹都主要分布在靠近前、后壁面的区域内。

4.3.2 纯梗签运动轨迹

4.3.2.1 圆形风选设备分选腔内纯梗签运动轨迹

1. 吹风口速度为 8 m/s 的情况

在吹风口速度为 8 m/s 的情况下，得到不同入料口速度和入料流量条件下纯梗签在圆形分选腔内的运动轨迹，如图 4.35 所示。其中，■为梗签。

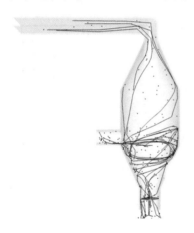
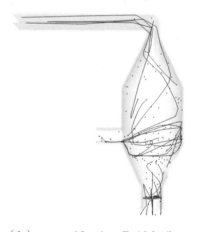

（a）$v_{入料口}$=20 m/s，F=30 kg/h　　　　（b）$v_{入料口}$=18 m/s，F=10 kg/h

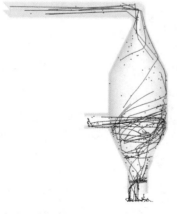
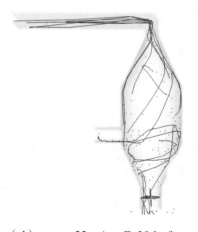

（c）$v_{入料口}$=18 m/s，F=50 kg/h　　　　（d）$v_{入料口}$=22 m/s，F=30 kg/h

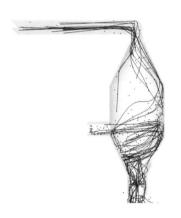

（e）$v_{入料口}$=22 m/s，F=80 kg/h

图 4.35　吹风口速度为 8 m/s 条件下圆形分选腔内梗签的运动轨迹

　　从图 4.35 中可以看出，梗签颗粒从入料口进入分选装置，因为两股风速碰撞，以向上或平行的倾斜角度到腔内右侧，又因为腔内吹风口位置以上存在小旋涡，倾斜角度较大的一部分颗粒顺着向上的气流从壁面右侧进入水平气力输送管道，倾斜不明显的颗粒则会顺着旋涡的旋转方向绕行，部分梗签受到气流的影响较大，结束 360°周期的绕行后被送至腔内左侧壁面直到进入管道。但通过上面 5 张图片可以看出，因为梗签在绕小旋涡旋转时，受到风速或自身质量的作用，剩下颗粒在接近梗签出口时，在壁面左侧和右侧有掉落下的轨迹表现。

2. 吹风口速度为 10 m/s 的情况

　　在吹风口速度为 10 m/s 的情况下，得到不同入料口速度和入料流量条件下纯梗签在圆形分选腔内的运动轨迹，如图 4.36 所示。其中，■为梗签。

　　从图 4.36 中可以看出，梗签颗粒从入料口进入分选装置，以向上或平行的倾斜角度到腔内右侧，倾斜角度较大的部分颗粒顺着向上的气流从壁面右侧上升，如图 4.36（a）、（b）和（c）所示，在上升途中有螺旋的轨迹，也有直线上升的，如图 4.36（d）和（e）所示，最后进入水平气力输送管道；倾斜不明显的颗粒则会在吹风口以上靠近右侧壁面的位置处做旋转或者悬浮错乱的轨迹运动，部分梗签受到气流的影响较大，结束 360°周期的绕行后被送至腔内左侧壁面直到进入管道。但在入料口速度为 18 m/s 和 22 m/s 时，如图 4.36（a）、（b）、（c）和（e）所示，在接近梗签出口的右侧壁面，有梗签落下；在入料速度为 20 m/s 的情况下，掉落的梗签大多从接近梗签出口的左侧壁面落下。

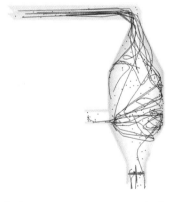

（a）$v_{入料口}$=18 m/s，F=30 kg/h

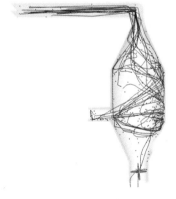

（b）$v_{入料口}$=18 m/s，F=50 kg/h

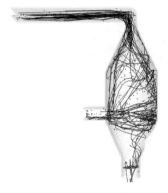 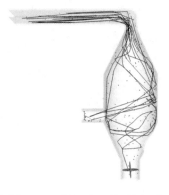

（c）$v_{入料口}$=18 m/s，F=80 kg/h　　　　　　（d）$v_{入料口}$=20 m/s，F=30 kg/h

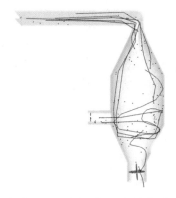

（e）$v_{入料口}$=22 m/s，F=10 kg/h

图 4.36　吹风口速度为 10 m/s 条件下圆形分选腔内梗签的运动轨迹

3. 吹风口速度为 12 m/s 的情况

在吹风口速度为 12 m/s 的情况下，得到不同入料口速度和入料流量条件下纯梗签在圆形分选腔内的运动轨迹，如图 4.37 所示。其中，■为梗签。

从图 4.37 中可以看出，梗签颗粒轨迹主要分布在吹风口位置以上的区域，这与吹风速度较大有关。从图 4.37（a）和（b）中可以看出，大部分梗签被吹至入料口位置以上的区域，并且在该区域内做旋转、沉降又上升的不规则运动，最终被吹入水平气力输送管道。从图 4.37（c）、（d）和（e）中可以看出，在入料口速度为 20 m/s 时，梗签的运动范围更加广泛，在腔内做不规则悬浮运动后，如图 4.37（d）和（e）中的梗签运动轨迹所示，有梗签从接近梗签出口的右侧壁面落下。

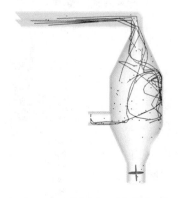 

（a）$v_{入料口}$=18 m/s，F=10 kg/h　　　　　　（b）$v_{入料口}$=22 m/s，F=50 kg/h

（c）$v_{入料口}$=20 m/s，F=10 kg/h

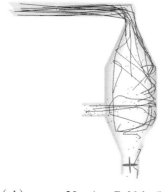

（d）$v_{入料口}$=20 m/s，F=30 kg/h

（e）$v_{入料口}$=20 m/s，F=80 kg/h

图 4.37 吹风口速度为 12 m/s 条件下圆形分选腔内梗签的运动轨迹

4. 吹风口速度为 14 m/s 的情况

在吹风口速度为 14 m/s 的情况下，得到不同入料口速度和入料流量条件下纯梗签在圆形分选腔内的运动轨迹，如图 4.38 所示。其中，■为梗签。

从图 4.38 中可以看出，梗签颗粒在吹风口速度为 14 m/s 的情况下，轨迹大部分是从入料口出来，以向上或平行的倾斜角度到腔内，倾斜角度较大的部分颗粒顺着向上的气流靠右方向上升至水平管道，大多则是贴着右侧壁面上升；在入料口速度最大的 22 m/s 时，如图 4.38（b）所示，梗签颗粒先在入料口风影响下被吹送至右侧，随着较大的竖直向下的入料分风影响，最终沿着右侧壁面掉落至梗签出口；结合图 4.38（a）、（d）的梗签运动轨迹可以看出，部分梗签出现在吹风口位置以左的区域并进行了上升下降以及环绕等运动后，最终斜向左或者斜向右上升。

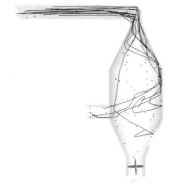

（a）$v_{入料口}$=18 m/s，F=30 kg/h

（b）$v_{入料口}$=22 m/s，F=50 kg/h

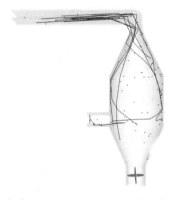

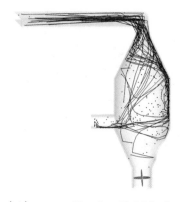

（c）$v_{入料口}$=20 m/s，F=10 kg/h　　　　　　（d）$v_{入料口}$=20 m/s，F=80 kg/h

图 4.38　吹风口速度为 14 m/s 条件下圆形分选腔内梗签的运动轨迹

5. 吹风口速度为 16 m/s 的情况

在吹风口速度为 16 m/s 的情况下，得到不同入料口速度和入料流量条件下纯梗签在圆形分选腔内的运动轨迹，如图 4.39 所示。其中，■为梗签。

从图 4.39 中可以看出，梗签颗粒在吹风口速度为 16 m/s 的情况下，大部分是从入料口出来，以向上的倾斜角度到腔内，顺着向上的气流从腔内左侧壁面如图 4.39（a）和（c）所示上升至水平管道内，或者中间的腔内，如图 4.39（a）、（b）和（c）所示，以及右侧壁面，特别是图 4.39（d）和（e）；部分梗签轨迹在吹风口左侧为环状然后上升，最终被吹入管道，并且轨迹大都分布在吹风口位置以上的区域。

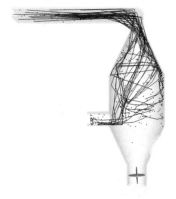

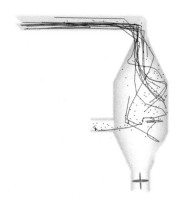

（a）$v_{入料口}$=18 m/s，F=80 kg/h　　　　　　（b）$v_{入料口}$=20 m/s，F=50 kg/h

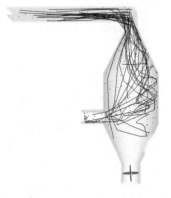

（c）$v_{入料口}$=20m/s，F=80 kg/h　　　　　　（d）$v_{入料口}$=22m/s，F=10 kg/h

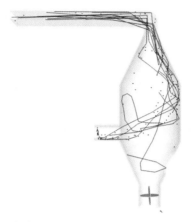

（e）$v_{\text{入料口}}$=22 m/s，F=30 kg/h

图 4.39　吹风口速度为 16 m/s 条件下圆形分选腔内梗签的运动轨迹

综上，得到了纯梗签在圆形风选设备分选腔中的运动轨迹规律：① 梗签颗粒在水平气力输送管道内总体运动趋势都是从右向左，并且基本形状都是一条直线。② 梗签颗粒在水平气力输送管道内的轨迹显示，大部分梗签颗粒轨迹之间或多或少都存在交叉情况，只有少部分没有。③ 梗签颗粒在分选腔内的运动轨迹中，大部分是从入料口以向上的倾斜角度到腔内，颗粒顺着向上的气流靠右方向上升至水平管道。

4.3.2.2　方形风选设备分选腔内纯梗签运动轨迹

1. 吹风口速度为 8 m/s 的情况

在吹风口速度为 8 m/s 的情况下，得到不同入料口速度和入料流量条件下纯梗签在方形分选腔内的运动轨迹，如图 4.40 所示。其中，■为梗签。

从图 4.40 中可以看出，梗签颗粒从入料口进入分选装置，如果以向上或平行的倾斜角度到腔内右侧，则梗签颗粒顺着向上的气流从壁面右侧进入水平气力输送管道；如果以向下的倾斜角度到腔内右侧，则会顺着旋涡的旋转方向从右侧绕行到左侧接近梗签出口的位置，最后落下。如图 4.40（a）所示，少数颗粒在进入分选腔时，就随气流贴着左侧壁面上升，最终进入水平管道。对比圆形分选腔，可以看出在吹风口速度为 8 m/s 的情况下，梗签在腔内的运动轨迹路径是一致的。

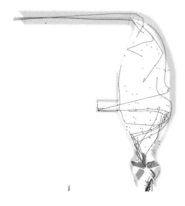

（a）$v_{\text{入料口}}$=20 m/s，F=30 kg/h

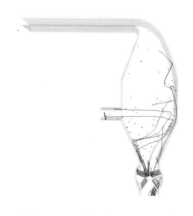

（b）$v_{\text{入料口}}$=18 m/s，F=10 kg/h

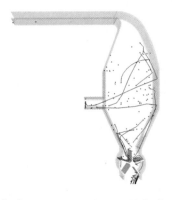

（c）$v_{入料口}$=18 m/s，F=50 kg/h　　　　　　（d）$v_{入料口}$=22 m/s，F=30 kg/h

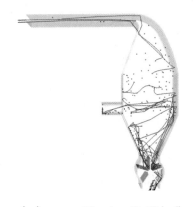

（e）$v_{入料口}$=22 m/s，F=80 kg/h

图 4.40　吹风口速度为 8 m/s 条件下方形分选腔内梗签的运动轨迹

2. 吹风口速度为 10 m/s 的情况

在吹风口速度为 10 m/s 的情况下，得到不同入料口速度和入料流量条件下纯梗签在方形分选腔内的运动轨迹，如图 4.41 所示。其中，■为梗签。

从图 4.41 中可以看出，梗签颗粒从入料口进入分选装置，以向上或平行的倾斜角度到腔内右侧后，基本都会顺着旋涡的旋转方向从右侧在接近梗签出口的位置落下；也存在少数颗粒进入分选腔时，就随气流贴着左侧壁面上升，最终进入水平管道。而圆形分选腔内的梗签轨迹则更多的是以向上或平行的倾斜角度到腔内右侧后，被气流直接吹入管道内，即使有部分梗签旋转绕行，也只有少数颗粒落下。

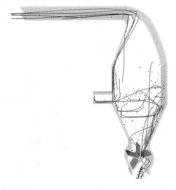

（a）$v_{入料口}$=18 m/s，F=30 kg/h　　　　　　（b）$v_{入料口}$=18 m/s，F=50 kg/h

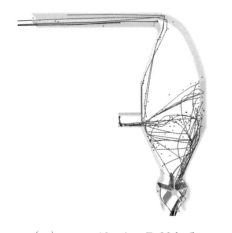
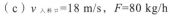
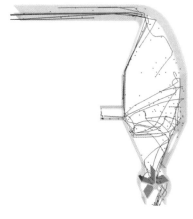

（c）$v_{入料口}$=18 m/s，F=80 kg/h　　　　　　（d）$v_{入料口}$=20 m/s，F=30 kg/h

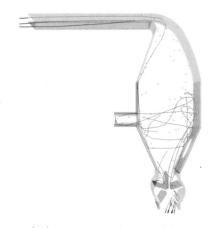

（e）$v_{入料口}$=22 m/s，F=10 kg/h

图 4.41　吹风口速度为 10 m/s 条件下方形分选腔内梗签的运动轨迹

3. 吹风口速度为 12 m/s 的情况

在吹风口速度为 12 m/s 的情况下，得到不同入料口速度和入料流量条件下纯梗签在方形分选腔内的运动轨迹，如图 4.42 所示。其中，■为梗签。

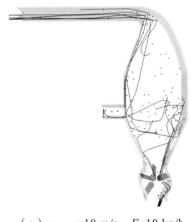
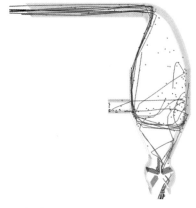

（a）$v_{入料口}$=18 m/s，F=10 kg/h　　　　　　（b）$v_{入料口}$=22 m/s，F=50 kg/h

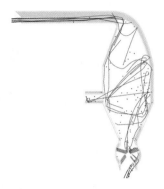 

（c）$v_{入料口}$=20 m/s，F=10 kg/h　　　　　（d）$v_{入料口}$=20 m/s，F=30 kg/h

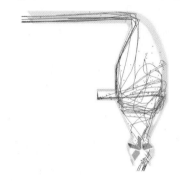

（e）$v_{入料口}$=20 m/s，F=80 kg/h

图 4.42　吹风口速度为 12 m/s 条件下方形分选腔内梗签的运动轨迹

从图 4.42 中可以看出，梗签颗粒从入料口进入分选装置，以向上或平行的倾斜角度到腔内右侧后，基本都会顺着旋涡的旋转方向从右侧在接近梗签出口的位置落下，如图 4.42（c）和（e）所示；也有从两个方向落下的，如图 4.42（a）、（b）和（d）所示；也有梗签颗粒在结束绕行后被气流从左侧壁面送入管道，此轨迹是最长的；也存在部分颗粒进入分选腔时，就随气流贴着左侧壁面上升，最终进入水平管道。而圆形分选腔内的梗签轨迹则更多的是以向上或平行的倾斜角度到腔内右侧并经过一段时间的悬浮不规则运动后被气流吹入管道内，且很少能够看到轨迹出现在梗签出口。

4. 吹风口速度为 14 m/s 的情况

在吹风口速度为 14 m/s 的情况下，得到不同入料口速度和入料流量条件下纯梗签在方形分选腔内的运动轨迹，如图 4.43 所示。其中，■为梗签。

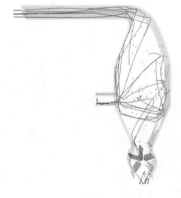 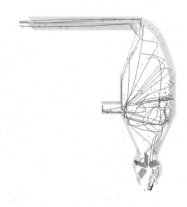

（a）$v_{入料口}$=18 m/s，F=30 kg/h　　　　　（b）$v_{入料口}$=22 m/s，F=50 kg/h

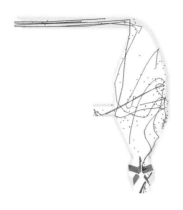

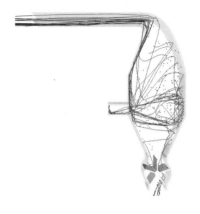

（c）$v_{入料口}$=20 m/s，F=10 kg/h　　　　　　　（d）$v_{入料口}$=20 m/s，F=80 kg/h

图 4.43　吹风口速度为 14 m/s 条件下方形分选腔内梗签的运动轨迹

从图 4.43 中可以看出，梗签颗粒从入料口进入分选装置，以向上或平行的倾斜角度到腔内右侧后，倾斜角度较高的会边上升边做不规则运动最后进入水平管道；倾斜角度较小的部分颗粒则会顺着旋涡的旋转方向从右侧在接近梗签出口的位置落下，大部分梗签颗粒在结束绕行一圈后，被气流从左侧壁面上升输送到管道，此轨迹是最长的；也存在部分颗粒进入分选腔时，就随气流贴着左侧壁面上升，最终进入水平管道。而圆形分选腔内的梗签轨迹则更多的是以向上或平行的倾斜角度到腔内右侧和中间区域并经过一段时间的悬浮不规则运动后被气流吹入管道内，且很少能够看到轨迹出现在梗签出口。

5. 吹风口速度为 16 m/s 的情况

在吹风口速度为 16 m/s 的情况下，得到不同入料口速度和入料流量条件下纯梗签在方形分选腔内的运动轨迹，如图 4.44 所示。其中，■为梗签。

从图 4.44 中可以看出，与吹风口速度为 14 m/s 的情况相似，梗签颗粒从入料口进入分选装置，以向上或平行的倾斜角度到腔内右侧后，倾斜角度较高的会边上升边做不规则运动最后进入水平管道；倾斜角度较小的部分颗粒则会顺着旋涡的旋转方向从右侧在接近梗签出口的位置落下，如图 4.44（c）所示，梗签落下的轨迹更多；大部分梗签颗粒在结束绕行一圈后，被气流从左侧壁面上升输送到管道，此轨迹是最长的；也存在部分颗粒进入分选腔时，就随气流贴着左侧壁面上升，最终进入水平管道。而圆形分选腔内的梗签轨迹则更多的是以向上或平行的倾斜角度到腔内右侧和中间区域并经过一段时间的悬浮不规则运动后就被气流吹入管道内，且几乎没有轨迹出现在梗签出口。

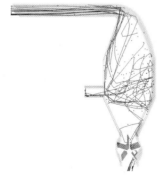
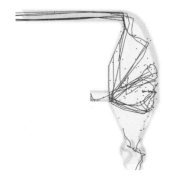

（a）$v_{入料口}$=18 m/s，F=80 kg/h　　　　　　　（b）$v_{入料口}$=20 m/s，F=50 kg/h

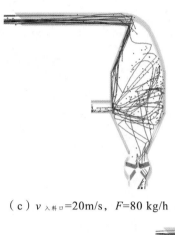 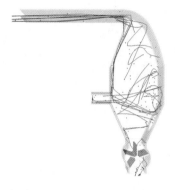

（c）$v_{入料口}$=20m/s，F=80 kg/h   （d）$v_{入料口}$=22 m/s，F=10 kg/h

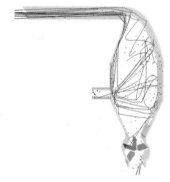

（e）$v_{入料口}$=22 m/s，F=30 kg/h

图 4.44 吹风口速度为 16 m/s 条件下方形分选腔内梗签的运动轨迹

综上，得到了纯梗签在方形风选设备分选腔中的运动轨迹规律：① 在分选腔内，梗签轨迹路径呈现以向上或平行的倾斜角度到腔内右侧，顺着旋涡的顺时针旋转方向在接近梗签出口的位置落下。② 随着吹风口速度的增加，梗签轨迹主要分布区域逐渐从入料口水平位置以上到吹风口位置以上，分布区域上移，并且更多轨迹显示部分颗粒在绕行旋涡后，因为吹风口速度的增加，出现在梗签出口的数量减少。

4.3.3 烟丝和梗签混合物运动轨迹

4.3.3.1 圆形风选设备分选腔内烟丝和梗签混合物运动轨迹

1. 吹风口速度为 8 m/s 的情况

在吹风口速度为 8 m/s 的情况下，得到不同入料口速度和入料流量条件下烟丝和梗签混合物在圆形分选腔内的运动轨迹，如图 4.45 所示。其中，▨ 为烟丝，■ 为梗签。

从图 4.45 中可以看出，烟丝梗签混合颗粒轨迹在吹风口速度为 8 m/s 的情况下，有相似的轨迹路径，从入料口进入分选装置，以向上或平行的倾斜角度到腔内右侧，倾斜角度较大的部分颗粒顺着向上的气流从壁面右侧进入水平气力输送管道，倾斜不明显的颗粒则会顺着旋涡的旋转方向绕行，部分颗粒受到气流的影响较大，结束 360°周期的绕行后被送至腔内左侧壁面直到进入管道，部分则掉落到梗签出口。但是烟丝与梗签轨迹的区别在于，在吹风口左侧区域，烟丝与梗签在绕行运动的范围方面稍微有点偏差，总体上看烟丝的运动轨迹范围更高，梗签更低。从

图 4.45（a）、（b）和（c）中可以看出，在入料速度为 18 m/s 和 20 m/s 时，在接近梗签出口的位置处，基本没有烟丝轨迹，梗签在从腔右侧顺时针到左侧的绕行途中，鉴于气流原因，有从不同方向掉落到梗签出口的轨迹。对比图 4.45（d）和（e），在入料口速度为 22 m/s 时，因为入料速度较高，有烟丝轨迹出现在梗签出口右侧壁面，而梗签轨迹则更多分布在梗签出口左侧壁面。

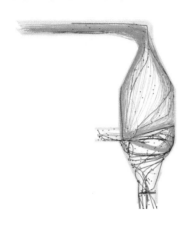

（a）$v_{入料口}$=20 m/s，F=300 kg/h

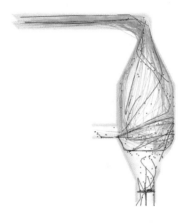

（b）$v_{入料口}$=18 m/s，F=100 kg/h

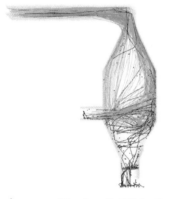

（c）$v_{入料口}$=18 m/s，F=500 kg/h

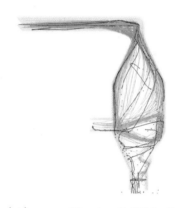

（d）$v_{入料口}$=22 m/s，F=300 kg/h

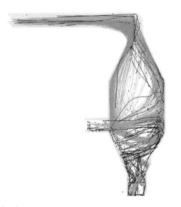

（e）$v_{入料口}$=22 m/s，F=800 kg/h

图 4.45　吹风口速度为 8 m/s 条件下圆形分选腔内烟丝和梗签的运动轨迹

2. 吹风口速度为 10 m/s 的情况

在吹风口速度为 10 m/s 的情况下，得到不同入料口速度和入料流量条件下烟丝和梗签混合物在圆形分选腔内的运动轨迹，如图 4.46 所示。其中，▬ 为烟丝，■ 为梗签。

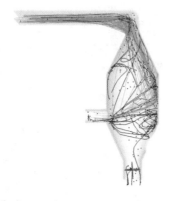

（a）$v_{入料口}$=18 m/s，F=300 kg/h

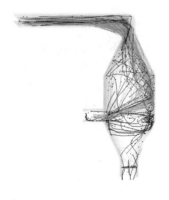

（b）$v_{入料口}$=18 m/s，F=500 kg/h

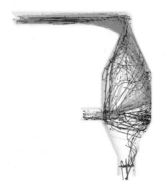

（c）$v_{入料口}$=18 m/s，F=800 kg/h

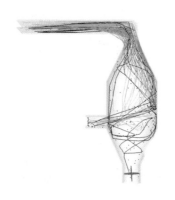

（d）$v_{入料口}$=20 m/s，F=300 kg/h

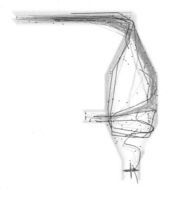

（e）$v_{入料口}$=22 m/s，F=100 kg/h

图 4.46　吹风口速度为 10 m/s 条件下圆形分选腔内烟丝和梗签的运动轨迹

从图 4.46 中可以看出，烟丝和梗签混合颗粒在吹风口速度为 10 m/s 的情况下，运动轨迹存在较大的区别。在入料口速度为 18 m/s 的情况下，如图 4.46（a）、（b）和（c）所示，烟丝颗粒从入料口以向上的倾斜角度到腔内，顺着向上的气流从壁面右侧进入水平气力输送管道。相较而言，梗签颗粒则是在烟丝轨迹范围的下端，在吹风口位置以上靠近右侧壁面的位置处，做旋转或者悬浮错乱的轨迹运动，在接近梗签出口的右侧壁面落下。并且轨迹的分布范围也有所不同，烟丝轨迹主要分布在入料口位置以上的右侧区域，而梗签轨迹则分布在吹风口位置以上的所有区域，且图 4.46（c）中更多在左侧壁面位置处，并且 3 张图中梗签颗粒轨迹还分布在梗签出口的右侧；通过图 4.46（d）和（e）可以直观地看出，在入料速度为 20 m/s 和 22 m/s 时，烟丝轨迹与如上所述一致，梗签部分颗粒则经过吹风口左侧的环绕运动后，分别沿着两侧壁面上升，或者在上升途中改变路径方向，但是最终都被吹入输送管道内，并且梗签在掉落至梗签出口时，方向是任意的，图 4.46（d）是从左侧掉落，另一张则显示从右侧掉落。

3. 吹风口速度为 12 m/s 的情况

在吹风口速度为 12 m/s 的情况下，得到不同入料口速度和入料流量条件下烟丝和梗签混合物在圆形分选腔内的运动轨迹，如图 4.47 所示。其中，▨ 为烟丝，■ 为梗签。

烟丝梗签混合颗粒轨迹在吹风口速度为 12 m/s 的情况下，如图 4.47（a）和（b）所示，烟丝、梗签轨迹主要都分布在入料口水平位置以上区域；不同在于烟丝轨迹相比较梗签更顺畅，路径也较短，大部分烟丝轨迹从入料口进入装置，在贴近右侧壁面上升，最后进入输送管道，而梗签轨迹则在腔内的中上部分区域旋转、沉降又上升，轨迹路线更为杂乱。

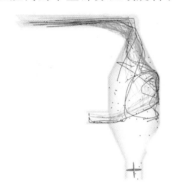
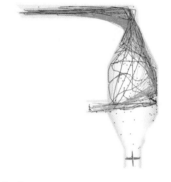

（a）$v_{入料口}$=18 m/s，F=100 kg/h　　　　（b）$v_{入料口}$=22 m/s，F=500 kg/h

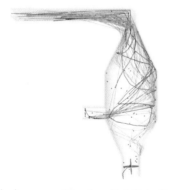
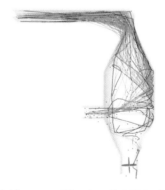

（c）$v_{入料口}$=20 m/s，F=100 kg/h　　　　（d）$v_{入料口}$=20 m/s，F=300 kg/h

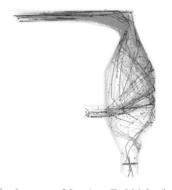

（e）$v_{入料口}$=20 m/s，F=800 kg/h

图 4.47　吹风口速度为 12 m/s 条件下圆形分选腔内烟丝和梗签的运动轨迹

　　烟丝梗签混合颗粒轨迹在吹风口速度为 12 m/s 的情况下，如图 4.47（a）和（b）所示，烟丝、梗签轨迹主要都分布在入料口水平位置以上区域；不同在于烟丝轨迹相比较梗签更顺畅，路径也较短，大部分烟丝轨迹从入料口进入装置，在贴近右侧壁面上升，最后进入输送管道，而梗签轨迹则在腔内的中上部分区域旋转、沉降又上升，轨迹路线更为杂乱。

　　从图 4.47（c）和（d）中可以看出，梗签轨迹在吹风口上端，入料口右侧区域内有绕环的运动轨迹，但大部分经过环绕后又上升，并且在途中经过复杂运动后进入管道，少部分落入梗签出口。结合轨迹图 4.47（c）、（d）和（e）可以看出，烟丝有落入梗签出口的运动特征，并且烟丝在入料口下端区域也进行了大环绕，在吹风口下端出现小环绕的轨迹，总体的分布范围比梗签的也更广。

4. 吹风口速度为 14 m/s 的情况

　　在吹风口速度为 14 m/s 的情况下，得到不同入料口速度和入料流量条件下烟丝和梗签混合物在圆形分选腔内的运动轨迹，如图 4.48 所示。其中，▨为烟丝，■为梗签。

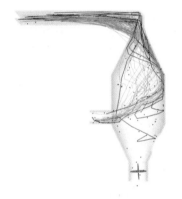
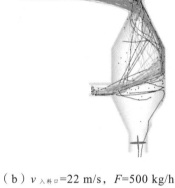

（a）$v_{入料口}$=18 m/s，F=300 kg/h　　　　　　（b）$v_{入料口}$=22 m/s，F=500 kg/h

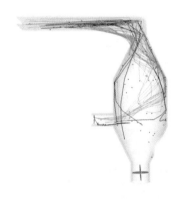
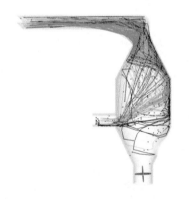

（c）$v_{入料口}$=20 m/s，F=100 kg/h　　　　　　（d）$v_{入料口}$=20 m/s，F=800 kg/h

图 4.48　吹风口速度为 14m/s 条件下圆形分选腔内烟丝和梗签的运动轨迹

　　从图 4.48 中可以看出，烟丝梗签混合颗粒在吹风口速度为 14 m/s 的情况下，烟丝的路线轨迹基本是一致的，并且主要分布范围在入料口水平位置以上，只有梗签的轨迹在图中有不同的地方。如图 4.48（a）所示，在入料口速度为 18 m/s 时，因为吹风口速度较大，部分梗签颗粒刚从入料口进入就被吹至腔内左侧壁面，然后一致上升，部分梗签运动轨迹与烟丝轨迹相似，都是斜送至右侧再上升，但梗签可能在路径上有些波折，最终都被吹到管道，也有极少数颗粒掉落至吹风口右侧区域后被气流再次吹起；在入料口速度为 22 m/s 的情况下，如图 4.48（b）所示，最大的入料速度对烟丝轨迹影响较小，通过轨迹图得出有梗签从梗签出口右侧落下；图 4.48（c）的轨迹在上述已经涵盖；图 4.48（d）中入料速度在 20 m/s 情况下对梗影响也较大，通过轨迹图看出在入料口以下区域有梗签轨迹的旋转悬浮等不规则运动，但大部分梗签最终也被吹入通道。

5. 吹风口速度为 16 m/s 的情况

在吹风口速度为 16 m/s 的情况下，得到不同入料口速度和入料流量条件下烟丝和梗签混合物在圆形分选腔内的运动轨迹，如图 4.49 所示。其中，▨为烟丝，■为梗签。

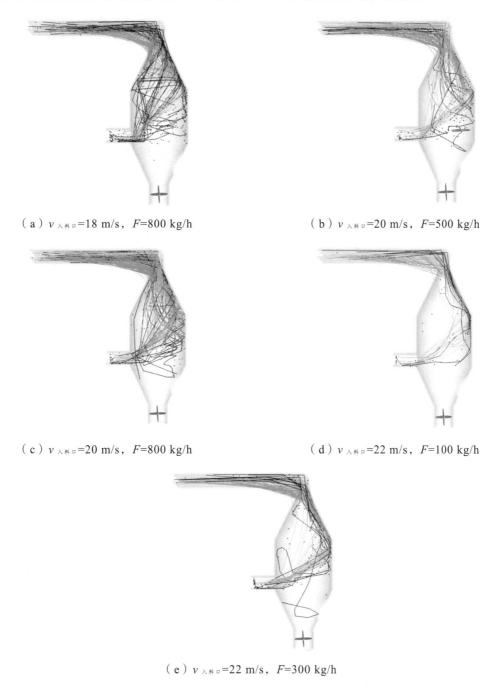

（a）$v_{入料口}$=18 m/s，F=800 kg/h　　　　　（b）$v_{入料口}$=20 m/s，F=500 kg/h

（c）$v_{入料口}$=20 m/s，F=800 kg/h　　　　　（d）$v_{入料口}$=22 m/s，F=100 kg/h

（e）$v_{入料口}$=22 m/s，F=300 kg/h

图 4.49　吹风口速度为 16m/s 条件下圆形分选腔内烟丝和梗签的运动轨迹

从图 4.49 中可以看出，烟丝梗签混合颗粒在吹风口速度为 16 m/s 的情况下，烟丝的路线轨迹基本是一致的，这与速度为 14 m/s 时的情况类似。梗签轨迹与烟丝轨迹主要分布范围都在吹风口水平位置以上，并且轨迹总体趋势都是被风吹送至腔内中间以上区域，区别在于行经的靠左靠右方向不一致而导致分布范围不同。在入料口速度为 18 m/s 时，如图 4.49（a）所示，烟丝轨迹方向基本一致，都靠右侧上升，但是梗签在不规则运动后在腔内左右两侧都有轨迹；图 4.49（b）中梗轨迹方向与烟丝一致，主要都分布在中间和右侧位置；图 4.49（c）和（a）类似，梗轨迹分布的范围比烟丝更广。结合图 4.49（b）和（c），在入料口速度为 20 m/s 时，可看出少数梗签轨迹在入料口以下区域伴随颗粒的悬浮。在速度为 22 m/s 的情况下，如图 4.49（d）和（e）所示，烟丝和梗签轨迹主要分布在入料口位置以上靠近腔内右侧壁面的区域内，图 4.49（e）中出现了梗签轨迹在入料口位置以左范围的现象，推断梗签在此位置悬浮。

综上，得到了烟丝和梗签混合物在圆形风选设备分选腔内的运动轨迹规律：① 在分选腔内，大部分烟丝轨迹都是从入料口进入，再贴近右侧壁面上升，最后进入输送管道，轨迹较为流畅；梗签轨迹则会在腔内不同区域处旋转、沉降又上升，轨迹路线更为杂乱。② 在分选腔内，在吹风口速度为 8 m/s 时，风速对烟丝和梗签轨迹的影响都比较大，路径形状也相似；吹风口速度为 10~16 m/s 时，风速对梗签轨迹的影响比较大，对烟丝轨迹影响较小。

4.3.3.2　方形风选设备分选腔内烟丝和梗签混合物运动轨迹

1. 吹风口速度为 8 m/s 的情况

在吹风口速度为 8 m/s 的情况下，得到不同入料口速度和入料流量条件下烟丝和梗签混合物在方形分选腔内的运动轨迹，如图 4.50 所示。其中，■为烟丝，■为梗签。

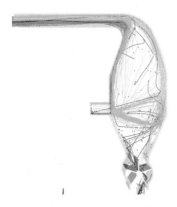

（a）$v_{入料口}$=20 m/s，F=300 kg/h

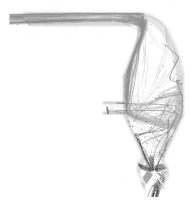

（b）$v_{入料口}$=18 m/s，F=100 kg/h

（c）$v_{入料口}$=18 m/s，F=500 kg/h

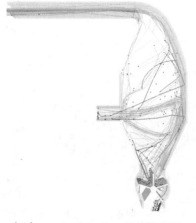

（d）$v_{入料口}$=22 m/s，F=300 kg/h

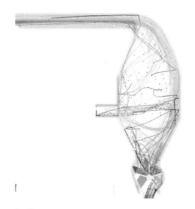

（e）$v_{入料口}$=22 m/s，F=800 kg/h

图 4.50　吹风口速度为 8m/s 条件下方形分选腔内烟丝和梗签的运动轨迹

从图 4.50 中可以看出，烟丝梗签混合颗粒在吹风口速度为 8 m/s 的情况下，烟丝与梗签的轨迹不一样。烟丝主要路径是从入料口进入分选装置，以向上的倾斜角度到腔内右侧，顺着旋涡的旋转方向绕行，结束 360°周期的绕行后被送至腔内左侧壁面，如图 4.50（a）、（b）和（c）所示，或者右侧壁面，如图 4.50（c）和（d）所示，然后进入管道，只有少部分掉落到梗签出口。而梗签轨迹主要是顺着旋涡的旋转方向从右侧绕行到左侧接近梗签出口的位置，最后落下，两种颗粒最终的落入位置不同。与圆形分选腔不同的是，当入料速度从 18 m/s 到 22 m/s 时，方形分选腔中烟丝轨迹在气流影响下上升至管道途中，轨迹分布逐渐从在腔内左侧转移到右侧，而圆形分选腔则相反，但是轨迹路径与分布情况相同。

2. 吹风口速度为 10 m/s 的情况

在吹风口速度为 10 m/s 的情况下，得到不同入料口速度和入料流量条件下烟丝和梗签混合物在方形分选腔内的运动轨迹，如图 4.51 所示。其中，▨为烟丝，■为梗签。

从图 4.51 中可以看出，烟丝梗签混合颗粒在吹风口速度为 10 m/s 的情况下，烟丝与梗签的轨迹存在相同的地方。当烟丝与梗签以向上的倾斜角度到腔内右侧，顺着旋涡的旋转方向绕行，结束 360°周期的绕行后，有少部分的烟丝和梗签被送至腔内左侧壁面进入管道，有所不同的是烟丝绕行的区域比梗签的更高；烟丝与梗签轨迹最大的区别在于烟丝轨迹大部分是从入料口斜向上进入分选腔中部和右侧，然后直接上升被吹入管道。对比梗签则更多是绕行到腔内右侧后直接落入梗签出口。圆形分选腔内混合物的轨迹分布情况与方形是类似的，不同的是方形分选腔中梗签轨迹出现在梗签出口的数量比圆形腔内的多。

（a）$v_{入料口}$=18 m/s，F=300 kg/h

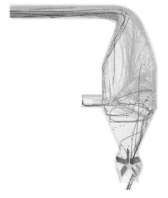

（b）$v_{入料口}$=18 m/s，F=500 kg/h

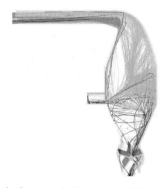

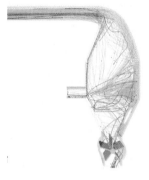

（c）$v_{入料口}$=18 m/s，F=800 kg/h　　　　　　（d）$v_{入料口}$=20 m/s，F=300 kg/h

（e）$v_{入料口}$=22 m/s，F=100 kg/h

图 4.51　吹风口速度为 10 m/s 条件下方形分选腔内烟丝和梗签的运动轨迹

3. 吹风口速度为 12 m/s 的情况

在吹风口速度为 12 m/s 的情况下，得到不同入料口速度和入料流量条件下烟丝和梗签混合物在方形分选腔内的运动轨迹，如图 4.52 所示。其中，▨为烟丝，■为梗签。

从图 4.52 中可以看出，烟丝梗签混合颗粒在吹风口速度为 12 m/s 的情况下，烟丝与梗签的轨迹分布区域有所不同，烟丝主要分布在吹风口位置以上的中间和右侧区域，梗签则主要分布在入料口位置以下，以及入料口位置以上贴近壁面的位置处。两种颗粒有共同的区域，在此区域内颗粒进行环绕悬浮等运动。烟丝的主要轨迹路线是入料口斜向上进入分选腔中部和右侧，然后直接上升被吹入管道，梗签主要路径是绕行到腔内右侧后直接落入梗签出口。通过对比，圆形分选腔内混合物的轨迹分布情况与方形是截然不同的，圆形腔中混合物主要都分布在吹风口位置以上的区域，梗签颗粒轨迹在经过绕行或者不绕行后，大部分都被吹入管道内。

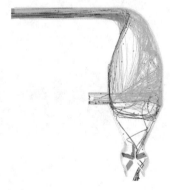

（a）$v_{入料口}$=18 m/s，F=100 kg/h　　　　　　（b）$v_{入料口}$=22m/s，F=500 kg/h

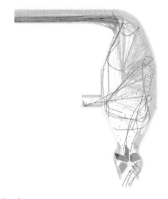

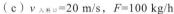

（c）$v_{入料口}$=20 m/s，F=100 kg/h

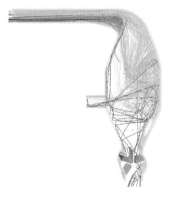

（d）$v_{入料口}$=20 m/s，F=300 kg/h

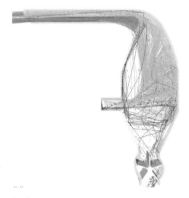

（e）$v_{入料口}$=20 m/s，F=800 kg/h

图 4.52　吹风口速度为 12 m/s 条件下方形分选腔内烟丝和梗签的运动轨迹

4. 吹风口速度为 14 m/s 的情况

在吹风口速度为 14 m/s 的情况下，得到不同入料口速度和入料流量条件下烟丝和梗签混合物在方形分选腔内的运动轨迹，如图 4.53 所示。其中，▓为烟丝，■为梗签。

从图 4.53 中可以看出，烟丝梗签混合颗粒在吹风口速度为 14 m/s 的情况下，烟丝与梗签的轨迹分布区域都主要在吹风口位置以上。但是两种颗粒的运动轨迹不同，烟丝的主要轨迹路线是入料口斜向上进入分选腔中部和右侧，然后直接上升被吹入管道，梗签主要路径是在烟丝主要区域下方绕行后，也被气流运送上升；从图 4.53（d）中可以看出，靠近左侧壁面的梗签轨迹更多。通过对比，圆形分选腔内混合物的轨迹分布情况与方形是类似的，混合轨迹分布都在吹风口位置以上，轨迹路径也是相似的，不同的是在圆形分选腔内，梗签绕行轨迹没有在方形分选腔内明显。

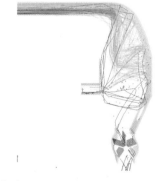

（a）$v_{入料口}$=18 m/s，F=300 kg/h

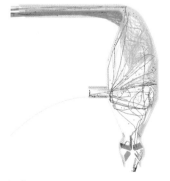

（b）$v_{入料口}$=22m/s，F=500 kg/h

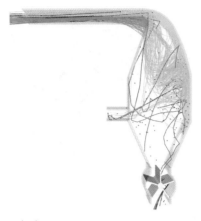

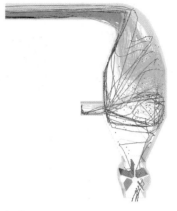

（c）$v_{入料口}$=20 m/s，F=100 kg/h   （d）$v_{入料口}$=20 m/s，F=800 kg/h

图 4.53　吹风口速度为 14 m/s 条件下方形分选腔内烟丝和梗签的运动轨迹

5. 吹风口速度为 16 m/s 的情况

在吹风口速度为 16 m/s 的情况下，得到不同入料口速度和入料流量条件下烟丝和梗签混合物在方形分选腔内的运动轨迹，如图 4.54 所示。其中，▨为烟丝，■为梗签。

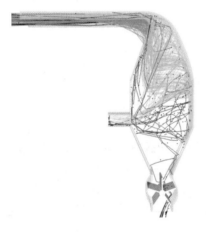

（a）$v_{入料口}$=18 m/s，F=800 kg/h   （b）$v_{入料口}$=20 m/s，F=500 kg/h

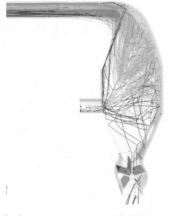

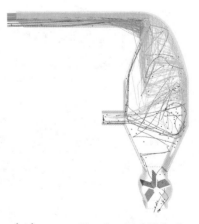

（c）$v_{入料口}$=20 m/s，F=800 kg/h   （d）$v_{入料口}$=22 m/s，F=100 kg/h

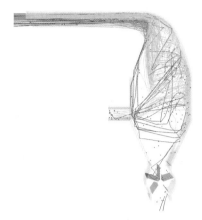

（e）$v_{入料口}$=22 m/s，F=300 kg/h

图 4.54　吹风口速度为 16m/s 条件下方形分选腔内烟丝和梗签的运动轨迹

从图 4.54 中可以看出，烟丝梗签混合颗粒在吹风口速度为 16 m/s 的情况下，烟丝与梗签的轨迹分布区域都主要在吹风口位置以上，烟丝更多分布在入料口位置以上区域。但是两种颗粒的运动轨迹不同，烟丝的主要轨迹路线是入料口斜向上进入分选腔中部和右侧，然后直接上升被吹入管道，梗签主要路径是在烟丝主要区域下方绕行后，也被气流运送上升，在图 4.54（a）、（b）和（c）中，主要沿着左侧壁面上升；在图 4.54（d）和（e）中则在左侧以及右半部分区域上升。通过对比，圆形分选腔内混合物的轨迹路径以及分布情况，与方形是类似的，不同的是圆形腔内混合物主要都分布在入料口位置以上，而方形则分布在吹风口位置以上区域。在圆形分选腔内，随着入料口风速的逐渐增加，混合物的主要分布范围逐渐靠右，且烟丝与梗签轨迹混合在一起；在方形分选腔中，烟丝、梗签在气流影响下的上升过程中，两种轨迹分布是比较明显的，混合分布的数量较少。

综上，得到了烟丝和梗签混合物在方形风选设备分选腔中的运动轨迹规律：① 在分选腔内，在吹风速度为 12～16 m/s 时，烟丝轨迹的主要路径都是从入料口进入装置，再贴近右侧壁面上升，最后进入输送管道，而梗签轨迹则需要在吹风口位置以上，入料口以下做绕行运动后再上升后掉落。② 在分选腔内随着吹风口速度的增加，烟丝轨迹路线越来越短，但是梗签轨迹的主要路线基本不变，得出吹风口风速对梗签轨迹影响较小。

4.4　风选工艺和结构参数优化设计

4.4.1　试验设计

1. 工艺参数试验设计

烟丝和梗签风选分离的原理是根据烟丝和梗签在分离腔内受到的力的大小不同，具有不同的悬浮速度。在腔内，梗签、烟丝受到重力、升力、颗粒碰撞力等因素的影响。当内部气体流速 v_f>颗粒的悬浮速度 v_s 时，比较轻的圆柱颗粒会上升；反之，较重的颗粒则落入梗签落料口，从而达到梗签烟丝分离的效果。所以，腔内的速度流场分布情况关系着风选效果的好坏。

在已给定的模型下，存在两个速度影响着流场分布，那就是入料口速度和吹风口速度。物料流量也是影响分选效果的一个因素,当有较多的流量进入分选腔内时,存在更多颗粒的碰撞,这也是需要考虑的。通过计算和以前的试验仿真情况,决定选择当入料速度为 18 m/s、20 m/s、22 m/s,吹风口速度为 8 m/s、10 m/s、12 m/s、14 m/s、16 m/s,入料流量为 100 kg/h、300 kg/h、500 kg/h、800 kg/h 时进行分离效果研究。

上述条件需要进行 45 组试验,考虑到试验组数太多,采用正交试验来进行研究。正交试验设计是研究多因素多水平的一种试验设计方法。根据正交性,从全面试验中挑选出部分有代表性的点进行试验,这些有代表性的点具备均匀分散、齐整可比的特点。正交试验设计是分式析因设计的主要方法。当试验涉及的因素在 3 个或 3 个以上,而且因素间可能有交互作用时,试验工作量就会变得很大,甚至难以实施。针对这个困扰,正交试验设计无疑是一种更好的选择。正交试验设计的主要工具是正交表,试验者可根据试验的因素数、因素的水平数以及是否具有交互作用等需求查找相应的正交表,再依托正交表的正交性从全面试验中挑选出部分有代表性的点进行试验,可以实现以最少的试验次数达到与大量全面试验等效的结果,因此应用正交表设计试验是一种高效、快速而经济的多因素试验设计方法。通过正交试验得到 24 种组合,具体见表 4.8。

表 4.8　风选工艺参数正交试验设计

组号	入料口风速/（m·s⁻¹）	吹风口风速/（m·s⁻¹）	入料流量/（kg·h⁻¹）
1	18	8	100
2	18	10	500
3	18	12	100
4	18	14	300
5	18	16	800
6	20	8	300
7	20	10	300
8	20	12	800
9	20	14	100
10	20	16	500
11	22	8	800
12	22	10	100
13	22	12	500
14	22	14	500
15	22	16	300
16	18	8	500
17	18	10	300
18	20	12	300
19	20	14	800
20	22	16	100
21	22	8	300
22	18	10	800
23	20	12	100
24	20	16	800

2. 结构参数试验设计

建立圆形和方形两种不同截面形状的风选设备，如图 4.55 所示，圆形和方形风选设备各部分结构尺寸见表 4.9。两种设备具有相同的入料口、吹风口、烟丝出口、分选腔总高、水平气力输送管道尺寸，并且为了保证分选腔横截面积相等，在确定方形分选腔是截面尺寸为 100 mm×700 mm 的矩形后，利用圆的面积公式可求出圆形分选腔的半径为 0.472 m。这主要是为了让圆形和方形风选设备面对相同的吹风参数时，具有可比性。两种不同类型的分离设备在梗签出口、叶轮以及总设备的尺寸参数上会有一定的误差。

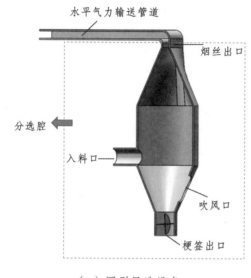

（a）圆形风选设备   （b）方形风选设备

图 4.55 圆形和方形风选设备示意图

表 4.9 圆形和方形风选设备各部分结构尺寸

组成部分	圆形风选设备	方形风选设备
入料口	半径为 100 mm 的圆管	半径为 100 mm 的圆管
吹风口	半径为 200 mm 的圆管	半径为 200 mm 的圆管
梗签出口	半径为 150 mm 的圆管	截面尺寸 300 mm×700 mm 的矩形
叶轮	半径为 140 mm 的球体	叶片半径为 50 mm，厚度 20 mm，宽度 700 mm
烟丝出口	截面尺寸为 100 mm×700 mm 的矩形	截面尺寸为 100 mm×700 mm 的矩形
分选腔横截面	半径为 450 mm 的圆管	截面尺寸为 1 000 mm×700 mm 的矩形
分选腔总高	总高 2 270 mm	总高 2 270 mm
水平气力输送管道	截面尺寸为 100 mm×700 mm 的矩形，总长度为 2 000 mm	截面尺寸为 100 mm×700 mm 的矩形，总长度为 2 000 mm
总设备	总长 2 540 mm；总宽 940 mm；总高 2 830 mm	总长 2 809 mm；总宽 740 mm；总高 3 114 mm

4.4.2 结果与分析

对上述 24 组试验进行了仿真试验研究，统计圆形和方形风选设备中不同风速下、流量下的烟丝损耗率和梗签剔除率，结果见表 4.10。

表 4.10　不同工艺参数组合下的烟丝损耗率和梗签剔除率数据表

入料口风速/ ($m \cdot s^{-1}$)	吹风口风速/ ($m \cdot s^{-1}$)	入料口与吹风口的速度/ ($m \cdot s^{-1}$)	流量/ ($kg \cdot h^{-1}$)	圆形分选腔 烟丝损耗率/%	圆形分选腔 梗签剔除率/%	方形分选腔 烟丝损耗率/%	方形分选腔 梗签剔除率/%
18	8	10	100	2.65E−04	44.307 7	3.481 4	86.135 4
18	12	6	100	0.00E+00	5.468 0	0.416 3	50.261 8
18	10	8	300	4.73E−03	12.842 0	2.985 8	61.603 9
18	14	4	300	2.05E−02	8.923 9	0.019 2	23.697 8
18	8	10	500	0.00E+00	50.075 7	2.722 8	85.915
18	10	8	500	6.45E−03	13.480 7	2.994 1	65.850 2
18	10	8	800	7.59E−03	11.668 5	3.124 4	69.424 3
18	16	2	800	2.89E−04	0.296 5	0.001 1	17.791 2
20	12	8	100	3.21E−01	12.703 8	0.799 0	48.824 4
20	14	6	100	0.00E+00	2.562 4	0.031 2	29.529 9
20	8	12	300	4.49E−02	48.849	4.865 3	84.095 9
20	10	10	300	1.19E−02	12.563 6	2.771 6	66.834
20	12	8	300	3.23E−01	12.532 5	0.808 0	51.589 2
20	16	4	500	0.00E+00	0.233 8	0.002 6	15.729 8
20	12	8	800	3.68E−01	10.556 0	0.795 9	50.520 4
20	14	6	800	2.77E−03	1.929 7	0.046 6	26.948 9
20	16	4	800	5.53E−04	0.373 6	0.003 8	13.774 8
22	10	12	100	1.16E−03	9.553 8	12.118 1	50.358 7
22	16	6	100	6.27E−04	0.175 3	0.001 6	20.136 4
22	8	14	300	8.22E+00	42.195 6	38.857 6	60.506 2
22	16	6	300	9.99E−04	0.227 4	0.001 1	22.749 9
22	12	10	500	7.25E−04	2.165 99	0.012 0	36.827 5
22	14	8	500	2.04E−04	0.712 7	0.005 5	26.085 4
22	8	14	800	1.02E+01	47.221 9	44.976 5	77.043 8

　　从表 4.10 中可以看出，在吹风口速度为 8 m/s 时，无论是圆形分选装置还是方形分选装置，梗签的剔除效果总体上都比较好，圆形分选腔可达到 40% 的剔除效果，方形分选腔可达到 60% 的分选效果，甚至高达 80%。但是值得注意的是，在入料口速度为 22 m/s、吹风口速度为 8 m/s 时，因为两个吹风口速度差太大，为 14 m/s，导致出现了烟丝损耗最严重的现象。以 300 kg/h 的入料流量来看，圆形分选腔损失了 8.22% 的烟丝，方形分选腔烟丝损耗率高达 38.857 6%。当入料流量持续增大到 800 kg/h 时，圆形分选腔损失了 10.2% 的烟丝，方形分选腔烟丝损耗率高达 44.976 5%，会造成较高的烟丝损耗。

　　对于圆形风选设备，烟丝损耗率无论在哪一组中都比较低，所以选择的组别主要对比梗签剔除率，通过数据可以得出当入料口风速为 18 m/s、吹风口风速为 8 m/s、流量为 500 kg/h 的组合梗签剔除效果最好，约为 50.1%。对于方形风选设备，通过数据分析对比，烟丝的损耗率较圆形风选设备高，考虑到既要保证梗签的剔除率不能过低，更要确保烟丝的损耗率不能太高，本着尽量在少损耗烟丝的情况下保证剔除效果，这里选择入料口速度为 18 m/s、吹风口速度为 8 m/s、流量为 500 kg/h 的组合为最优组合进行分析，该组的烟丝损耗率为 2.7%，梗签剔除率为 85.9%。

　　进一步，通过对不同分离效果的试验进行对比分析，得到不同工艺参数和结构参数对梗签剔除率和烟丝损耗率的影响规律：

（1）吹风口及入料口风速大小将直接影响到烟丝及梗签的分离效果，当吹风口和入料口风速增大时，分选腔内平均速度增大，梗签剔除率降低。

（2）吹风口风速及入料口风速的速度差将影响到分选腔内的流场结构特征，从而影响到烟丝及梗签的运动及分布特征。当吹风口和入料口风速差值较大时，在吹风口附近形成致密旋涡结构，入料口射流经过旋涡后向周围发散，使得烟丝及梗签同时落入靠近梗签出口的低速区，造成较大的烟丝损耗。

（3）入料流量对分离效果的影响不大。

（4）在相同工艺参数条件下，不同形状的分离腔对分离效果具有一定的影响，表现为圆形分选腔烟丝损耗率更低，但对工艺参数的变化较为敏感，方形分选腔梗签剔除率更高，但伴随一定程度的烟丝损耗。初步分析方形分选腔烟丝损耗率较高是由于其形状特征使得靠近吹风口及梗签出口处更易形成低速区，而圆形分选腔对工艺参数变化较敏感（吹风口风速及入料风速增加时，中轴线平均速度剧烈升高）是由于圆变方收口具有较大收缩比。

4.4.3　参数优化设计

4.4.3.1　结构参数优化设计

通过上述研究结果，可以看出在设备形状方面，方形的分选腔总体上都比圆形的分离效果好，结合前面对分选装置内的气流速度以及腔内中轴线上的平均速度进行分析，得出圆形与方形在多种参数固定的情况下，因为在接近烟丝出口的位置处，圆形分选腔收缩比大于方形分选腔，所以圆形分选腔中轴线上平均速度总是高于方形分选腔中轴线上的平均速度，导致在水平气力输送管道内的速度也是相对较大的。

采用两种方案对圆形风选设备的结构进行了优化，具体如下。

1. 优化方案一

在其他条件不变的情况下，减少烟丝出口位置处的收缩比，结构优化前后如图 4.56 所示。其中，左侧为未优化，右侧优化后，图中红色虚线圈为优化之前与之后的结构对比。

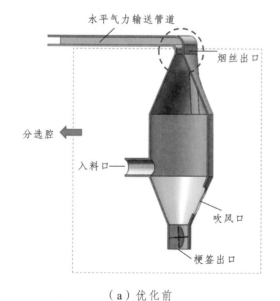

（a）优化前　　　　　　　　　　　　　（b）优化后

图 4.56　圆形风选设备烟丝出口收缩结构优化前后对比

通过前面的分析计算得出入料口速度为 18 m/s、吹风口速度为 8 m/s 的情况下圆形分选腔的分离效果较好。因此，把上端收缩口改成像方形的那样，得到图 4.56（b）。为了对比哪种结构更好，选择入料口速度为 18 m/s、吹风口速度为 8 m/s 的这种速度组合，入料流量为 100 kg/h，得到两种结构的梗签剔除率和烟丝损耗率对比结果见表 4.11。

从表 4.11 中可以看出，烟丝出口收缩结构优化后，在相同工艺参数条件下，梗签剔除率从原来的 44.31% 提升到 56.75%。这说明针对烟丝出口收缩结构的优化方案是可行的。

表 4.11 烟丝出口收缩结构优化前后烟丝损耗率和梗签剔除率对比

收缩结构	入料速度/（m·s⁻¹）	吹风速度/（m·s⁻¹）	流量/（kg·h⁻¹）	烟丝损耗率/%	梗签剔除率/%	腔内中轴线平均速度/（m·s⁻¹）	管道内中轴线平均速度/（m·s⁻¹）
优化前	18	8	100	2.65E−04	44.307 7	6.82	25.8
优化后	18	8	100	0.0017	56.749 2	5.04	22.1

2. 优化方案二

梗签出口半径改为 400 mm，吹风口不要，改为从底部垂直进风，不需要叶轮，结构优化前后如图 4.57 所示。其中，左侧为优化前结构，右侧为优化后的结构，图片中红色虚线圈为优化之前与之后的结构对比。

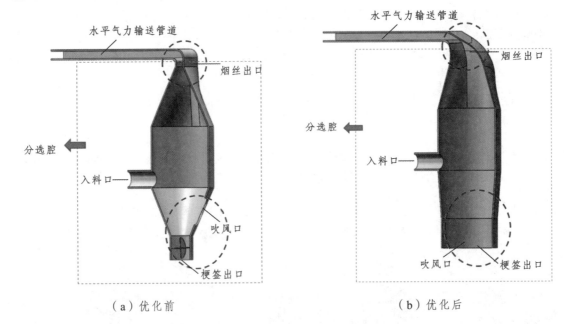

（a）优化前　　　　　　　　　　　（b）优化后

图 4.57 圆形风选设备进风口结构优化前后对比

进一步，将优化方案二与优化方案一的梗签剔除率和烟丝损耗率进行对比分析，结果见表 4.12。

表 4.12 结构优化方案一和方案二的烟丝损耗率和梗签剔除率对比

优化方案	入料速度/（m·s⁻¹）	吹风速度/（m·s⁻¹）	流量/（kg·h⁻¹）	烟丝损耗率/%	梗签剔除率/%	腔内中轴线平均速度/（m·s⁻¹）	管道内中轴线平均速度/（m·s⁻¹）
方案一	18	8	100	0.001 7	56.749 2	5.04	22.1
方案二	18	4	300	0.142 8	72.512 4	4.45	31.9

从表 4.12 中可以看出，通过对圆形风选设备分选腔结构的二次优化，在烟丝损耗率几乎为零的情况下，梗签剔除率得到进一步的提升，腔内的平均速度也逐渐降低。

4.4.3.2　工艺参数优化设计

1. 圆形风选工艺参数优化设计

为进一步提高烟丝及梗签的分离效果，在圆形分选设备结构优化的基础上，针对工艺参数（入料口风速、吹风口风速）进行优化。

首先，在圆形风选设备烟丝出口收缩口结构优化的基础上，进一步对其工艺参数进行优化设计。选择设置两组，入料口速度为 16 m/s、吹风口速度为 6 m/s 和入料口速度为 12 m/s、吹风口速度为 8m/s，这里选择总流量为 300 kg/h。在确定的两组速度组合下，保持入料口速度不变，吹风口速度上、下递增和递减 2 m/s。为了方便比较，将收缩口优化以后，入料口速度为 18 m/s、吹风口速度为 8 m/s、总流量为 100 kg/h 数据也进行对比分析。由此得到各工艺参数条件下的烟丝损耗率和梗签剔除率数据，见表 4.13。

表 4.13　基于收缩口结构优化的各工艺参数下烟丝损耗率和梗签剔除率数据

入料速度/ （m·s⁻¹）	吹风速度/ （m·s⁻¹）	流量/ （kg·h⁻¹）	烟丝损耗率/%	梗签剔除率 /%	腔内中轴线平均速度/（m·s⁻¹）	管道内中轴线平均速度/（m·s⁻¹）
18	8	100	0.001 7	56.749 2	5.04	22.1
16	4	300	60.24 2	99.050 5	3	13.7
16	6	300	0.012 7	98.166 8	4.12	17.1
16	8	300	0.254 3	71.679	5.06	20.7
12	6	300	0.870 7	97.022 6	3.89	16
12	8	300	0.004	69.996 7	4.06	19.8
12	10	300	0.133 3	22.541 5	6.49	23.3

从表 4.13 中可以看出，在入料口速度为 16 m/s、吹风口速度为 6 m/s 且流量为 300 kg/h 时在圆形分选装置中梗签剔除率达到 98%，烟丝损耗率几乎为 0，并且在管道内中轴线平均速度仅为 17.1 m/s，还利于图像的捕捉与识别。分离效果次之的是在入料口速度为 12 m/s、吹风口速度为 6 m/s 且流量为 300 kg/h 时梗签剔除率为 97%，损耗率仅仅为 0.87%，这两组速度组合相差不大。在入料口速度为 16 m/s 或 12 m/s，吹风口速度范围在 6 ~ 8 m/s 时，梗签剔除率达到了 70%，结合没优化参数之前的圆形分选装置，虽然烟丝损耗率极低，但是在最好风速组合下，入料口速度为 18 m/s、吹风口速度为 8 m/s、流量为 100 kg/h 时，梗签剔除率仅仅为 56.7%，提升率为 23.45%，进一步说明结构优化是有效果的。

因此，圆形风选设备在收缩口结构优化后，得到了较优的工艺参数组合，即在入料口速度为 16 m/s 或 12 m/s，吹风口速度范围在 6 ~ 8 m/s 时，分离效果达到最优，最优的烟丝损耗率为 0.012 7%，剔除率为 98.166 8%。

然后，在圆形风选设备吹风口结构优化的基础上，进一步对其工艺参数进行了优化设计。设计垂直进风速度为 2 m/s 和 4 m/s、入料流量为 300 kg/h、入料口速度为 18 m/s 两组工艺参数，统计其烟丝损耗率和梗签剔除率数据，见表 4.14。

从表 4.14 中可以看出，圆形风选设备吹风口结构优化后，在吹风口速度为 2 m/s 时，梗签剔除率达到了 88.19%，相比吹风口速度为 4 m/s 的梗签剔除率提升了 21.62%，优化效果较好。因此，圆形风选设备在吹风口结构优化后，得到了较优的工艺参数组合，即在入料口速度为 18 m/s、吹风口速度为 2 ~ 4 m/s 时，分离效果较好，达到最好的烟丝损耗率为 0.756 5%，剔除率为 88.191 5%。

表 4.14　基于进风口结构优化两组工艺参数下的烟丝损耗率和梗签剔除率数据

入料速度/ （m·s⁻¹）	吹风口速度/ （m·s⁻¹）	流量/ （kg·h⁻¹）	烟丝损 耗率/%	梗签剔除 率/%	腔内中轴线平均 速度/（m·s⁻¹）	管道内中轴线平均 速度/（m·s⁻¹）
18	2	300	0.756 5	88.191 5	3.14	20.2
18	4	300	0.142 8	72.512 4	4.45	31.9

综上，得到最佳的圆形风选设备结构参数和工艺参数组合，即圆形风选设备烟丝出口采用较宽的收缩口结构，在入料口速度为 16 m/s 或 12 m/s，吹风口速度范围在 6 ~ 8 m/s 时，分离效果达到最优，最优的烟丝损耗率为 0.012 7%，剔除率为 98.166 8%。

2. 方形风选工艺参数优化设计

针对方形风选设备，梗签剔除率已基本满足要求，但在有些风速组合下烟丝损耗率较高，因此选择两组风速组合进行分析，查看是否能达到优化的效果。组合分别是：入料口速度为 16 m/s、吹风速度为 8m/s、物料流量为 300 kg/h；入料口速度为 18 m/s、吹风速度为 6 m/s、物料流量为 300 kg/h。因为吹风口风速对分离效果的影响更大，所以在确定的两组速度组合下，保持入料口速度不变，吹风口速度上、下递增和递减 2 m/s。为了分析比较，选择原来 24 组正交试验中，在方形分选装置内分离效果较好的，入料口速度在 18 ~ 20 m/s 时，吹风口速度在 8 ~ 10 m/s 的几组参数组合进行对比分析，得到 10 组不同工艺参数组合下烟丝损耗率和梗签剔除率数据，见表 4.15。

从表 4.15 中可以看出，在入料口速度为 16 m/s、吹风口速度为 6 ~ 8 m/s、物料流量为 300 kg/h 的参数条件下，烟丝损耗率较高，分离效果不理想；在入料口速度为 18 m/s、吹风口速度为 4 ~ 6 m/s、物料流量为 300 kg/h 的条件下，也存在烟丝损耗严重，甚至超出了一半的问题；在入料口速度为 16 m/s、吹风速度为 10 m/s、物料流量为 300 kg/h 的参数条件下，梗签剔除效果不理想；只有在入料速度为 18 m/s、吹风口速度为 8 m/s、物料流量为 300 kg/h 的参数条件下，烟丝损耗较少并且梗签剔除较多。

表 4.15　针对方形风选设备的不同工艺参数组合下烟丝损耗率和梗签剔除率数据

入料速度/ （m·s⁻¹）	吹风速度/ （m·s⁻¹）	流量/ （kg·h⁻¹）	烟丝损 耗率/%	梗签剔 除率/%	腔内中轴线 平均速度/ （m·s⁻¹）	管道内中轴线 平均速度/（m·s⁻¹）
18	8	500	2.722 8	85.915	3.926 5	21.83
18	10	500	2.994 1	65.850 2	4.747 8	24.77
20	8	300	4.865 3	84.095 9	4.305 1	25.603 8
20	10	300	2.771 6	66.834	3.632 9	27.7
16	6	300	38.07	98.983 2	3.85	19.8
16	8	300	11.107 5	84.747 9	3.41	22.4
16	10	300	0.619 6	41.753 1	4.88	23.2
18	4	300	60.832 6	99.114 9	3.37	16.7
18	6	300	45.559 4	98.023 4	4.04	20.7
18	8	300	4.531 3	81.639 3	3.79	24.4

因此，结合之前 24 组正交试验数据以及现在的参数对比，得到方形风选设备较优工艺参数组合，即当入料口速度在 18 ~ 20 m/s、吹风口速度在 8 ~ 10m/s 时，分离效果最好，烟丝损耗率为 2.722 8%，梗签剔除率为 85.915%。

4.5　本章小结

本章利用计算机仿真技术，对烟丝和梗签风选过程进行了仿真研究，并基于梗签去除效果对风选过程工艺参数和设备结构参数进行了优化设计；建立了烟丝和梗签几何模型、圆形和方形两种风选设备几何模型；对入料口风速为 18m/s、吹风口风速为 8 ~ 16 m/s 条件下圆形和方形风选过程中流线分布及中轴线速度分布，入料口风速为 18 ~ 22 m/s、吹风口风速为 8 ~ 16 m/s 条件下纯烟丝、纯梗签及烟丝梗签混合物在圆形和方形风选过程中的运动轨迹进行了数字化表征，有效揭示了烟丝和梗签在风选过程中的运动规律；结合烟丝损耗率和梗签剔除率两个指标对圆形和方形风选设备参数和工艺参数进行了优化设计，确定了较适宜的梗签剔除工艺条件，即圆形风选设备烟丝出口采用较宽的收缩口结构，在入料口速度为 16 m/s 或 12 m/s、吹风口速度范围在 6 ~ 8 m/s 时，分离效果达到最优，最优的烟丝损耗率为 0.012 7%，剔除率为 98.166 8%；为下一步烟丝和梗签分离及剔除工艺装备的研究开发提供了技术支撑和参考依据。

第 5 章

大数据技术在制丝过程复杂网络关系挖掘中的应用

　　在卷烟制丝加工过程中，由于工艺流程长、工艺参数多及影响因素复杂等，传统的试验研究和统计方法往往受试验数据量、考虑因素数及分析手段等限制，不能系统揭示工艺参数与加工质量之间的复杂关系，进而不能科学合理地指导卷烟加工质量和产品质量的提升。目前，国内卷烟企业不断通过升级改造，加工设备自动化程度高、数据采集系统较完善，但仍普遍存在数据有效利用率低、工艺参数和质量指标之间关系不明等共性问题，这些问题已成为制约卷烟企业数字化转型发展的关键问题。本章利用大数据技术，基于制丝过程生产实际数据，采用系统科学与复杂网络分析方法，对制丝过程关键影响因素与质量指标之间的复杂网络关系进行了挖掘研究。

5.1　数据采集

　　基于某卷烟企业制丝车间 MES（Manufacturing Execution System，生产执行系统），按照时间和批次采集代表性卷烟品牌制丝生产线关键工序松散回潮、一级加料、二级加料、叶丝干燥、加香等生产实际数据，于 2017 年 1 月至 2019 年 12 月共采集 4 472 批次 MES 数据。

5.2　制丝过程复杂网络构建方法

5.2.1　制丝过程复杂网络特征分析

　　在制丝过程中，加工参数及环境温湿度均能影响质量指标的稳定性与工艺标准符合性。同时，受制丝过程的反馈调控机制等因素影响，加工参数也可能会根据质量指标的实时情况，进行反馈调控。因此，制丝过程的加工参数、制丝环境温湿度与质量指标间存在复杂的相互、协同影响的网络关系。

　　制丝加工参数、制丝环境温湿度与质量指标间的复杂网络关系，可使用模型 $G = (V, E, W)$ 来表达。其中：G 表示制丝过程中，制丝加工参数和环境温湿度与质量指标间的复杂网络关系；V 表示由制丝环境影响参数、加工参数、质量指标所构成的点集合；E 表示节点间相互影响的边集合；W 表示网络中各边的系数集合。

1. 复杂网络的节点

　　复杂网络的节点集合主要由制丝生产线 MES 中的加工参数、质量指标，以及环境温湿度仪所检测的环境影响因素所构成。

2. 复杂网络的边

　　复杂网络的边表示节点间的影响关系，网络中任意两点间的边定性描述了两节点间是否存在直接影响关系。边的方向描述了边所连接两个节点间的影响关系与被影响关系。

3. 复杂网络的边系数

　　在复杂网络模型中，一个节点可能为多条边的终点（即一个节点同时受多个其他节点影响）。

边的系数为多因素影响下，影响因素对被影响因素进行影响的系数。

5.2.2 基于全局寻优的复杂网络构建方法

复杂网络模型 $G = (V, E, W)$ 的构建，其实质就是采用数学分析方法（并结合制丝工艺实际情况）确定复杂网络节点集合 V、边集合 E 和边系数 W 的过程。基于数据分析方法，构建复杂网络模型的基本流程如图 5.1 所示。

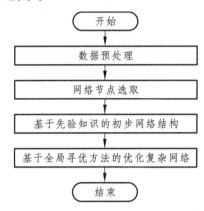

图 5.1　基于全局寻优的复杂网络模型构建基本流程

1. 数据预处理

采用箱图方法进行数据预处理，去除制丝工艺不稳定时采集的 MES 数据；数据预处理的目的在于去除"脏数据"，即去除制丝工艺不稳定时采集的 MES 数据以及去除数据采集时因环境噪声引入的数据误差。

同时，采用归一化、求对数等方法进行数据变换，使得不同加工参数对质量指标的影响量化指标可比，并将加工参数与质量指标间的非线性关系转化为线性关系。

2. 构建复杂网络的节点集合

从制丝生产线 MES 中的加工参数、质量指标，以及环境温湿度仪所检测的环境影响因素中，考虑节点间的相互影响关系，采用皮尔逊（Pearson）相关性分析方法，识别与去除相关性较高的节点，消除制丝生产过程中某些参数对加工参数、质量指标间关系所造成的系统性影响。

3. 基于先验知识的初步复杂网络构建

基于制丝工艺实际情况（先验知识）、Pearson 相关系数方法、逐步剔除方法，通过加入网络结构的"白名单"和"黑名单"，使得复杂网络数学模型结果更符合制丝工艺的现实意义，更加符合制丝生产实际情况。

同时，在"白名单"和"黑名单"的基础上，采用快速增量关联马尔可夫毯（IAMB）算法、马尔科夫毯检测算法、最大-最小父子关系算法等，构建基于先验知识的复杂网络模型。

4. 基于全局寻优方法的优化复杂网络模型构建

采用最大最小爬山法，优化复杂网络模型的拓扑结构与参数，最终得到优化后的复杂网络模型。

5.2.3 基于全局寻优的复杂网络模型构建

在确定复杂网络方法基本步骤后，由于复杂网络的节点集合确认、初步网络构建、全局寻优等步骤均有多种算法（或多种思路），为最终确定适用于制丝生产特点的复杂网络模型构建方法，基于上述复杂网络基本流程，采用 2017 年（1 月 1 日—8 月 23 日）某代表性卷烟规格松散回潮工序 MES 数据进行制丝工艺复杂网络模型构建实验，对比分析采用不同算法、参数、评分准则所得到的复杂网络模型 R^2 评价值，以确定最终的复杂网络构建方法与流程。

5.2.3.1　方案设计

制丝过程复杂网络模型构建实验整体方案设计见表 5.1。

表 5.1　复杂网络模型构建实验整体方案设计

模型方法	实验过程	实验方法	具体实验方案
制丝过程复杂网络模型	数据预处理	数据线性变换（A）	不进行数据线性变换处理（A1）
			归一化（A2）
		求对数处理（B）	穷举加工参数、质量指标的求对数或不求对数方案（B1～B1024）。
	节点集合选取	Pearson 相关系数法（C）	对于加工参数间 Pearson 相关性系数绝对值＞0.7 的多个节点中，剔除部分节点，直到所有加工参数间的 Pearson 相关系数绝对值≤0.7 为止（C1）
			不考虑 Pearson 相关性，选择全部参数（C2）
		最显著变量的提取（D）	Pearson 相关系数＞0.8 的节点，加入白名单（D1）
			采用逐步剔除法，将与质量指标最相关节点，及该节点与质量指标间的边加入白名单（D2）
	初步网络构建	初步网络构建算法（E）	基础约束学习算法（E1）
			基于马尔科夫毯检测的学习算法（E2）
			快速 IAMB 算法（E3）
			前向选择 IAMB 算法（E4）
			最大-最小父子关系算法（E5）
			基于前向选择机制的邻居节点探索算法（E6）
			Chow Liu 所发表论文中的一种学习算法（E7）
		初步网络评价准则（F）	Pearson 相关性（F1）
			蒙特卡洛置换线性相关性（F2）
			时序蒙特卡洛置换线性相关性（F3）
			渐进性 Fisher's Z 相关性检测（F4）
			蒙特卡洛置换 Fisher's Z 相关性（F5）
			时序蒙特卡洛置换 Fisher's Z 相关性（F6）
			互信息距离测度相关性检测（F7）
			蒙特卡洛置换互信息距离测度相关性（F8）
			时序蒙特卡洛置换互信息距离测度相关性（F9）
			互信息收缩估计量相关性检测（F10）
	网络模型优化	网络模型优化算法（G）	最大最小爬山法（G1）
			修正的最大最小爬山法（G2）
		模型优化评价准则（H）	多元高斯对数似然得分（H1）
			高斯后验密度得分（H2）
			贝叶斯信息准则得分（H3）
			Akaike 信息准则得分（H4）

1. 数据预处理方案

数据预处理的目的是使得不同加工参数对质量指标的影响量化指标可比，即将加工参数与质量指标间的非线性关系转化为线性关系，数据的线性变换，使得不同加工参数对质量指标的影响量化指标可比。采用求对数的方法，可将加工参数与质量指标间可能存在的非线性关系转换为线性关系。

（1）数据线性变换处理。

数据线性变换处理的方法见表 5.2。

表 5.2　线性变换处理方法

方案编号	选择方案
A1	不进行数据线性变换处理
A2	归一化

（2）求对数处理。

所有节点，均有"不求对数"和"求对数"两种。例如，对松散回潮工序的 10 个 MES 系统参数而言，对 10 个参数进行求对数的处理方案总计有 $2^{10}=1\,024$ 种（分别编号为 B1~B1024）。

2. 网络节点选取方案

方案的目的是识别和消除制丝生产过程中某些参数对加工参数、质量指标间关系所造成的系统性影响。参数选择主要采用 Pearson 相关性方法，对 MES 数据的加工参数、质量指标进行 Pearson 相关性计算。以 A1 数据为例，其 10 个参数的 Pearson 相关系数如图 5.2 所示。

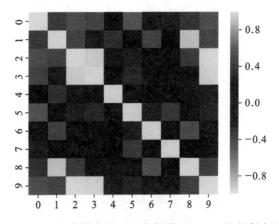

图 5.2　A1 方案数据的 10 个参数 Pearson 相关性矩阵

按照与质量指标的相关性选择参与建模的参数，例如在"松散回潮"工序中，各加工参数与"松散回潮–出料含水率"（SSHC_CLHSL）的 Pearson 分析结果见表 5.3。

表 5.3　参数选取结果示例

编号	选择方案	所选择的数据集合
C1	对于加工参数间 Pearson 相关性系数绝对值＞0.7 的多个节点中，提出部分节点，直到所有加工参数间的 Pearson 相关系数绝对值≤0.7 为止	SSHC_CLHSL SSHC_JSLL SSHC_JSBL SSHC_QSHHZDFMKD SSHC_JSLJL

续表

编号	选择方案	所选择的数据集合
C2	不考虑 Pearson 相关性，选择全部参数	SSHC_CLHSL SSHC_GYLL SSHC_JSLL SSHC_JSBL SSHC_GYRFWD SSHC_QSHHZDFMKD SSHC_ZQZDFMKD SSHC_CLWD SSHC_WLLJL SSHC_JSLJL

3. 初步网络构建方案

（1）最显著变量提取。

提取网络中最显著变量，并将之作为白名单的部分内容，构成初步网络中边结构的部分内容，不同方法构建的白名单见表 5.4。

表 5.4　不同方法构建的白名单示例

方案编号	先验知识获取方案	初步网络结构中的边（以 A1B2C1D2 数据为例）
D1	与 "SSHC_CLHSL" 参数的 Pearson 的相关性系数绝对值＞0.5	（from: SSHC_CLHSL, to: SSHC_CLHSL） （from: SSHC_JSLL, to: SSHC_CLHSL） （from: SSHC_JSBL, to: SSHC_CLHSL） （from: SSHC_QSHHZDFMKD, to: SSHC_CLHSL） （from: SSHC_JSLJL, to: SSHC_CLHSL）
D2	逐步剔除方法	（from: SSHC_CLHSL, to: SSHC_CLHSL） （from: SSHC_GYLL, to: SSHC_CLHSL） （from: SSHC_JSLL, to: SSHC_CLHSL） （from: SSHC_JSBL, to: SSHC_CLHSL） （from: SSHC_GYRFWD, to: SSHC_CLHSL） （from: SSHC_QSHHZDFMKD, to: SSHC_CLHSL） （from: SSHC_ZQZDFMKD, to: SSHC_CLHSL） （from: SSHC_CLWD, to: SSHC_CLHSL） （from: SSHC_WLLJL, to: SSHC_CLHSL） （from: SSHC_JSLJL, to: SSHC_CLHSL）

（2）基于约束的学习算法。

基于约束的学习算法见表 5.5。

表 5.5　基于约束的 7 种学习算法

方案编号	实现方法
E1	基础约束学习算法
E2	基于马尔科夫毯检测的学习算法
E3	快速 IAMB 算法
E4	前向选择 IAMB 算法
E5	最大-最小父子关系算法
E6	基于前向选择机制的邻居节点探索算法
E7	Chow Liu 所发表论文中的一种学习算法

（3）相关性计算方法。

相关性计算是基于约束学习算法的核心。在实验过程中，所实现的相关性计算方法见表 5.6。

表 5.6　相关性计算算法

方案编号	实现方法
F1	Pearson 相关性
F2	蒙特卡洛置换线性相关性
F3	时序蒙特卡洛置换线性相关性
F4	渐进性 Fisher's Z 相关性检测
F5	蒙特卡洛置换 Fisher's Z 相关性
F6	时序蒙特卡洛置换 Fisher's Z 相关性
F7	互信息距离测度相关性
F8	蒙特卡洛置换互信息距离测度相关性
F9	时序蒙特卡洛置换互信息距离测度相关性
F10	互信息收缩估计量相关性检测

4. 网络模型优化方案

（1）基于得分的学习算法。

基于得分的学习算法见表 5.7。

表 5.7　基于得分的 2 种学习算法

方案编号	实现方法
G1	最大最小爬山法
G2	修正的最大最小爬山法

（2）评分方法。

评分方法是基于得分学习算法的核心。在实验过程中，所实现的评分计算方法主要有 4 种，具体见表 5.8。

表 5.8　评分算法

方案编号	实现方法
H1	多元高斯对数似然得分（H1）
H2	高斯后验密度得分（H2）
H3	贝叶斯信息准则得分（H3）
H4	Akaike 信息准则得分（H4）

5.2.3.2　结果分析

基于上述实验方案，对实验方案中 4 个步骤（A ~ H，8 个待定方案）的 400 余万种复杂网络模型构建组合，针对每种复杂网络模型构建组合，在重复计算 10 次后，取其模型 R^2 均值，作为模型构建方法的评价标准，并针对不同的方法进行统计分析，最终选取最优的复杂网络模型构建方法。

决定系数（coefficient of determination）R^2，也称判定系数或者拟合优度。它是表征回归方程在多大程度上解释了因变量的变化，或者说方程对观测值的拟合程度如何。

R^2 的计算公式如下：

$$R^2 = \frac{SSR}{SST} = \frac{\sum\limits_{i=1}^{n}\left(y_i^0 - \overline{y}\right)^2}{\sum\limits_{i=1}^{n}\left(y_i - \overline{y}\right)^2} = 1 - \frac{SSE}{SST} \tag{5.1}$$

式中，SST 表示总平方和，其计算公式如下：

$$SST = \sum_{i=1}^{n}\left(y_i - \overline{y}\right)^2 \tag{5.2}$$

SSR 表示回归平方和，其计算公式如下：

$$SSR = \sum_{i=1}^{n}\left(y_i^0 - \overline{y}\right)^2 \tag{5.3}$$

SSE 表示残差平方和，其计算公式如下：

$$SSE = \sum_{i=1}^{n}\left(y_i - y_i^0\right)^2 \tag{5.4}$$

其中：y_i 为样本 i 的原始值；$\overline{y}$ 表示所有样本原始值的均值；y_i^0 为样本 i 的预测值。

1. 建立数据预处理方案

（1）归一化处理方案选择。

对实验结果进行统计分析结果表明，是否对数据进行归一化处理的最终模型 R^2 统计结果如图 5.3 所示。

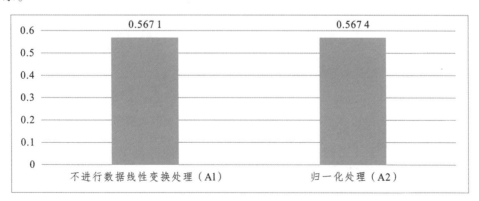

图 5.3　是否进行归一化处理的实验方案结果统计

从图 5.3 中可以看出，进行归一化处理和不进行归一化处理的模型 R^2 基本一致，因此是否进行数据归一化处理，并不影响模型 R^2 结果。但是，进行归一化处理后，可增强各节点间的可比性、网络模型边参数的对比，更能体现制丝关键因素对卷烟质量的影响大小。为此，在复杂网络模型构建时，选择对数据进行归一化处理。

（2）求对数处理方案选择。

求对数处理，能够将节点间的非线性关系转换为线性关系。在实验过程中，对松散回潮工序 9 个加工参数与 1 个质量指标之间的求对数统计分析结果如图 5.4 所示。

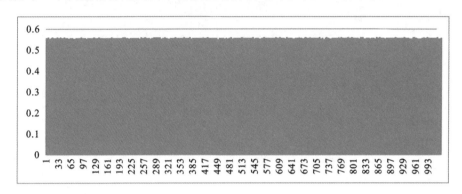

图 5.4　是否对节点求取对数的实验方案结果统计

从图 5.4 中可以看出，对各节点求取对数时，并不能显著提供最终模型的 R^2 值。为此，在复杂网络模型研究时，并不进行数据的求对数处理。

2. 确定网络节点选取方案

在网络节点选取时，为避免多加工参数间的相互影响，明确加工参数与质量指标间的相关关系，需要将部分彼此相关的加工参数剔除。网络节点的选取方案包括以下两种：

C1：在加工参数间 Pearson 相关性系数绝对值＞0.7 的多个节点中，提出部分节点，直到所有加工参数间的 Pearson 相关关系数绝对值≤0.7 为止；

C2：不考虑 Pearson 相关性，选择全部参数。

两种方案的实验结果统计如图 5.5 所示。

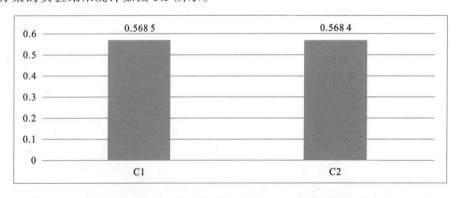

图 5.5　是否采用 Pearson 相关性去除互相关加工参数的实验方案结果统计

从图 5.5 中可以看出，是否筛选加工参数对最终的模型 R^2 影响并不大。但采用 Pearson 相关性方法能去除部分互相关的加工参数，保证剩余加工参数的 Pearson 相关性≤0.7。为此，在复杂网络模型研究时，将采用 Pearson 相关性分析方法，将部分 Pearson 相关性＞0.7 的加工参数剔除。

Pearson 关系数等于两个变量的协方差除于两个变量的标准差。两个向量 X 和 Y 的 Pearson 相关性计算公式如下：

$$\rho_{X,Y} = \frac{N\sum XY - \sum X \sum Y}{\sqrt{E(X^2) - E^2(X)} - \sqrt{E(Y^2) - E^2(Y)}} \tag{5.5}$$

3. 初步网络构建结果分析

（1）最显著变量提取方法选择。

在上述实验中，网络节点的选取方法采用了 Pearson 相关系数法（Pearson 相关系数>0.8 的节点，加入白名单）D1 和逐步剔除（逐步剔除最终节点，加入白名单）D2 方法，两种方法的最终模型 R^2 统计结果如图 5.6 所示。

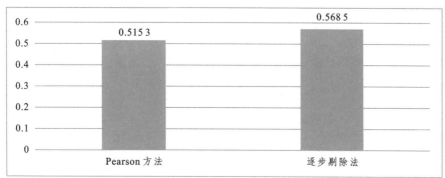

图 5.6　采取不同网络节点选取方案的实验结果统计

从图 5.6 中可以看出，在采用逐步剔除法构建初步网络结构时，其模型的整体水平较采用 Pearson 系数法构建的初步网络结构更优。为此，在复杂网络模型研究时，将采用逐步剔除方法选取最显著边加入复杂网络构建的白名单中。

（2）初步网络构建算法选择。

初步网络构建时所实验的算法主要包括基础约束学习算法（E1）、基于马尔科夫毯检测的学习算法（E2）、快速 IAMB 算法（E3）、前向选择 IAMB 算法（E4）、最大–最小父子关系算法（E5）、基于前向选择机制的邻居节点探索算法（E6）、Chow Liu 方法（E7）。选用不同初步网络构建方法的最终网络模型 R^2 统计结果如图 5.7 所示。

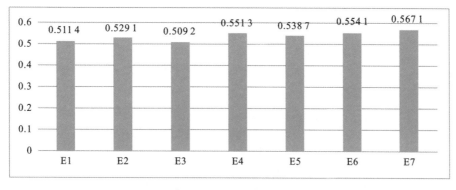

图 5.7　采取不同初步网络构建算法的实验方案结果统计

从图 5.7 中可以看出，采用 Chow Liu 方法（E7）时，最终模型的平均 R^2 最大。为此，在复杂网络模型研究时，将采用 Chow Liu 方法（E7）构建初步网络。Chow Liu 方法是一种贪婪算法，在通过逐步剔除方法获得网络结构的基础上，通过不断增加使得网络评分最高的边，逐步完善网络结构，并将最终的网络结构作为下一步进行全局寻优的初始网络结构。

（3）初步网络评价准则选择。

初步网络评价准则，其实质就是两节点间边变系数的计算方法，即边权重系数的计算方法。在实验过程中，所采用的初步网络评价准则包括：Pearson 相关性（F1）、蒙特卡洛置换线性相关性（F2）、时序蒙特卡洛置换线性相关性（F3）、渐进性 Fisher's Z 相关性检测（F4）、蒙特卡洛置换 Fisher's Z 相关性（F5）、时序蒙特卡洛置换 Fisher's Z 相关性（F6）、互信息距离测度相关性检测（F7）、蒙特卡洛置换互信息距离测度相关性（F8）、时序蒙特卡洛置换互信息距离测度相关性（F9）、互信息收缩估计量相关性检测（F10）。不同准则所构建复杂网络模型的 R^2 统计结果如图 5.8 所示。

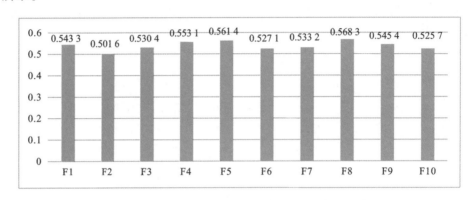

图 5.8　采取不同评价准则的实验方案结果统计

从图 5.8 中可以看出，在进行网络边参数评价时，采用蒙特卡洛置换互信息距离测度相关性（F8）方法时，最终模型的平均 R^2 最大。为此，在进行复杂网络模型研究时，将采用蒙特卡洛置换互信息距离测度相关性（F8）方法进行复杂网络中的边检测。

在初步网络构建时，采用蒙特卡洛置换互信息距离作为网络边参数值。互信息是信息论中一种有用的信息度量，是一个随机变量中包含的关于另一个随机变量的信息量，或者说是一个随机变量由于已知另一个随机变量而减少的不确定性。

由于所采集到的数据总是存在着噪声和干扰，加工参数的状态 x，在对质量指标 y 影响的过程中，由于干扰作用而引起某种变形。将 $p(x)$ 称为先验概率，并将其后验概率与先验概率比值的对数称为两个节点间的互信息量。

4. 网络模型优化结果分析

（1）复杂网络模型优化算法选择。

在确定初始复杂网络模型后，选取合适的复杂网络模型优化算法，进行复杂网络模型优化。在实验过程中，复杂网络模型优化算法包括最大最小爬山法（G1）和修正的最大最小爬山法（G2）。修正的最大最小爬山法是在爬山法基础上，通过在搜索策略中根据搜索历史记录的最大最小值进行记录的方法。其基本原理为：向最大爬山方向，可以达到"山峰"，向最小爬山方向，可以达到"山谷"，在该"山谷"中再向最大爬山方向，可能会达到另一个更高的"山峰"。与爬山法仅往最大爬山方向，容易导致陷入局部最优解相比，修正的最大最小爬山法，实现了全局寻优，且仍保留了爬山法不需要进行全局遍历的优点。不同复杂网络模型优化算法的实验结果如图 5.9 所示。

从图 5.9 中可以看出，在进行网络模型优化时，采用修正最大最小爬山法（G2）时，最终模型的平均 R^2 最大。为此，在复杂网络模型研究时，将采用修正最大最小爬山法（G2）进行复杂网络优化。

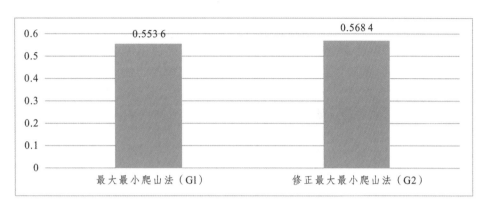

图 5.9　采取不同网络模型优化方法的实验方案结果统计

（2）网络模型优化评价准则选取。

网络模型优化评价准则即在复杂网络模型优化过程中，对复杂网络模型进行评价，不同的网络模型评价准则对复杂网络模型有不同的评价结果。在实验过程中，所选用的网络模型优化评价准则包括多元高斯对数似然得分（H1）、高斯后验密度得分（H2）、贝叶斯信息准则得分（H3）、Akaike 信息准则得分（H4）。其中，Akaike 信息准则得分（Akaike Information Criterion score，AIC）又称为"赤池信息量准则"，是一种衡量网络等统计模型拟合优良性的标准。AIC 鼓励数据拟合的优良性但尽量避免出现过度拟合（Overfitting）的情况，因此，在网络爬山中优先考虑AIC 最小的模型，为此使用最终的修正最大最小爬山法的峰顶作为最优模型。在最大最小爬山过程中，使用赤池信息准则的复杂网络评分，可获得较好的解释数据，且包含最少边（网络结构简洁）的复杂网络模型。不同评价准则的实验结果统计分析如图 5.10 所示。

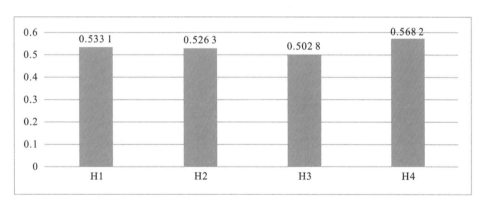

图 5.10　采取不同复杂网络模型评价准则的实验方案结果统计

从图 5.10 中可以看出，在网络模型优化过程中，采用 Akaike 信息准则得分（H4）时，最终模型的平均 R^2 最大。为此，在复杂网络模型优化过程中，将采用 Akaike 信息准则得分（H4）进行优化过程中的复杂网络评价。

综上，通过上述实验结果的整理，得出如下结论：

（1）不同的数据变化方法对建模预测效果不影响，但是会影响网络中边权重的绝对值，进而影响"关键加工参数"的识别，因此在建模时，需要使用归一化对数据进行处理。

（2）是否求对数对建模效果没有影响，因此在建模时，不需要对数据进行求对数处理。

（3）是否筛选加工参数对最终的模型 R^2 影响并不大。但采用 Pearson 相关性方法能去除部分互相关的加工参数，保证剩余加工参数的 Pearson 相关性≤0.7。为此，在复杂网络模型研究时，将采用 Pearson 相关性分析方法，将部分 Pearson 相关性＞0.7 的加工参数剔除。

（4）先验知识对模型效果有非常大的影响（甚至直接影响建模是否成功），而且选用逐步剔除方法构建初始网络的效果明显更优。因此，在建模时，需要使用逐步剔除方法构建初始网络。

（5）E7、F8、G2、H4 的算法组合效果更好，为此在建模时，使用混合算法进行学习，其中约束算法采用"Chow Liu算法"，相关性计算方法采用"蒙特卡洛置换互信息距离测度相关性"方法，基于得分的算法采用"修正的最大最小爬山法"，得分算法的评分规则使用"Akaike 信息准则得分"。

进一步，基于上述的复杂网络模型构建流程，并进行 10 次网络模型构建，相应的 R^2 分布如图 5.11 所示。

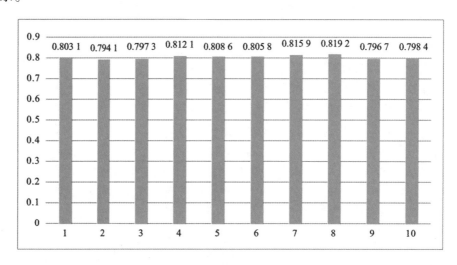

图 5.11　最终复杂网络模型网络构建实验结果

从图 5.11 中可以看出，10 次实验结果模型的最小 R^2 为 0.796 7，最大 R^2 为 0.819 2，平均 R^2 为 0.805 1>0.7，表明最终确定的复杂网络模型构建方法，可以获得较好的复杂网络模型。

5.2.4　基于全局寻优的复杂网络模型验证

在上述复杂网络方法的基础上，采用 2017 年（1 月 1 日—12 月 31 日）某代表性品牌制丝生产线松散回潮工序 MES 数据作为训练样本，进行复杂网络模型构建；采用 2018 年（1 月 1 日—3 月 31 日）相应 MES 数据作为测试样本，对松散回潮工序出料质量指标进行预测，并通过真实值与预测值的对比，对构建的复杂网络模型有效性进行验证。基于训练样本所构建的复杂网络模型拓扑结构如图 5.12 所示，得到的松散回潮关键工艺参数与出料含水率和出料温度质量指标之间的复杂网络关系分别见表 5.9 和表 5.10。

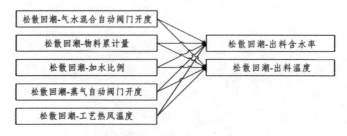

图 5.12　松散回潮工序内部复杂网络模型拓扑结构

表 5.9　松散回潮关键工艺参数与出料含水率之间复杂网络关系及影响权重

影响因素	参数值	影响系数	影响权重/%	前 N 项影响权重和/%
气水混合自动阀门开度	0.373 3	0.373 30	25.91	25.91
物料累计量	0.310 7	0.310 70	21.56	47.47
加水比例	0.291 7	0.291 70	20.24	67.71
蒸汽自动阀门开度	0.276 6	0.276 60	19.20	86.91
工艺热风温度	0.188 7	0.188 70	13.10	100

表 5.10　松散回潮关键工艺参数与出料温度之间复杂网络关系及影响权重

影响因素	参数值	影响系数	影响权重/%	前 N 项影响权重和/%
工艺热风温度	0.527 7	0.527 70	24.95	24.95
物料累计量	0.526 7	0.526 70	24.90	49.84
气水混合自动阀门开度	0.521 2	0.521 20	24.64	74.48
蒸汽自动阀门开度	0.464 5	0.464 50	21.96	96.44
加水比例	−0.075 3	0.075 30	3.56	100

　　进一步,基于构建的松散回潮工序内复杂网络模型,对松散回潮出料含水率进行了预测,并对模型预测值与真实值进行了对比,结果如图 5.13 所示。其中,部分真实值与模型预测值数据的对比展示如图 5.14 所示,松散回潮出料含水率预测值与真实值对比统计分析结果见表5.11。

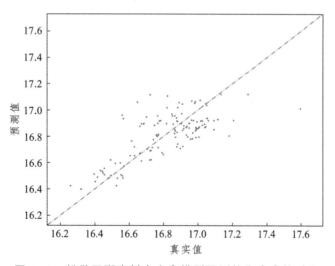

图 5.13　松散回潮出料含水率模型预测值和真实值对比

　　结合图 5.13 和图 5.14,从表 5.11 中可以看出,基于构建的松散回潮工序内复杂网络模型,松散回潮出料含水率的预测值均值与真实值均值的偏差为 0.01%,在真实值均值 3% 的允差范围(0.51%)内的预测准确性为 94.34%。这说明基于全局寻优构建制丝过程复杂网络模型的方法具有较好的可行性和有效性。

序号	真实值	预测值
1	16.95012474	16.72858868
2	16.60514220	16.73173687
3	16.76133551	16.87243005
4	16.54304519	16.68956333
5	16.56238148	16.79344151
6	16.90174226	16.92757121
7	16.71207515	17.08168252
8	16.33289125	16.91147064
9	16.64806841	16.84638890
10	16.76932147	16.67823470
11	16.47417389	17.03271438
12	16.62763402	16.82515116
13	16.65895113	17.01682106
14	16.81585131	16.94562599
15	16.93462104	16.87735445
16	16.78767036	16.89492501
17	16.98585837	16.92383214
18	16.81542831	16.98240204
19	16.44337043	16.38837355
20	16.54293757	16.91585624
21	16.66758943	16.80826726
22	16.62522115	16.94636752
23	16.79582341	16.89732518
24	17.69489682	18.39019707
25	17.03481686	16.85988093
26	16.99908504	16.95312781
27	17.20386834	16.97288158
28	16.91062702	17.15826541
29	16.81586232	16.65221768
30	16.55213415	17.06022180

图 5.14　部分真实值和预测值数据展示

表 5.11　松散回潮-出料含水率预测值与真实值对比统计分析

质量指标	工艺标准	真实值（均值±3SD）	预测值		
			预测值均值	真实值3%误差（允差范围）	范围内占比/%
出料含水率/%	17.0±1.5	16.97±0.26	16.98	0.51	94.34

5.3　制丝过程关键工序内复杂网络关系挖掘

本节采用 2017 年 1 月 1 日—2017 年 8 月 20 日某代表性品牌制丝生产线 MES 数据，分别对制丝过程松散回潮、一级加料、二级加料、叶丝干燥和加香关键工序内关键参数与质量指标之间的复杂网络关系进行了挖掘，并采用 2017 年 9 月 1 日—2017 年 12 月 31 日 MES 数据分别对建立的复杂网络关系进行了验证。

5.3.1　松散回潮工序内复杂网络关系挖掘

5.3.1.1　松散回潮关键参数与质量指标复杂网络关系挖掘

用于松散回潮复杂网络模型建模的 MES 数据中与松散回潮工序相关工艺参数及质量指标的生产实际数据统计情况见表 5.12。

表 5.12　松散回潮工序内复杂网络建模数据统计

| 类别 | 节点名称 | 工艺标准 | 数据情况 | |
			[最小值，最大值]	均值±3SD
工艺参数	工艺流量	6 500±97.5	[5 999.1, 6 501.7]	6 492.3±177.4
	加水流量	—	[181.49, 289.09]	226.39±97.01
	气水混合自动阀门开度	—	[18.17, 56.44]	24.29±30.23
	蒸汽自动阀门开度	—	[10.45, 79.56]	63.19±23.83
	加水累计量	—	[0.30, 0.56]	0.39±0.20
	物料累计量		[9.99, 11.28]	10.83±0.34
	工艺热风温度	62.0±2.0	[61.01, 63.23]	62.04±0.31
	加水比例	[0.05, 0.07]	[0.03, 0.04]	0.03±0.01
质量指标	出料含水率	18.0±1.5	[16.33, 19.33]	17.09±1.60
	出料温度	60.0±3.0	[57.36, 60.87]	58.39±1.77

注：此表可作为松散回潮工序复杂网络模型的适用范围参考。

通过对表 5.12 中 8 个工艺参数相互间的相关性分析，发现工艺流量、物料累计量间、加水比例，加水流量、加水累计量、加水比例间存在较强的相关性，为此最终选取气水混合自动阀门开度、物料累计量、加水比例、蒸汽自动阀门开度、工艺热风温度 5 个加工参数，与出料含水率、出料温度 2 个质量指标作为松散回潮工序内复杂网络模型节点，并根据制丝过程的实际情况，通过白名单，约束复杂网络模型中的加工参数间路径、质量指标间路径、质量指标→加工参数间路径。为了更清晰地描述松散回潮工序内的复杂网络模型，构建松散回潮工序内关键参数与质量指标之间的复杂网络模型拓扑结构，如图 5.12 所示。

进一步，依据松散回潮工序内复杂网络模型中各路径的参数值，得到了松散回潮工序内关键参数对出料含水率和出料温度的影响系数和影响权重，分别见表 5.9 和表 5.10。

从表 5.9 中可以看出，影响出料含水率的前 3 个关键参数是气水混合自动阀门开度、物料累计量和加水比例，总影响权重占比为 67.71%；在前 3 个关键参数的基础上，增加考虑蒸汽自动阀门开度的总影响权重占比为 86.91%（超 80%）；所有 5 个工艺参数，均对出料含水率有较显著影响（影响权重>10%），均对出料含水率产生同向影响。

从表 5.10 中可以看出，影响出料温度的前 3 个关键参数是工艺热风温度、物料累计量、气水混合自动阀门开度，总影响权重占比为 74.48%；在前 3 个关键参数的基础上，增加考虑"蒸汽自动阀门开度"的总影响权重占比为 96.44%（超 90%）；工艺热风温度、物料累计量、气水混合自动阀门开度、蒸汽自动阀门开度，均对出料温度有较为显著影响（影响权重>10%），且都为同向影响；相较而言，加水比例对出料温度的影响较小，且为异向影响。

综上分析可知，就整个松散回潮工序而言，物料累计量、气水混合自动阀门开度、蒸汽自动阀门开度对出料温度、出料含水率均产生较显著的同向影响；加水比例对出料含水率与出料温度的影响不同向，在工艺参数调整时，可根据具体需求，重点考虑上述 4 个关键参数的调节。

5.3.1.2　松散回潮关键参数与质量指标复杂网络关系验证

使用 2017 年 9 月 15 日—2017 年 12 月 28 日间的 MES 数据（去除停机断料外的批次，保留质量指标均值异常的生产批次），对上述构建的松散回潮工序内复杂网络模型进行有效性验证。

1. 松散回潮出料含水率指标预测效果验证

基于构建的松散回潮工序复杂网络模型，对松散回潮出料含水率指标进行预测，其模型预测值与真实值对比分析如图 5.15 所示，均值和预测精度等统计分析见表 5.13。

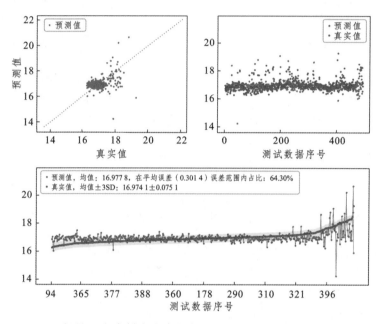

图 5.15　松散回潮出料含水率指标模型预测值与真实值对比分析

表 5.13　松散回潮出料含水率模型预测值与真实值对比统计分析

质量指标	工艺标准	真实值（均值±3SD）	预测值		
			预测值均值	平均误差（允差范围）	预测值在真实值±允差范围（±0.30）内占比/%
出料含水率/%	17.0±1.5	16.97±0.075	16.98	0.30	64.34

从图 5.15 和表 5.13 中可以看出，松散回潮出料含水率质量指标的模型预测值与真实值变化趋势相似；预测值偏离真实值的平均误差为 0.30，在平均误差（±0.30）范围内的预测值比例为 64.30%，表明即便在较小的误差范围内，该网络模型实现精准预测的概率也较高，模型具有非常好的预测能力。

2. 松散回潮出料温度指标预测效果验证

基于构建的松散回潮工序复杂网络模型，对松散回潮出料温度指标进行预测，其模型预测值与真实值对比分析如图 5.16 所示，均值和预测精度等统计分析见表 5.14。

从图 5.16 和表 5.14 中可以看出，松散回潮出料温度质量指标的模型预测值与真实值变化趋势相似；预测值偏离真实值的平均误差为 0.50 ℃，在允差范围内的预测值比例为 65.72%，表明该网络模型实现精准预测的概率较高，模型具有非常好的预测能力。

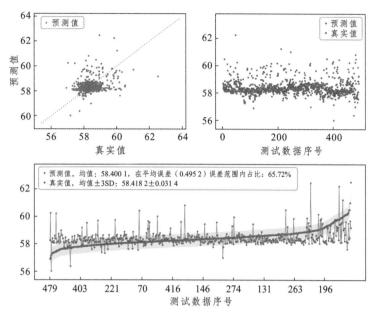

图 5.16 松散回潮出料温度指标模型预测与真实值对比分析

表 5.14 松散回潮出料温度指标模型预测值与真实值对比统计分析

参数	工艺标准	真实值 （均值±3SD）	预测值		
			预测值均值	平均误差 （允差范围）	预测值在真实值± 允差范围内占比/%
出料温度/℃	58±3.0	58.42±0.31	58.40	0.50	65.72

5.3.2 一级加料工序内复杂网络关系挖掘

5.3.2.1 一级加料关键参数与质量指标复杂网络关系挖掘

用于一级加料工序内复杂网络模型建模的 MES 数据中与一级加料工序相关工艺参数及质量指标的生产实际数据统计情况见表 5.15。

表 5.15 一级加料工序内复杂网络建模数据统计

类别	节点名称	工艺标准	[最小值，最大值]	均值±3SD
	加水流量	—	[0, 117.04]	49.54±85.05
	加水累计量	—	[0.03, 0.25]	0.10±0.14
	工艺流量	6 500±97.5	[5 999.74, 6 501.44]	6 493.07±169.54
	入料含水率	—	[13.91, 19.24]	15.27±3.63
	加料流量	—	[210.04, 228.97]	227.37±5.91
	汽水混合自动阀门开度	—	[0, 84.64]	18.63±49.63
工艺参数	蒸汽自动阀门开度	—	[2.90, 77.18]	40.51±36.30
	加料累计量	—	[0.35, 0.38]	0.38±0.01
	物料累计量	—	[9.97, 10.94]	10.90±0.32
	工艺热风温度	—	[40.20, 64.24]	49.93±14.30
	瞬时加料比例	0.035±0.001 1	[0.034 7, 0.035 2]	0.035 0±0.000 1
	加水比例	[0, 0.02]	[0, 0.0180]	0.007 5±0.012 0
	瞬时加料精度	[0, 0.03]	[0.003 5, 0.014 49]	0.006 1±0.005 6

类别	节点名称	工艺标准	[最小值，最大值]	均值±3SD
质量指标	出料含水率	19.2±1.0	[18.91, 21.21]	20.12±1.08
	出料温度	[45.0, 50.0]	[45.65, 49.20]	47.59±1.20
	料液温度	[55.0, 60.0]	[55.98, 58.64]	57.39±0.82

同样，按照与松散回潮工序内复杂网络模型相同的构建方法，构建一级加料工序内关键参数与质量指标之间复杂网络拓扑结构如图 5.17 所示。

进一步，依据一级加料工序内复杂网络模型中各路径的参数值，得到了一级加料工序内关键参数对出料含水率和出料温度的影响系数和影响权重，分别见表 5.16 和表 5.17。

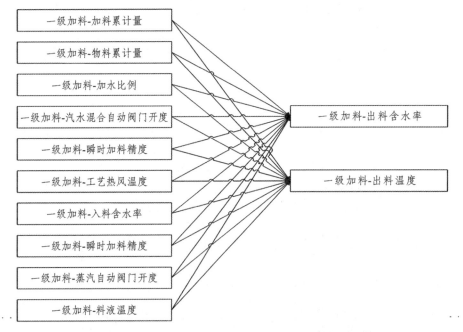

图 5.17　一级加料工序内关键参数与质量指标之间复杂网络拓扑结构

表 5.16　一级加料出料含水率影响因素及量化权重

影响因素	参数值	影响系数	影响权重/%	前 N 项影响权重和/%
加料累计量	0.983 4	0.983 4	48.62	48.62
物料累计量	−0.450 4	0.450 4	22.27	70.89
加水比例	0.287 7	0.287 7	14.22	85.11
汽水混合自动阀门开度	−0.082 6	0.082 6	4.08	89.20
瞬时加料精度	0.065 7	0.065 7	3.25	92.45
工艺热风温度	−0.059 8	0.059 8	2.96	95.41
瞬时加料比例	−0.041 5	0.041 5	2.05	97.46
入料含水率	0.040 7	0.040 7	2.01	99.47
蒸汽自动阀门开度	0.005 4	0.005 4	0.27	99.74
料液温度	−0.005 3	0.005 3	0.26	100

从表 5.16 中可以看出，影响一级加料出料含水率的前 3 个关键加工参数是加料累计量、物料累计量和加水比例，总影响权重占比为 85.11%（超 80%）；加料累计量、加水比例、瞬时加料精度、入料含水率、蒸汽自动阀门开度对出料含水率同向影响。其余 5 个参数对一级加料出料含水率有异向影响。相较而言，蒸汽自动阀门开度和料液温度对一级加料出料含水率的影响较小。

表 5.17　一级加料出料温度影响因素及量化权重

影响因素	参数值	影响系数	影响权重/%	前 N 项影响权重和/%
加料累计量	0.913 6	0.913 6	55.30	55.302
物料累计量	−0.389 1	0.389 1	23.55	78.85
入料含水率	−0.114 2	0.114 2	6.91	85.76
蒸汽自动阀门开度	−0.062 4	0.062 4	3.78	89.54
加水比例	−0.048 8	0.048 8	2.95	92.49
瞬时加料比例	−0.040 9	0.040 9	2.48	94.97
汽水混合自动阀门开度	−0.027 6	0.027 6	1.67	96.64
料液温度	−0.024 8	0.024 8	1.50	98.14
工艺热风温度	0.022 4	0.022 4	1.36	99.50
瞬时加料精度	0.008 3	0.008 3	0.50	100

从表 5.17 中可以看出，影响出料温度的前 3 个关键加工参数是加料累计量、物料累计量和入料含水率，总影响权重占比为 85.76%（超 80%）；加料累计量、工艺热风温度、瞬时加料精度对一级加料出料温度同向影响。其余 7 个参数对一级加料出料温度有异向影响。相较而言，瞬时加料精度对一级加料出料温度的影响较小。

综上，就整个一级加料工序而言，加料累计量、物料累计量、蒸汽自动阀门开度、气水混合自动阀门对出料含水率、出料温度均产生较显著的同向影响；入料含水率、加水比例、工艺热风温度对出料含水率、出料温度的影响不同向。在工艺参数调整时，可根据具体需求，重点考虑上述 7 个关键参数的调节。

5.3.2.2　一级加料关键参数与质量指标之间复杂网络关系验证

使用 2017 年 9 月 15 日—2017 年 12 月 28 日间的 MES 数据（去除停机断料外的批次，保留质量指标均值异常的生产批次），对上述构建的一级加料工序内复杂网络模型进行有效性验证。

1. 一级加料出料含水率指标预测效果验证

基于构建的一级加料工序内复杂网络模型，对一级加料出料含水率指标进行预测，其模型预测值与真实值对比分析如图 5.18 所示，均值和预测精度等统计分析见表 5.18。

从图 5.18 和表 5.18 中可以看出，一级加料出料含水率质量指标的模型预测值与真实值变化趋势相似；预测值偏离真实值的平均误差为 0.34%，在允差范围内的预测值比例为 63.74%，表明该网络模型实现精准预测的概率较高，模型具有非常好的预测能力。

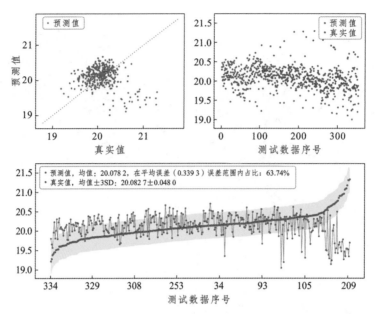

图 5.18　一级加料出料含水率质量指标模型预测值与真实值对比分析

表 5.18　一级加料出料含水率指标模型预测值与真实值对比统计分析

质量指标	工艺标准	真实值 （均值±3SD）	预测值		
			预测值均值	平均误差 （允差范围）	预测值在真实值± 允差范围内占比/%
出料含水率/%	20±1.0	20.08±0.048	20.08	0.34	63.74

2. 一级加料出料温度指标预测效果验证

基于构建的一级加料工序内复杂网络模型，对一级加料出料温度指标进行预测，其模型预测值与真实值对比分析如图 5.19 所示，均值和预测精度等统计分析见表 5.19。

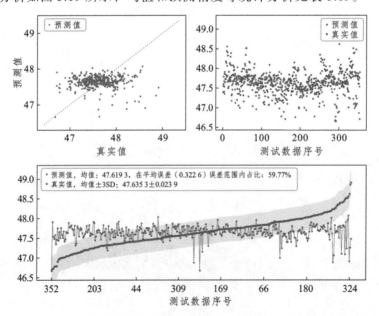

图 5.19　一级加料出料温度质量指标模型预测与真实值对比分析

从图 5.19 和表 5.19 中可以看出，一级加料-出料温度质量指标的网络模型预测值与真实值变化趋势相似;预测值偏离真实值的平均误差为 0.02 ℃,在允差范围内的预测值比例为 59.77%,表明该网络模型实现精准预测的概率较高,模型具有非常好的预测能力。

表 5.19　一级加料出料温度模型预测值与真实值对比统计分析

质量指标	工艺标准	真实值 (均值±3SD)	预测值		
			预测值均值	平均误差 (允差范围)	预测值在真实值± 允差范围内占比/%
出料温度/℃	47±3.0	47.64±0.02	47.62	0.32	59.77

5.3.3　二级加料工序内复杂网络关系挖掘

5.3.3.1　二级加料关键参数与质量指标之间复杂网络关系挖掘

用于二级加料工序内复杂网络模型建模的 MES 数据中与二级加料工序相关的工艺参数和质量指标的生产实际数据统计情况见表 5.20。

表 5.20　二级加料工序内复杂网络建模数据统计

类型	节点名称	工艺标准	[最小值, 最大值]	均值±3SD
工艺参数	工艺流量	6 500±97.5	[6 431.0, 6 500.1]	6 496.8±10.92
	入料含水率	—	[16.74, 19.89]	18.93±1.31
	加料流量	—	[112.40, 117.18]	116.95±0.52
	蒸汽自动阀门开度	—	[61.10, 87.93]	80.07±15.41
	加料累计量	—	[0.16, 0.20]	0.19±0.004
	物料累计量	—	[9.78, 10.89]	10.59±0.15
	瞬时加料比例	0.018 0±0.000 5	[0.015 0, 0.018 0]	0.018 0±0.000 3
	瞬时加料精度	[0, 0.03]	[0.000 9, 0.060 0]	0.006 0±0.020 0
质量指标	出料含水率	21.0±1.0	[20.22, 22.37]	21.15±1.11
	出料温度	[50, 55.0]	[50.72, 53.29]	52.35±0.50
	料液温度	[55.0, 60.0]	[56.46, 58.87]	57.47±0.91

同样,按照与松散回潮工序内复杂网络模型相同的构建方法,构建二级加料工序内关键参数与质量指标之间复杂网络拓扑结构如图 5.20 所示。

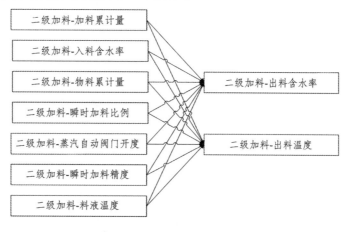

图 5.20　二级加料工序内关键参数与质量指标之间复杂网络拓扑结构

进一步，依据二级加料工序内复杂网络模型中各路径的参数值，得到了二级加料工序内关键参数对出料含水率和出料温度的影响系数和影响权重，分别见表 5.21 和表 5.22。

表 5.21　二级加料出料含水率影响因素及量化权重

影响因素	参数值	影响系数	影响权重/%	前 N 项影响权重和/%
加料累计量	0.528 8	0.528 80	28.36	28.36
入料含水率	0.407 7	0.407 70	21.86	50.22
物料累计量	−0.371 3	0.371 30	19.91	70.13
瞬时加料比例	−0.240 6	0.240 60	12.90	83.03
蒸汽自动阀门开度	0.148 2	0.148 20	7.95	90.98
瞬时加料精度	−0.138 8	0.138 80	7.44	98.42
料液温度	0.029 5	0.029 50	1.58	100

表 5.22　二级加料出料温度影响因素及量化权重

影响因素	参数值	影响系数	影响权重/%	前 N 项影响权重和/%
加料累计量	1.057 7	1.057 70	45.11	45.11
物料累计量	−0.496 8	0.496 80	21.19	66.30
入料含水率	0.364 8	0.364 80	15.56	81.86
瞬时加料比例	−0.192 7	0.192 70	8.22	90.08
蒸汽自动阀门开度	−0.163 9	0.163 90	6.99	97.07
瞬时加料精度	0.058 8	0.058 80	2.51	99.57
料液温度	0.01	0.010 00	0.43	100

从表 5.21 中可以看出，影响出料含水率的前 3 个关键参数是加料累计量、入料含水率和物料累计量，总影响权重占比为 70.13%；在前 3 个关键参数的基础上，增加考虑瞬时加料比例的总影响权重占比为 83.03%（超 80%）；加料累计量、入料含水率、蒸汽自动阀门开度对出料含水率有同向影响，其余 3 个影响因素对出料含水率有异向影响；料液温度对出料含水率的影响较小。

从表 5.22 中可以看出，影响出料温度的前 3 个关键参数是加料累计量、物料累计量和入料含水率，总影响权重占比为 81.86%；加料累计量、入料含水率、瞬时加料精度、料液温度对出料温度有同向影响，其余 3 个影响因素对出料含水率有异向影响；料液温度、瞬时加料精度对出料温度的影响较小。

综上，就整个二级加料工序而言，加料累计量、物料累计量、入料含水率、瞬时加料比例、蒸汽自动阀门开度对出料含水率、出料温度有较大影响，其中，加料累计量、物料累计量、入料含水率、瞬时加料比例对出料含水率、出料温度的影响同向，而蒸汽自动阀门开度对出料含水率、出料温度的影响异向。在二级加料工序参数调整时，需重点关注上述 5 个关键参数的调整。

5.3.3.2　二级加料关键参数与质量指标之间复杂网络关系验证

使用 2017 年 9 月 15 日—2017 年 12 月 28 日期间的 MES 数据，对上述构建的二级加料工序内复杂网络模型进行有效性验证。

1. 二级加料出料含水率指标预测效果验证

基于构建的二级加料工序内复杂网络模型，对二级加料出料含水率指标进行预测，其模型预测值与真实值对比分析如图 5.21 所示，均值和预测精度等统计分析见表 5.23。

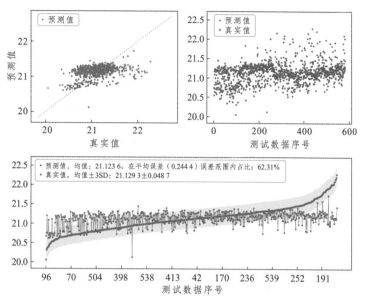

图 5.21　二级加料出料含水率质量指标模型预测与真实值对比情况

表 5.23　二级加料出料含水率指标模型预测值与真实值对比统计分析

质量指标	工艺标准	真实值（均值±3SD）	预测值		
			预测值均值	平均误差（允差范围）	预测值在真实值±允差范围内占比/%
出料含水率/%	21±1.0	21.13±0.05	21.12	0.24	62.31

从图 5.21 和表 5.23 中可以看出，二级加料出料含水率质量指标的模型预测值与真实值变化趋势相似；预测值偏离真实值的平均误差为 0.24%，在允差范围内的预测值比例为 62.31%，表明该模型实现精准预测的概率较高，模型具有非常好的预测能力。

2. 二级加料出料温度指标预测效果验证

基于构建的二级加料工序内复杂网络模型，对二级加料出料温度指标进行预测，其模型预测值与真实值对比分析如图 5.22 所示，均值和预测精度等统计分析见表 5.24。

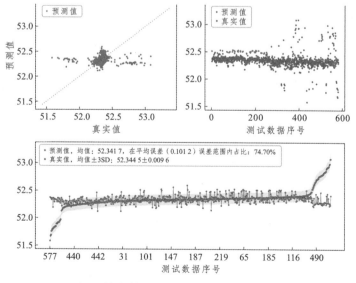

图 5.22　二级加料出料温度质量指标模型预测与真实值对比

从图 5.22 和表 5.24 中可以看出，二级加料出料温度质量指标的模型预测值与真实值变化趋势相似；预测值偏离真实值的平均误差为 0.10 ℃，在允差范围内的预测值比例为 74.70%，表明该模型实现精准预测的概率较高，模型具有非常好的预测能力。

表 5.24 二级加料出料温度模型预测值与真实值对比统计分析

质量指标	工艺标准	真实值（均值±3SD）	预测值		
			预测值均值	平均误差（允差范围）	预测值在真实值±允差范围内占比/%
出料温度 / ℃	52±3.0	52.34±0.01	52.34	0.10	74.70

5.3.4 叶丝干燥工序内复杂网络关系挖掘

5.3.4.1 叶丝干燥关键参数与质量指标复杂网络关系挖掘

用于叶丝干燥工序内复杂网络模型建模的 MES 数据中与叶丝干燥工序相关工艺参数及质量指标的生产实际数据统计情况见表 5.25。

表 5.25 叶丝干燥工序内复杂网络建模数据统计

类别	节点名称	工艺标准	[最小值，最大值]	均值±3SD
加工参数	切叶丝宽度（切丝）		[0, 0.87]	0.69±0.33
	工艺流量（增温增湿）	6 500±97.5	[6 499.4, 6 500.1]	6 500.0±0.18
	SX 蒸汽阀门开度（增温增湿）	—	[21.83, 41.67]	25.74±18.52
	物料累计量（增温增湿）	—	[10.54, 10.88]	10.81±0.22
	膨胀单元蒸汽流量（增温增湿）	780.0±11.7		
	排潮阀门开度（干燥）	—	[51.00, 69.07]	60.41±9.44
	筒壁二区蒸汽阀门开度（干燥）	—	[39.58, 46.59]	40.90±6.24
	筒壁一区蒸汽阀门开度（干燥）	—	[21.52, 39.08]	31.85±9.59
	循环风阀门开度（干燥）	—	[21.98, 27.85]	26.64±3.35
	循环风蒸汽阀门开度（干燥）	—	[3.43, 59.27]	33.07±43.03
	负压（干燥）	—	[−61.76, −3.52]	−33.00±34.19
	工艺气速度（干燥）	—	[0.097 1, 0.114 5]	0.106 0±0.009 4
	I 区筒壁温度（干燥）	164.0±2.0	[162.82, 163.01]	163.00±0.02
	II 区筒壁温度（干燥）	135.0±3.0	[113.76, 151.38]	133.49±18.22
	热风温度（干燥）	120.0±2.0	[119.88, 120.42]	120.01±0.06
质量指标	切叶丝含水率（切丝）	20.5±0.5	[19.65, 21.57]	20.54±1.04
	出料含水率（干燥）	14.3±1.0	[13.72, 14.83]	14.24±0.68
	出料温度（干燥）	65.0±3.0	[63.66, 66.37]	65.00±1.19
	出料含水率（冷却）	12.8±0.5	[12.50, 13.05]	12.84±0.45

　　同样,按照与松散回潮工序复杂网络模型相同的构建方法,构建的叶丝干燥工序内复杂网络拓扑结构如图 5.23 所示。

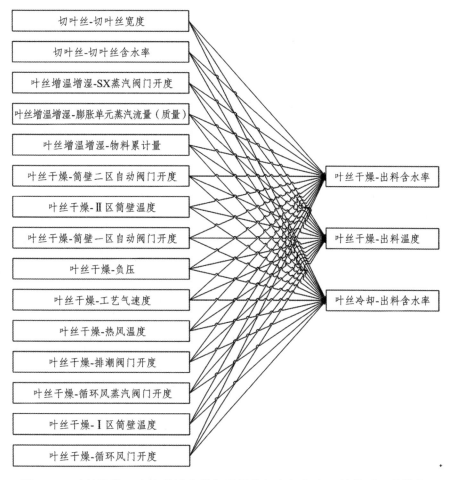

图 5.23　叶丝干燥工序内关键参数与质量指标之间复杂网络模型拓扑结构

　　进一步,依据叶丝干燥工序内复杂网络模型中各路径的参数值,得到了叶丝干燥工序内关键参数对叶丝干燥出料含水率、叶丝干燥出料温度和叶丝冷却出料含水率的影响系数和影响权重,分别见表 5.26、表 5.27 和表 5.28。

　　从表 5.26 中可以看出,影响叶丝干燥出料含水率的前 3 个关键参数是Ⅱ区筒壁温度、筒壁二区自动阀门开度和切叶丝含水率,总影响权重占比为 53.19%;在前 3 个关键参数的基础上,增加考虑筒壁一区自动阀门开度、负压、工艺气速度、热风温度的总影响权重占比 83.03%(超 80%);筒壁二区自动阀门开度、切叶丝含水率、负压、热风温度、膨胀单元蒸汽流量(质量)、Ⅰ区筒壁温度对叶丝干燥出料含水率有同向影响,其余 8 个影响因素对叶丝干燥出料含水率有异向影响;Ⅰ区筒壁温度、循环风门开度、切叶丝宽度对叶丝干燥出料含水率的影响较小。

表 5.26　叶丝干燥出料含水率影响因素及量化权重

影响因素	参数值	影响系数	影响权重/%	前 N 项影响权重和/%
Ⅱ区筒壁温度(干燥)	−0.252 8	0.252 80	24.13	24.13
筒壁二区自动阀门开度(干燥)	0.168 1	0.168 10	16.04	40.17

续表

影响因素	参数值	影响系数	影响权重/%	前 N 项影响权重和/%
切叶丝含水率（切丝）	0.136 4	0.136 40	13.02	53.19
筒壁一区自动阀门开度（干燥）	−0.103 1	0.103 10	9.84	63.03
负压（干燥）	0.100 6	0.100 60	9.60	72.64
工艺气速度（干燥）	−0.042 9	0.042 90	4.09	76.73
热风温度（干燥）	0.038 6	0.038 60	3.68	80.41
排潮阀门开度（干燥）	−0.034 9	0.034 90	3.33	83.75
循环风蒸汽阀门开度（干燥）	−0.033 9	0.033 90	3.24	86.98
SX 蒸汽阀门开度（增温增湿）	−0.032 2	0.032 20	3.07	90.05
膨胀单元蒸汽流量（增温增湿）	0.032 1	0.032 10	3.06	93.12
物料累计量（增温增湿）	−0.023 9	0.023 90	2.28	95.40
I 区筒壁温度（干燥）	0.019 3	0.019 30	1.84	97.24
循环风门开度（干燥）	−0.016 3	0.016 30	1.56	98.80
切叶丝宽度（切丝）	−0.012 6	0.012 60	1.20	100

表 5.27　叶丝干燥出料温度影响因素及量化权重

影响因素	参数值	影响系数	影响权重/%	前 N 项影响权重和/%
筒壁二区自动阀门开度（干燥）	0.403 9	0.403 90	26.85	26.85
筒壁一区自动阀门开度（干燥）	−0.301	0.301 00	20.01	46.86
II 区筒壁温度（干燥）	0.246 2	0.246 20	16.37	63.23
负压（干燥）	0.177 4	0.177 40	11.79	75.02
I 区筒壁温度（干燥）	0.080 4	0.080 40	5.34	80.36
热风温度（干燥）	0.069 6	0.069 60	4.63	84.99
循环风门开度（干燥）	−0.067 2	0.067 20	4.47	89.46
循环风蒸汽阀门开度（干燥）	−0.032 7	0.032 70	2.17	91.63
SX 蒸汽阀门开度（增温增湿）	0.030 3	0.030 30	2.01	93.64
工艺气速度（干燥）	0.022 5	0.022 50	1.50	95.14
膨胀单元蒸汽流量（增温增湿）	0.02	0.020 00	1.33	96.47
排潮阀门开度（干燥）	0.017 9	0.017 90	1.19	97.66
切叶丝宽度（切丝）	0.016 5	0.016 50	1.10	98.76
物料累计量（增温增湿）	0.012 6	0.012 60	0.84	99.59
切叶丝含水率（切丝）	0.006 1	0.006 10	0.41	100

表 5.28　叶丝冷却出料含水率影响因素及量化权重

影响因素	参数值	影响系数	影响权重/%	前 N 项影响权重和/%
II区筒壁温度（干燥）	−0.218	0.218 00	25.42	25.42
切叶丝含水率（切丝）	0.183 7	0.183 70	21.42	46.83
筒壁二区自动阀门开度（干燥）	0.153 5	0.153 50	17.90	64.73
工艺气速度（干燥）	−0.093 5	0.093 50	10.90	75.63
循环风门开度（干燥）	−0.045 2	0.045 20	5.27	80.90
SX 蒸汽阀门开度（增温增湿）	−0.041 2	0.041 20	4.80	85.71
热风温度（干燥）	0.034 5	0.034 50	4.02	89.73
膨胀单元蒸汽流量（增温增湿）	0.025 4	0.025 40	2.96	92.69
I区筒壁温度（干燥）	0.016 2	0.016 20	1.89	94.58
物料累计量（增温增湿）	−0.012 7	0.012 70	1.48	96.06
排潮阀门开度（干燥）	−0.011 1	0.011 10	1.29	97.35
筒壁一区自动阀门开度（干燥）	−0.011	0.011 00	1.28	98.64
切叶丝宽度（切丝）	−0.006 1	0.006 10	0.71	99.35
循环风蒸汽阀门开度（干燥）	−0.003	0.003 00	0.35	99.70
负压（干燥）	0.002 6	0.002 60	0.30	100

从表 5.27 中可以看出，影响出料温度的前 3 个关键加工参数是筒壁二区自动阀门开度、筒壁一区自动阀门开度和II区筒壁温度，总影响权重占比 63.23%；在前 3 个关键加工参数的基础上，增加考虑负压、筒壁一区自动阀门开度的总影响权重占比 80.36%（超 80%）；筒壁一区自动阀门开度、循环风门开度、循环风蒸汽阀门开度对出料温度有异向影响，其余 12 个影响因素对叶丝干燥出料温度有同向影响；膨胀单元蒸汽流量、排潮阀门开度、切叶丝宽度、物料累计量、切叶丝含水率对叶丝干燥出料温度的影响较小。

从表 5.28 中可以看出，影响叶丝冷却−出料含水率的前 3 个关键参数是II区筒壁温度、切叶丝含水率和筒壁二区自动阀门开度，总影响权重占比为 64.73%；在前 3 个关键参数的基础上，增加考虑工艺气速度的总影响权重占比 80.90%；切叶丝含水率、筒壁二区自动阀门开度、热风温度、膨胀单元蒸汽流量（质量）、I区筒壁温度、负压对叶丝冷却出料含水率有同向影响，其余 8 个影响因素对叶丝冷却出料含水率有异向影响；负压、循环风蒸汽阀门开度、切叶丝宽度对叶丝冷却出料含水率的影响较小。

综上，就整个叶丝干燥工序而言，叶丝干燥出料含水率与叶丝冷却出料含水率受各因素的影响权重大小、影响同向性基本一致。筒壁二区自动阀门开度、筒壁一区自动阀门开度、II区筒壁温度、工艺气速度对 3 个质量指标的影响较大，且筒壁二区自动阀门开度、筒壁一区自动阀门开度对出料温度、湿度有同向影响，II区筒壁温度、工艺气速度对出料温度、湿度有不同向影响。在叶丝干燥工序参数调整时，需重点关注上述 4 个关键参数的调整。

5.3.4.2　叶丝干燥关键参数与质量指标之间复杂网络关系验证

使用 2017 年 9 月 15 日—2017 年 12 月 28 日期间的 MES 数据，对上述构建的叶丝干燥工序内复杂网络模型进行有效性验证。

1. 叶丝干燥出料含水率指标预测效果验证

基于构建的叶丝干燥工序内复杂网络模型，对叶丝干燥出料含水率指标进行预测，其模型预测值与真实值对比分析如图 5.24 所示。

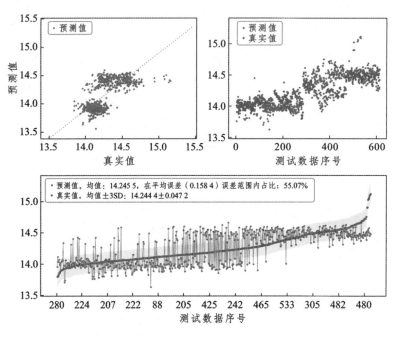

图 5.24　叶丝干燥出料含水率质量指标模型预测与真实值对比

进一步，基于叶丝干燥工序内复杂网络模型，并结合相应的制丝工艺技术标准，对叶丝干燥出料含水率指标模型预测值与真实值进行统计分析，结果见表 5.29。

表 5.29　叶丝干燥出料含水率指标模型预测值与真实值对比统计分析

质量指标	工艺标准	真实值（均值±3SD）	预测值		
			预测值均值	平均误差（允差范围）	预测值在真实值±允差范围内占比/%
出料含水率/%	14±1.0	14.24±0.05	14.25	0.16	55.07

从图 5.24 和表 5.29 中可以看出，叶丝干燥出料含水率质量指标的模型预测值与真实值变化趋势相似；预测值偏离真实值的平均误差为 0.16%，在允差范围内的预测值比例为 55.07%，表明该模型实现精准预测的概率较高，模型具有非常好的预测能力。

2. 叶丝干燥出料温度指标预测效果验证

基于构建的叶丝干燥工序内复杂网络模型，对叶丝干燥出料温度指标进行预测，其模型预测值与真实值对比分析如图 5.25 所示。

进一步，基于叶丝干燥工序内复杂网络模型，并结合相应的制丝工艺技术标准，对叶丝干燥出料温度指标模型预测值与真实值进行对比统计分析，结果见表 5.30。

从图 5.25 和表 5.30 中可以看出，叶丝干燥出料温度质量指标的模型预测值与真实值变化趋势相似；预测值偏离真实值的平均误差为 0.30 ℃，在允差范围内的预测值比例为 57.68%，表明该模型实现精准预测的概率较高。

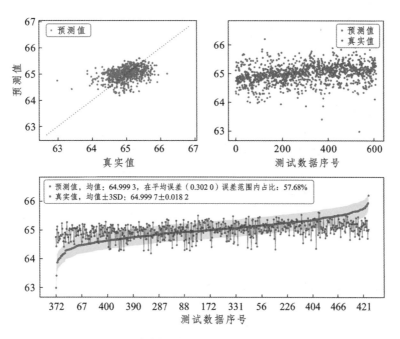

图 5.25 叶丝干燥出料温度质量指标模型预测与真实值对比

表 5.30 叶丝干燥出料温度模型预测值与真实值对比统计分析

质量指标	工艺标准	真实值（均值±3SD）	预测值		
			预测值均值	平均误差（允差范围）	预测值在真实值±允差范围内占比/%
出料温度/℃	65±3.0	65.00±0.02	65.00	0.30	57.68

3. 叶丝冷却-出料含水率标预测效果验证

基于构建的叶丝干燥工序内复杂网络模型，对叶丝冷却出料含水率指标进行预测，其模型预测值与真实值对比分析如图 5.26 所示。

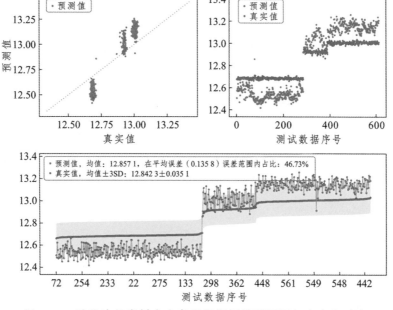

图 5.26 叶丝冷却出料含水率质量指标模型预测与真实值对比

进一步，基于叶丝干燥工序内复杂网络模型，并结合相应的制丝工艺技术标准，对叶丝冷却出料含水率指标模型预测值与真实值进行了对比统计分析，结果见表 5.31。

从图 5.26 和表 5.31 中可以看出，叶丝冷却出料含水率质量指标的网络模型预测值与真实值变化趋势相似；预测值偏离真实值的平均误差为 0.14%，在允差范围内的预测值比例为46.73%，表明该模型实现精准预测的概率相对较低。

表 5.31　叶丝冷却出料含水率指标模型预测值与真实值对比统计分析

质量指标	工艺标准	真实值 （均值±3SD）	预测值		
			预测值 均值	平均误差 （允差范围）	预测值在真实值±允差 范围内占比/%
出料含水率/%	12.8±0.5	12.84±0.04	12.85	0.14	46.73

5.3.5　加香工序内复杂网络关系挖掘

5.3.5.1　加香关键参数与质量指标复杂网络关系挖掘

用于加香工序内复杂网络模型建模的 MES 数据中与加香工序相关工艺参数及质量指标的生产实际数据统计情况见表 5.32。

表 5.32　加香工序内复杂网络建模数据统计

类别	节点名称	工艺标准	[最小值，最大值]	均值±3SD
工艺参数	薄板丝流量（掺配）	—	[5 679.6, 5 849.7]	5 775.41±71.8
	梗丝流量（掺配）	—	[794.84, 827.81]	809.80±11.90
	气流丝流量（掺配）	—	[1 589.3, 1 776.0]	1 619.6±30.9
	薄板丝累计量（掺配）	—	[9.35, 9.77]	9.61±0.17
	梗丝累计量（掺配）	—	[1.32, 1.46]	1.35±0.03
	气流丝累计量（掺配）	—	[2.60, 3.10]	2.69±0.07
	气流丝瞬时掺配比例（掺配）	0.28±0.002 8	[0.28, 0.30]	0.28±0.0037
	梗丝瞬时掺配比例（掺配）	0.14±0.001 4	[0.138 1, 0.1523]	0.140 0±0.0013
	梗丝瞬时配比精度（掺配）	[0, 0.01]	[0.002 8, 0.0670]	0.007 3±0.0109
	气流丝瞬时配比精度（掺配）	[0, 0.01]	[0.003 1, 0.0664]	0.008 0±0.01263
	工艺流量（加香）	8 000±400	[7 999.8, 8000.8]	8 000.1±0.33
	加香流量（加香）	—	[35.00, 40.02]	39.99±0.65
	加香累计量（加香）	—	[0.058 3, 0.066 9]	0.066 5±0.001 1
	物料累计量（加香）	—	[11.69, 13.35]	13.33±0.22
工艺参数	瞬时加香比例（加香）	0.005±0.000 05	[0.004 9, 0.0051]	0.005 1±0.000 042
	瞬时加香精度（加香）	[0, 0.01]	[0.000 6, 0.0360]	0.014 02±0.021 17
质量指标	出料含水率（加香）	12.5±0.5	[12.25, 13.02]	12.71±0.43

同样，按照与松散回潮工序复杂网络模型相同的构建方法，构建的加香工序内关键参数（包含比例掺配工序内各参数影响）与质量指标之间复杂网络拓扑结构如图 5.27 所示。

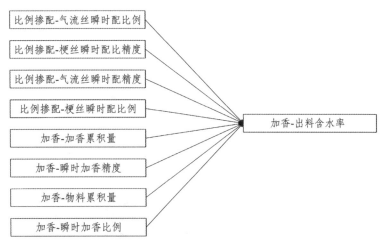

图 5.27　加香工序内关键参数与质量指标之间复杂网络拓扑结构

进一步，依据加香工序内复杂网络模型中各路径的参数值，得到了加香工序内关键参数对加香出料含水率的影响系数和影响权重，结果见表 5.33。

从表 5.33 中可以看出，影响出料含水率的前 3 个关键加工参数是梗丝瞬时配比精度、气流丝瞬时配比例和加香累计量，总影响权重占比为 56.85%；在前 3 个关键参数的基础上，增加考虑瞬时加香精度、气流丝瞬时配精度的总影响权重占比为 84.39%（超 80%）；气流丝瞬时配精度对出料含水率有异向影响，其余 7 个影响因素对出料含水率同异向影响；梗丝瞬时配比例对出料含水率的影响较小。

因此，梗丝瞬时配比精度、气流丝瞬时配比例、加香累计量、瞬时加香精度、气流丝瞬时配精度对出料含水率的影响较大，在进行比例掺配、加香段工艺参数调整时，需重点考虑上述 5 个参数对出料含水率的影响。

表 5.33　加香出料含水率影响因素及量化权重

影响因素	参数值	影响系数	影响权重/%	前 N 项影响权重和/%
梗丝瞬时配比精度（掺配）	0.593 7	0.593 70	25.40	25.40
气流丝瞬时配比例（掺配）	0.375 3	0.375 30	16.06	41.46
加香累计量（加香）	0.359 5	0.359 50	15.38	56.85
瞬时加香精度（加香）	0.329 2	0.329 20	14.09	70.93
气流丝瞬时配精度（掺配）	−0.314 5	0.314 50	13.46	84.39
物料累计量（加香）	0.166 5	0.166 50	7.12	91.51
瞬时加香比例（加香）	0.124 4	0.124 40	5.32	96.84
梗丝瞬时配比例（掺配）	0.073 9	0.073 90	3.16	100

5.3.5.2　加香关键参数与质量指标之间复杂网络关系验证

使用 2017 年 9 月 15 日—2017 年 12 月 28 日期间的 MES 数据，采用上述构建的叶丝干燥工序内复杂网络模型，对加香出料含水率指标进行了预测，其模型预测值与真实值对比分析如图5.28 所示。

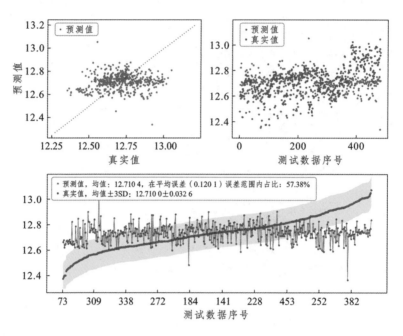

图 5.28　加香出料含水率质量指标模型预测与真实值对比

进一步，基于加香工序内复杂网络模型，并结合相应制丝工艺技术标准，对加香出料含水率指标模型预测值与真实值进行了对比统计分析，结果见表 5.34。

表 5.34　加香出料含水率指标模型预测值与真实值对比统计分析

质量指标	工艺标准	真实值（均值±3SD）	预测值		
			预测值均值	平均误差（允差范围）	预测值在真实值±允差范围内占比/%
出料含水率/%	12.5±0.5	12.71±0.03	12.71	0.12	57.38

从图 5.28 和表 5.34 中可以看出，加香出料含水率质量指标的模型预测值与真实值变化趋势相似；预测值偏离真实值的平均误差为 0.12%，在允差范围内的预测值比例为 57.38%，表明该模型实现精准预测的概率较高。

5.4　制丝过程关键工序间复杂网络关系挖掘

为了揭示制丝过程中前序工序关键参数和质量指标对后序工序质量指标的影响，开展了制丝过程松散回潮、一级加料、二级加料、叶丝干燥、加香 5 个关键工序之间的复杂网络模型构建与影响关系挖掘。其中，建模数据和节点间路径的约束规则与关键工序内复杂网络模型构建相同。

5.4.1　制丝关键工序间复杂网络模型构建与关系挖掘

由于松散回潮工序不受其前序工序的影响，且考虑到二级加料工序与叶丝干燥工序间经过长时间的恒温恒湿储丝过程，改变了二级加料工序的出料含水率与出料温度对叶丝干燥工序的影响。因此，以松散回潮出料含水率、松散回潮出料温度为一级加料网络模型计算的节点，一级加料出口的含水率与温度作为二级加料网络模型计算的节点，进而构建松散回潮工序与一级加料及二级加料工序之间的复杂网络关系模型，探索叶片段加工过程中物料质量的连续变化关系。同理，叶丝段从切丝工序至加香工序，建立叶丝干燥工序与加香工序之间的复杂网络关系模型，探索从切丝含水率至加香含水率之间的连续变化关系。最终建立的整个制丝过程关键工序间复杂网络模型拓扑结构如图 5.29 所示。

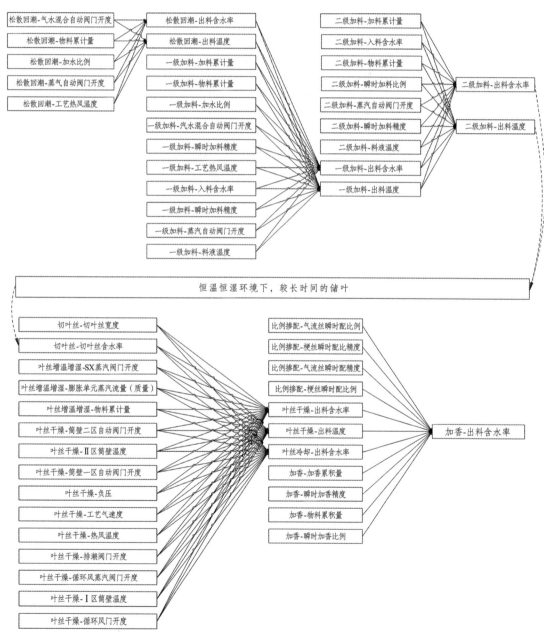

图 5.29　制丝过程关键工序间复杂网络模型拓扑结构

1. 松散回潮工序与一级加料工序之间复杂网络关系挖掘

基于构建的松散回潮工序与一级加料工序之间复杂网络模型，得到关键参数与质量指标一级加料出料含水率和出料温度复杂关系和量化权重，分别见表 5.35 和表 5.36。

表 5.35　基于工序间复杂网络模型的一级加料出料含水率影响因素及量化权重

影响因素	参数值	影响系数	影响权重/%	前 N 项影响权重和/%
一级加料–加料累计量	0.905 5	0.905 5	42.10	42.10
一级加料–物料累计量	−0.389 8	0.389 8	18.13	60.23
一级加料–加水比例	0.216 7	0.216 7	10.08	70.31
一级加料–入料含水率	0.196 3	0.196 3	9.13	79.43
松散回潮–出料温度	−0.160 1	0.160 1	7.44	86.88
一级加料–瞬时加料精度	0.068 4	0.068 4	3.18	90.06
一级加料–工艺热风温度	−0.060 4	0.060 4	2.81	92.87
松散回潮–出料含水率	0.056 1	0.056 1	2.61	95.48
一级加料–瞬时加料比例	−0.043 6	0.043 6	2.03	97.50
一级加料–汽水混合自动阀门开度	−0.026 2	0.026 2	1.22	98.72
一级加料–蒸汽自动阀门开度	0.025 5	0.025 5	1.19	99.91
一级加料–料液温度	−0.002	0.002	0.09	100

表 5.36　基于工序间复杂网络模型的一级加料出料温度影响因素及量化权重

影响因素	参数值	影响系数	影响权重/%	前 N 项影响权重和/%
一级加料–加料累计量	0.874 7	0.874 7	50	50
一级加料–物料累计量	−0.357 3	0.357 3	20.42	70.42
一级加料–入料含水率	−0.158 9	0.158 9	9.08	79.51
松散回潮–出料温度	−0.074	0.074	4.23	83.74
一级加料–加水比例	−0.072 8	0.072 8	4.167	87.90
一级加料–瞬时加料比例	−0.048 3	0.048 3	2.76	90.66
松散回潮–出料含水率	0.046 6	0.046 6	2.66	93.32
一级加料–蒸汽自动阀门开度	−0.039 6	0.039 6	2.26	95.59
一级加料–工艺热风温度	0.033 8	0.033 8	1.93	97.52
一级加料–料液温度	−0.019 3	0.019 3	1.10	98.62
一级加料–瞬时加料精度	0.018 4	0.018 4	1.05	99.67
一级加料–汽水混合自动阀门开度	−0.005 7	0.005 7	0.33	100

从表 5.35 中可以看出，质量指标一级加料出料含水率受前序松散回潮工序的松散回潮出料含水率和出料温度的影响权重分别为 9.13% 和 7.44%，总影响占比为 16.57%%>10%，因此在一级加料工序生产过程中，需要考虑松散回潮工序的加工质量对一级加料出料含水率质量指标的影响。

从表 5.36 中可以看出，质量指标一级加料出料温度受前序松散回潮工序的松散回潮出料温度和出料含水率的影响权重分别为 4.23% 和 2.66%，总影响占比为 6.89%>5%，即松散回潮工序的加工质量对一级加料出料温度质量指标有一定影响。

2. 一级加料工序与二级加料工序之间复杂网络关系挖掘

基于构建的一级加料工序与二级加料工序之间复杂网络模型，得到关键参数与二级加料出料含水率和出料温度指标之间的复杂关系及量化权重，分别见表 5.37 和表 5.38。

表 5.37　基于工序间复杂网络模型的二级加料出料含水率影响因素及权重表

影响因素	参数值	影响系数	影响权重/%	前 N 项影响权重和/%
二级加料−加料累计量	0.393 6	0.393 60	20.07	20.07
二级加料−入料含水率	0.348 4	0.348 40	17.76	37.83
二级加料−物料累计量	−0.324 4	0.324 40	16.54	54.37
二级加料−瞬时加料比例	−0.222 9	0.222 90	11.36	65.73
一级加料−出料含水率	0.179 8	0.179 80	9.17	74.90
一级加料−出料温度	−0.165 1	0.165 10	8.42	83.31
二级加料−蒸汽自动阀门开度	0.163 9	0.163 90	8.36	91.67
二级加料−瞬时加料精度	−0.140 8	0.140 80	7.18	98.85
二级加料−料液温度	0.022 6	0.022 60	1.15	100

表 5.38　基于工序间复杂网络模型的二级加料出料温度影响因素及量化权重

影响因素	参数值	影响系数	影响权重/%	前 N 项影响权重和/%
二级加料−加料累计量	0.940 2	0.940 20	43.94	43.94
二级加料−物料累计量	−0.443 9	0.443 90	20.75	64.69
二级加料−入料含水率	0.278 6	0.278 60	13.02	77.71
二级加料−瞬时加料比例	−0.184 9	0.184 90	8.64	86.35
二级加料−蒸汽自动阀门开度	−0.161 9	0.161 90	7.57	93.92
二级加料−瞬时加料精度	0.058 3	0.058 30	2.72	96.64
一级加料−出料温度	−0.044 3	0.044 30	2.07	98.71
一级加料−出料含水率	0.016 3	0.016 30	0.76	99.47
二级加料−料液温度	0.011 3	0.011 30	0.53	100

从表 5.37 中可以看出，二级加料出料含水率受前序一级加料工序的一级加料出料含水率和出料温度的影响权重分别为 9.17%、8.42%，总影响占比为 17.59%>10%，因此在二级加料生产过程中，需要考虑一级加料工序加工质量对二级加料出料含水率质量指标的影响。

从表 5.38 中可以看出，二级加料出料温度受前序一级加料工序的一级加料出料含水率和出料温度的影响权重分别为 2.07%、0.76%，总影响占比为 2.83%<5%，因此在二级加料生产过程中，可忽略一级加料工序的加工质量对二级加料出料温度质量指标的影响。

3. 叶丝干燥工序与加香工序之间复杂网络关系挖掘

基于构建的叶丝干燥工序与加香工序之间复杂网络模型，得到关键参数与加香出料含水率指标之间的复杂关系及量化权重，具体见表 5.39。

从表 5.39 中可以看出，叶丝干燥工序中叶丝冷却出料含水率、叶丝干燥出料含水率、叶丝干燥出料温度对加香出料含水率质量指标的影响权重分别占比为 6.45%、6.43%、1.15%，总影响占比为

14.03%>10%；因此，在加香生产过程中，需要考虑叶丝干燥和叶丝冷却工序的加工质量对加香出料含水率质量指标的影响。

表 5.39　基于工序间复杂网络模型的加香出料含水率影响因素及量化权重

影响因素	参数值	影响系数	影响权重/%	前 N 项影响权重和/%
加香−加香累计量	0.300 4	0.300 40	17.52	17.52
掺配−梗丝瞬时配比例	0.251 2	0.251 20	14.65	32.18
掺配−气流丝瞬时配比例	0.230 6	0.230 60	13.45	45.63
掺配−梗丝瞬时配比精度	0.211	0.211 00	12.31	57.94
掺配−气流丝瞬时配精度	−0.198 5	0.198 50	11.58	69.52
加香−物料累计量	0.194 5	0.194 50	11.35	80.87
叶丝冷却−出料含水率	0.110 6	0.110 60	6.45	87.32
加香−瞬时加香精度	0.110 2	0.110 20	6.43	93.75
叶丝干燥−出料含水率	−0.057 8	0.057 80	3.37	97.12
加香−瞬时加香比例	−0.029 7	0.029 70	1.73	98.85
叶丝干燥−出料温度	0.019 7	0.019 70	1.15	100

5.4.2　制丝过程关键工序间复杂网络关系验证

使用 2017 年 9 月 15 日—2017 年 12 月 28 日期间的制丝生产实际 MES 数据对关键工序间复杂网络关系进行有效性验证。

1. 一级加料出料含水率指标预测效果验证

基于构建的制丝过程关键工序间复杂网络模型，对一级加料出料含水率指标进行预测，其模型预测值与真实值对比情况如图 5.30 所示。

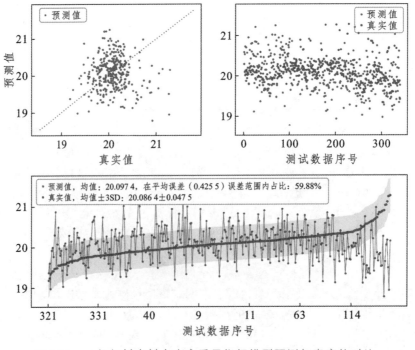

图 5.30　一级加料出料含水率质量指标模型预测与真实值对比

进一步，基于制丝过程关键工序间复杂网络模型，并结合相应的制丝工艺技术标准，对一级加料出料含水率的预测值和真实值进行了对比统计分析，结果见表 5.40。

表 5.40　一级加料出料含水率指标模型预测值与真实值对比统计分析

质量指标	工艺标准	真实值（均值±3SD）	预测值		
			预测值均值	平均误差（允差范围）	预测值在真实值±允差范围内占比/%
出料含水率/%	19.2±1.0	20.09±0.0475	20.10	0.43	59.88

从图 5.30 和表 5.40 中可以看出，一级加料出料含水率质量指标的模型预测值与真实值变化趋势相似；预测值偏离真实值的平均误差为 0.43%，在允差范围内的预测值比例为 59.88%，表明该模型实现精准预测的概率较高，模型具有非常好的预测能力。

2. 一级加料出料温度指标预测效果验证

基于构建的制丝过程关键工序间复杂网络模型，对一级加料出料温度指标进行预测，其模型预测值与真实值对比情况如图 5.31 所示。

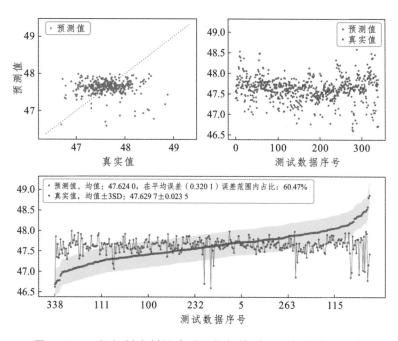

图 5.31　一级加料出料温度质量指标模型预测与真实值对比

进一步，基于制丝过程关键工序间复杂网络模型，并结合相应的制丝工艺技术标准，对一级加料出料温度的预测值和真实值进行了对比统计分析，结果见表 5.41。

表 5.41　一级加料出料温度模型预测值与真实值对比统计分析

质量指标	工艺标准	真实值（均值±3SD）	预测值		
			预测值均值	平均误差（允差范围）	预测值在真实值±允差范围内占比/%
出料温度/℃	47±3.0	47.63±0.02	47.62	0.32	60.47

从图 5.31 和表 5.41 中可以看出，一级加料出料温度质量指标的模型预测值与真实值变化趋势相似；预测值偏离真实值的平均误差为 0.32 ℃，在允差范围内的预测值比例为 60.47%，表明该模型实现精准预测的概率较高，模型具有非常好的预测能力。

3. 二级加料出料含水率指标预测效果验证

基于构建的制丝过程关键工序间复杂网络模型，对二级加料出料含水率指标进行预测，其模型预测值与真实值对比情况如图 5.32 所示。

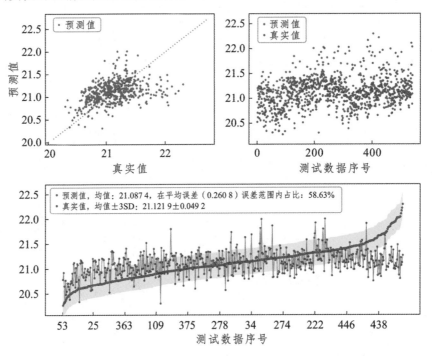

图 5.32 二级加料出料含水率质量指标模型预测与真实值对比

进一步，基于制丝过程关键工序间复杂网络模型，并结合相应的制丝工艺技术标准，对二级加料出料含水率的预测值和真实值进行了对比统计分析，结果见表 5.42。

表 5.42 二级加料出料含水率指标模型预测值与真实值对比统计分析

质量指标	工艺标准	真实值（均值±3SD）	预测值		
			预测值均值	平均误差（允差范围）	预测值在真实值±允差范围内占比/%
出料含水率/%	20.0±1.0	21.12±0.05	21.09	0.26	58.63

从图 5.32 和表 5.42 中可以看出，二级加料出料含水率质量指标的模型预测值与真实值变化趋势相似；预测值偏离真实值的平均误差为 0.26%，在允差范围内的预测值比例为 58.63%，表明该模型实现精准预测的概率较高，模型具有非常好的预测能力。

4. 二级加料出料温度指标预测效果验证

基于构建的制丝过程关键工序间复杂网络模型，对二级加料出料温度指标进行预测，其模型预测值与真实值对比情况如图 5.33 所示。

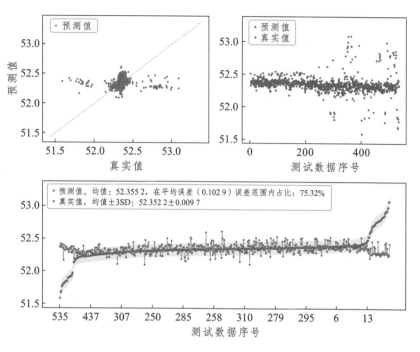

图 5.33　二级加料出料温度质量指标模型预测与真实值对比

进一步，基于制丝过程关键工序间复杂网络模型，并结合相应的制丝工艺技术标准，对二级加料出料温度的预测值和真实值进行了对比统计分析，结果见表 5.43。

从图 5.33 和表 5.43 中可以看出，二级加料出料温度质量指标的模型预测值与真实值变化趋势相似；预测值偏离真实值的平均误差为 0.10 ℃，在允差范围内的预测值比例为 75.32%，表明该模型实现精准预测的概率较高，模型具有非常好的预测能力。

表 5.43　二级加料出料温度指标模型预测结果与真实结果对比统计分析

质量指标	工艺标准	真实值（均值±3SD）	预测值		
			预测值均值	平均误差（允差范围）	预测值在真实值±允差范围内占比/%
出料温度/℃	52±3.0	52.35±0.01	52.36	0.10	75.32

5. 加香出料含水率指标预测效果验证

基于构建的制丝过程关键工序间复杂网络模型，对加香出料含水率指标进行预测，其模型预测值与真实值对比情况如图 5.34 所示。

进一步，基于制丝过程关键工序间复杂网络模型，并结合相应的制丝工艺技术标准，对加香出料含水率的预测值和真实值进行了对比统计分析，结果见表 5.44。

表 5.44　加香出料含水率指标模型预测值与真实值对比统计分析

质量指标	工艺标准	真实值（均值±3SD）	预测值		
			预测值均值	平均误差（允差范围）	预测值在真实值±允差范围内占比/%
出料含水率/%	12.5±0.5	12.56±0.03	12.56	0.07	55.65

从图 5.34 和表 5.44 中可以看出，加香出料含水率质量指标的模型预测值与真实值变化趋势相似；预测值偏离真实值的平均误差为 0.07%，在允差范围内的预测值比例为 55.65%，表明该模型实现精准预测的概率较高，模型具有非常好的预测能力。

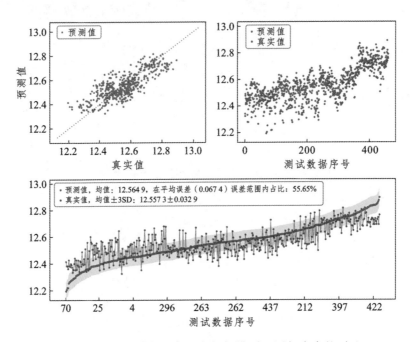

图 5.34　加香出料含水率质量指标模型预测与真实值对比

5.5　制丝过程复杂网络关系模型的迁移学习

构建的复杂网络关系模型是一种具有记忆自学习能力的快速动态全局寻优算法，该算法可随着训练样本的数量与丰富度的提高，具备更好的迁移学习能力。因此，分别采用 2017 年 1 月—8 月和 2017 年 1 月—12 月的叶丝干燥工序 MES 数据建立模型 A 和模型 B，通过对比分析模型 A 和模型 B 对制丝关键指标的预测效果以验证制丝过程复杂网络关系模型的迁移学习能力。其中，模型 B 使用的数据样本量与数据丰富度均高于模型 A。

5.5.1　不同样本量的叶丝干燥工序内复杂网络模型构建

1. 叶丝干燥工序内复杂网络模型 A 的构建

按照与前面叶丝干燥工序内复杂网络关系模型相同的构建方法，采用 2017 年 1 月 1 日—2017 年 8 月 20 日期间叶丝干燥工序生产实际 MES 数据，构建了叶丝干燥工序内复杂网络模型 A，其模型拓扑结构如图 5.35 所示。

进一步，基于上述构建的叶丝干燥工序内复杂网络模型 A，得到叶丝干燥工序关键参数与质量指标叶丝干燥出料含水率、叶丝干燥出料温度和叶丝冷却出料含水率之间的复杂网络关系，分别见表 5.45、表 5.46 和表 5.47。

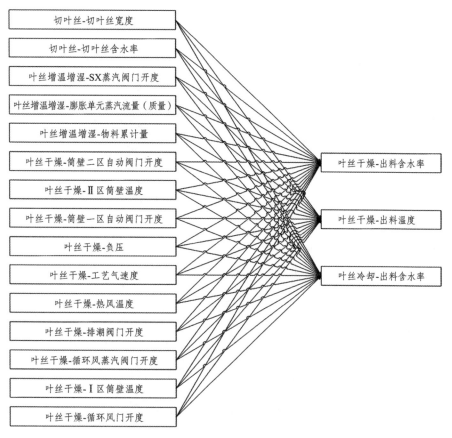

图 5.35　叶丝干燥工序内复杂网络模型拓扑结构（模型 A）

表 5.45　叶丝干燥出料含水率影响因素及量化权重（模型 A）

影响因素	参数值	影响系数	影响权重/%	前 N 项影响权重和/%
叶丝干燥-Ⅱ区筒壁温度	−0.252 8	0.252 80	24.13	24.13
叶丝干燥-筒壁二区自动阀门开度	0.168 1	0.168 10	16.04	40.17
切叶丝-切叶丝含水率	0.136 4	0.136 40	13.02	53.19
叶丝干燥-筒壁一区自动阀门开度	−0.103 1	0.103 10	9.84	63.03
叶丝干燥-负压	0.100 6	0.100 60	9.60	72.64
叶丝干燥-工艺气速度	−0.042 9	0.042 90	4.09	76.73
叶丝干燥-热风温度	0.038 6	0.038 60	3.68	80.41
叶丝干燥-排潮阀门开度	−0.034 9	0.034 90	3.33	83.75
叶丝干燥-循环风蒸汽阀门开度	−0.033 9	0.033 90	3.24	86.98
叶丝增温增湿-SX 蒸汽阀门开度	−0.032 2	0.032 20	3.07	90.05
叶丝增温增湿-膨胀单元蒸汽流量	0.032 1	0.032 10	3.06	93.12
叶丝增温增湿-物料累计量	−0.023 9	0.023 90	2.28	95.40
叶丝干燥-Ⅰ区筒壁温度	0.019 3	0.019 30	1.84	97.24
叶丝干燥-循环风门开度	−0.016 3	0.016 30	1.56	98.80
切叶丝-切叶丝宽度	−0.012 6	0.012 60	1.20	100

表 5.46　叶丝干燥出料温度影响因素及量化权重（模型 A）

影响因素	参数值	影响系数	影响权重/%	前 N 项影响权重和/%
叶丝干燥–筒壁二区自动阀门开度	0.403 9	0.403 90	26.85	26.85
叶丝干燥–筒壁一区自动阀门开度	−0.301	0.301 00	20.01	46.86
叶丝干燥–II区筒壁温度	0.246 2	0.246 20	16.37	63.23
叶丝干燥–负压	0.177 4	0.177 40	11.79	75.02
叶丝干燥–I区筒壁温度	0.080 4	0.080 40	5.34	80.36
叶丝干燥–热风温度	0.069 6	0.069 60	4.63	84.99
叶丝干燥–循环风门开度	−0.067 2	0.067 20	4.47	89.46
叶丝干燥–循环风蒸汽阀门开度	−0.032 7	0.032 70	2.17	91.63
叶丝增温增湿–SX 蒸汽阀门开度	0.030 3	0.030 30	2.01	93.64
叶丝干燥–工艺气速度	0.022 5	0.022 50	1.50	95.14
叶丝增温增湿–膨胀单元蒸汽流量	0.02	0.020 00	1.33	96.47
叶丝干燥–排潮阀门开度	0.017 9	0.017 90	1.19	97.66
切叶丝–切叶丝宽度	0.016 5	0.016 50	1.10	98.76
叶丝增温增湿–物料累计量	0.012 6	0.012 60	0.84	99.59
切叶丝–切叶丝含水率	0.006 1	0.006 10	0.41	100

表 5.47　叶丝冷却出料含水率影响因素及量化权重（模型 A）

影响因素	参数值	影响系数	影响权重/%	前 N 项影响权重和/%
叶丝干燥–II区筒壁温度	−0.218	0.218 00	25.42	25.42
切叶丝–切叶丝含水率	0.183 7	0.183 70	21.42	46.83
叶丝干燥–筒壁二区自动阀门开度	0.153 5	0.153 50	17.90	64.73
叶丝干燥–工艺气速度	−0.093 5	0.093 50	10.90	75.63
叶丝干燥–循环风门开度	−0.045 2	0.045 20	5.27	80.90
叶丝增温增湿–SX 蒸汽阀门开度	−0.041 2	0.041 20	4.80	85.71
叶丝干燥–热风温度	0.034 5	0.034 50	4.02	89.73
叶丝增温增湿–膨胀单元蒸汽流量	0.025 4	0.025 40	2.96	92.69
叶丝干燥–I区筒壁温度	0.016 2	0.016 20	1.89	94.58
叶丝增温增湿–物料累计量	−0.012 7	0.012 70	1.48	96.06
叶丝干燥–排潮阀门开度	−0.011 1	0.011 10	1.29	97.35
叶丝干燥–筒壁一区自动阀门开度	−0.011	0.011 00	1.28	98.64
切叶丝–切叶丝宽度	−0.006 1	0.006 10	0.71	99.35
叶丝干燥–循环风蒸汽阀门开度	−0.003	0.003 00	0.35	99.70
叶丝干燥–负压	0.002 6	0.002 60	0.30	100

2. 叶丝干燥工序内复杂网络模型 B 的构建

按照与前面叶丝干燥工序内复杂网络关系模型相同的构建方法，采用采用 2017 年 1 月 1 日—2017 年 12 月 31 日期间叶丝干燥工序生产实际 MES 数据，构建了叶丝干燥工序内复杂网络模型 B，其模型拓扑结构如图 5.36 所示。

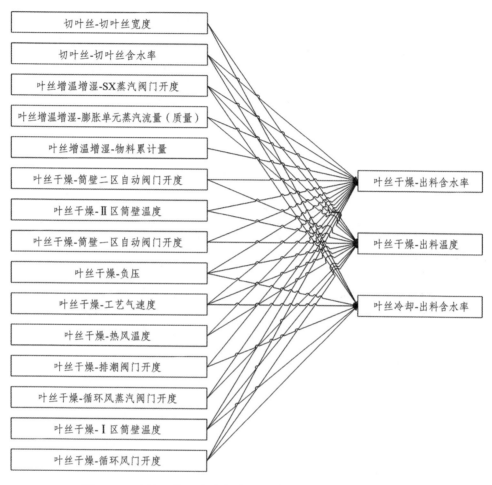

图 5.36　叶丝干燥工序内复杂网络模型拓扑结构（模型 B）

进一步，基于上述构建的叶丝干燥工序内复杂网络模型 B，得到叶丝干燥工序关键参数与质量指标叶丝干燥出料含水率、叶丝干燥出料温度和叶丝冷却出料含水率之间的复杂网络关系，分别见表 5.48、表 5.49 和表 5.50。

表 5.48　叶丝干燥出料含水率影响因素及量化权重（模型 B）

影响因素	参数值	影响系数	影响权重/%	前 N 项影响权重和/%
切叶丝－切叶丝含水率	0.961 8	0.961 8	24.996 8	24.996 8
叶丝干燥－工艺气速度	−0.869 4	0.869 4	22.596 2	47.593 1
叶丝干燥－负压	0.473 6	0.473 6	12.308 2	59.901 3
叶丝干燥－II 区筒壁温度	−0.448 9	0.448 9	11.668 3	71.569 5
叶丝干燥－筒壁一区蒸汽阀门开度	−0.266 5	0.266 5	6.926 6	78.496 2
叶丝干燥－循环风阀门开度	0.193 9	0.193 9	5.040 3	83.536 5

影响因素	参数值	影响系数	影响权重/%	前 N 项影响权重和/%
叶丝干燥-筒壁二区蒸汽阀门开度	0.170 9	0.170 9	4.442 4	87.978 9
叶丝干燥-I区筒壁温度	−0.151 4	0.151 4	3.933 9	91.912 8
叶丝干燥-排潮阀门开度	−0.117 4	0.117 4	3.052 3	94.965 1
叶丝干燥-循环风蒸汽阀门开度	−0.069 0	0.069 0	1.792 2	96.757 3
叶丝增温增湿-SX 蒸汽阀门开度	−0.042 5	0.042 5	1.105 8	97.863 0
叶丝增温增湿-物料累计量	−0.023 3	0.023 3	0.604 3	99.130 8
叶丝增温增湿-膨胀单元蒸汽流量	0.019 1	0.019 1	0.496 8	99.627 6
叶丝干燥-热风温度	0.014 3	0.014 3	0.372 4	100.00

表 5.49　叶丝干燥出料温度影响因素及量化权重（模型 B）

影响因素	参数值	影响系数	影响权重/%	前 N 项影响权重和/%
叶丝干燥-I区筒壁温度	0.728 9	0.728 9	20.445 3	20.445 3
叶丝干燥-II区筒壁温度	0.676 0	0.676 0	18.960 5	39.405 8
叶丝干燥-筒壁一区蒸汽阀门开度	−0.494 6	0.494 6	13.873 1	53.278 9
叶丝干燥-负压	0.438 4	0.438 4	12.297 7	65.576 5
叶丝干燥-工艺气速度	−0.316 6	0.316 6	8.879 9	74.456 5
叶丝增温增湿-SX 蒸汽阀门开度	0.287 1	0.287 1	8.053 1	82.509 6
切叶丝-切叶丝含水率	0.272 9	0.272 9	7.655 1	90.164 6
叶丝干燥-筒壁二区蒸汽阀门开度	−0.099 6	0.099 6	2.794 1	92.958 8
叶丝干燥-循环风阀门开度	0.092 1	0.092 1	2.584 6	95.543 4
叶丝干燥-热风温度	−0.057 2	0.057 2	1.604 2	97.147 6
叶丝干燥-循环风蒸汽阀门开度	−0.037 6	0.037 6	1.055 4	98.203 0
切叶丝-切叶丝宽度	0.035 6	0.035 6	0.998 8	99.201 8
叶丝增温增湿-膨胀单元蒸汽流量	0.028 5	0.028 5	0.798 2	100.00

表 5.50　叶丝冷却出料含水率影响因素及量化权重（模型 B）

影响因素	参数值	影响系数	影响权重/%	前 N 项影响权重和/%
切叶丝-切叶丝含水率	1.944 2	1.944 2	49.056 4	49.056 4
叶丝干燥-工艺气速度	−1.929 9	1.929 9	48.696 8	97.753 3
叶丝干燥-筒壁一区蒸汽阀门开度	−0.032 2	0.032 2	0.813 3	98.566 5
叶丝干燥-I区筒壁温度	0.020 4	0.020 4	0.514 2	99.080 7
叶丝干燥-循环风阀门开度	−0.010 6	0.010 6	0.266 4	99.347 1
叶丝干燥-循环风蒸汽阀门开度	0.008 8	0.008 8	0.222 0	99.569 1
叶丝干燥-排潮阀门开度	−0.008 4	0.008 4	0.212 0	99.781 1
叶丝增温增湿-SX 蒸汽阀门开度	0.004 5	0.004 5	0.114 1	99.895 2
切叶丝-切叶丝宽度	0.002 8	0.002 8	0.071 6	99.966 9
叶丝干燥-负压	−0.001 3	0.001 3	0.033 1	100.00

5.5.2　不同样本量的叶丝干燥工序内复杂网络模型迁移学习效果

采用 2018 年 1 月 1 日—2018 年 3 月 31 日期间的叶丝干燥工序生产实际 MES 数据作为模型验证数据，分别采用模型 A 与模型 B 对叶丝干燥工序质量指标进行预测，并对其预测效果进行了对比分析。

1. 模型 A 对叶丝干燥工序质量指标预测效果分析

采用叶丝干燥工序内复杂网络模型 A，对质量指标叶丝干燥出料含水率、叶丝干燥出料温度和叶丝冷却出料含水率的预测值与实际值进行了对比，结果分别如图 5.37、图 5.38 和图 5.39 所示。

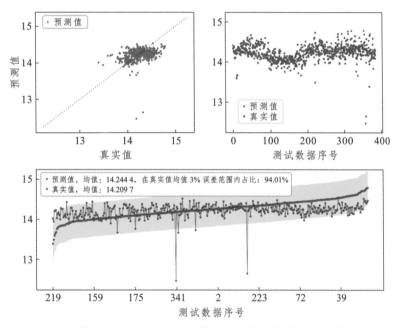

图 5.37　模型 A 对叶丝干燥出料含水率的预测值与真实值对比

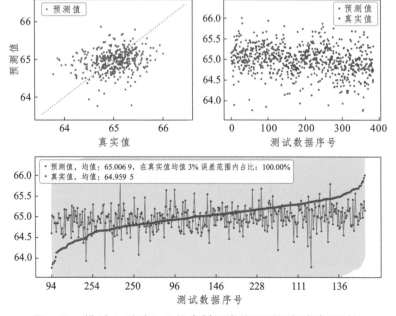

图 5.38　模型 A 对叶丝干燥出料温度的预测值与真实值对比

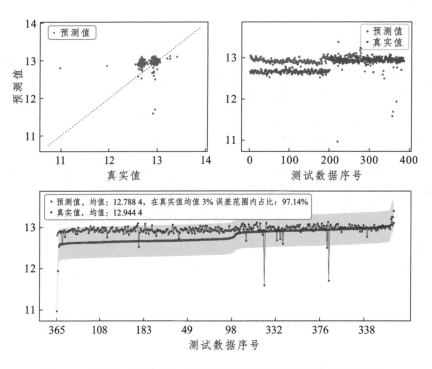

图 5.39　模型 A 对叶丝冷却出料含水率的预测值与真实值对比

2. 模型 B 对叶丝干燥工序质量指标预测效果分析

采用叶丝干燥工序内复杂网络模型 B，对质量指标叶丝干燥出料含水率、叶丝干燥出料温度和叶丝冷却出料含水率的预测值与实际值进行了对比，结果分别如图 5.40、图 5.41 和图 5.42 所示。

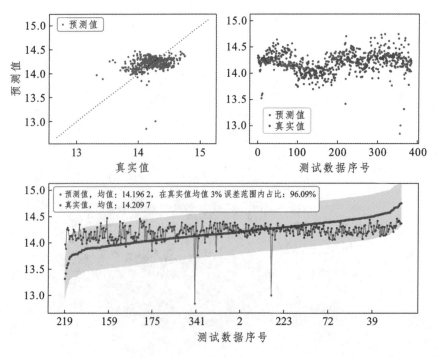

图 5.40　模型 B 对叶丝干燥出料含水率的预测值与真实值对比

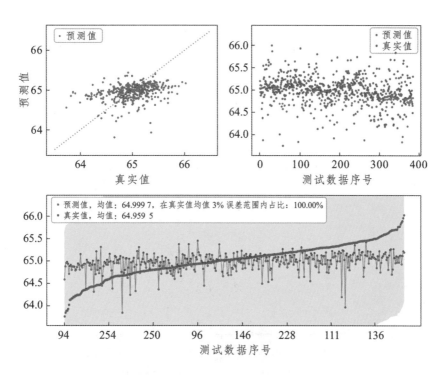

图 5.41　模型 B 对叶丝干燥出料温度的预测值与真实值对比

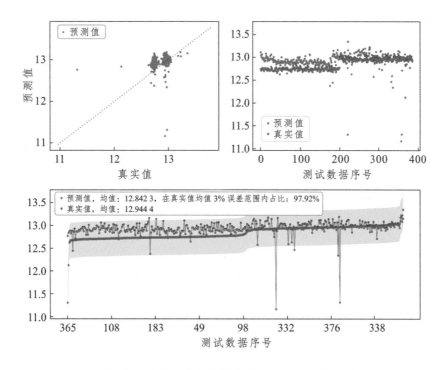

图 5.42　模型 B 对叶丝冷却出料含水率的预测值与真实值对比

3. 叶丝干燥工序内复杂网络模型 A 和模型 B 预测效果对比分析

对比分析了叶丝干燥工序内复杂网络模型 A 和模型 B 对质量指标的叶丝干燥出料含水率、叶丝干燥出料温度和叶丝冷却出料含水率的预测效果，结果见表 5.51。

表 5.51　模型 A 和 B 对 3 个质量指标的预测效果对比分析

质量指标	工艺标准	真实值	预测模型	预测值均值	预测值及其在允差范围内的占比			
					允差范围=真实值均值×3%		允差范围=平均误差	
					允差范围	真实值±允差范围/%	允差范围	真实值±平均误差范围/%
叶丝干燥出料含水率/%	14±1.0	14.21	模型 A	14.24	0.43	94.01	0.32	67.25
			模型 B	14.20	0.43	96.09	0.31	67.41
叶丝干燥出料温度/℃	65±3.0	64.96	模型 A	65.00	1.95	100	0.63	74.25
			模型 B	65.00	1.95	100	0.63	75.62
叶丝冷却出料含水率/%	12.8±0.5	12.94	模型 A	12.79	0.39	97.14	0.26	71.31
			模型 B	12.84	0.39	97.92	0.26	72.14

从表 5.51 中可以看出，模型 B 预测结果均值与真实值均值更接近，且在不同允差范围内比例占比均高于模型 A，表明模型 B 具备更高的预测准确度与精度。这说明构建的制丝过程复杂网络模型可靠可行，随着数据量的增加，复杂网络模型可进行迁移学习，不断提升预测有效性，具有较好的工业应用价值。

5.6　本章小结

本章利用大数据技术对制丝过程关键影响因素与质量指标之间的复杂网络关系进行了挖掘研究。分析了制丝过程复杂网络特征，提出并建立了基于全局寻优的制丝过程复杂网络模型构建方法；构建了制丝过程松散回潮、一级加料、二级加料、叶丝干燥、加香 5 个关键工序内复杂网络模型，揭示了各关键工序内参数与质量指标之间的复杂网络关系，定量表征了各关键参数对质量指标的影响规律和影响权重；构建了制丝过程关键工序间复杂网络模型，揭示了制丝过程前段工序参数和质量指标与后段工序质量指标之间的复杂网络关系，定量表征了前段工序参数和质量指标对后段质量指标的影响规律和影响权重；采用不同数据样本量对制丝过程复杂网络关系模型的迁移学习能力进行了研究，结果表明构建的制丝过程复杂网络关系模型具有较好的迁移学习能力；为开展制丝过程工艺参数优化设计、质量指标预测及智能调控等提供了决策知识。

第 6 章

面临的挑战及未来
发展趋势

制造业是国民经济的主体，是立国之本、兴国之器、强国之基。推动制造业高质量发展是建设现代化经济体系的内在要求。当前，全球新一轮科技革命和产业变革进入深度拓展期，信息、材料、能源、生物等领域技术群体突破，互联网、大数据、人工智能等新一代信息技术与实体经济加快融合，网络协同制造、个性化定制、共享制造等新业态新模式不断涌现，推动制造业向数字化、网络化、智能化方向深入演进，为我国统筹发挥超大规模制造优势和超大规模信息网络优势，实现制造业结构调整和产业升级提供了重要机遇。烟草行业是国民经济的重要行业，烟草产业是国家产业体系的重要组成部分。2022年10月，云南省工业和信息化厅等四部门印发了《关于加快全省制造业数字化改造推动数字化转型发展的实施意见》的通知，明确提出了要加快烟草等重点行业领域数字化转型，实现高质量发展。随着工业化与信息化深度融合，卷烟智能制造是实现烟草高质量发展的必然选择。可以预见，通过卷烟制造智能化与工业示范的实施，推进卷烟制造向数字化、网络化、智能化转变，提高卷烟制造水平和生产效率，提升中式卷烟产品质量和效益，对增强中式卷烟品牌核心制造力和高质量发展具有重要意义。

6.1 面临的挑战

中国烟草现已迈入高质量发展阶段。经过近40年的发展，中国烟草科技创新、科技进步和科技事业取得了长足的进步和发展，例如在卷烟生产制造的精细化加工、均质化生产、敏捷化制造、智能化控制、信息化管理等方面得到了全面提升，但还存在一些薄弱环节和亟须突破的瓶颈。当前中国烟草数字科技创新发展主要面临的挑战如下：

（1）全面感知系统不完善。传感器、数据分析、模型算法等科技研发水平仍处于初级阶段。目前，部分卷烟智能仓储系统只能识别卷烟产品的生产时间、货位等简单信息，无法进行进一步的统计和分析应用，对于专卖防伪等领域不具备完整的应用价值，无法满足智能化工厂的信息要求。

（2）互联互通尚未实现。数据孤岛依然普遍存在，现有科技战略数据资源未实现有效共享互联，各省（自治区、直辖市）烟草工商企业建立的物流系统、信息管理系统等无法达到信息共享、数据互联的水平，必要的数据交换不实时，准确性无从验证。这使得省级工商企业之间、烟草行业与辅材供应商之间的完整供应链的互联互通远未实现。

（3）数字化基础设施和平台建设仍处于起步阶段，掌握数字技术的科技型人才匮乏，大数据在烟草丰富应用场景中的作用尚未得到充分发挥。

（4）智能应用水平较低。这体现在国家统计局需要的工商数据一定程度上依赖各省级工商企业人工填报，无法实时收集、管控，并且由人工上报的数据不可避免地面临人为修改的风险。目前的数据收集不全面、不统一、不实时，造成行业对数据的智能化分析和处理不够。烟草创新链和产业链海量数据的获取手段不完善，对于已经收集的数据，也面临着数据仓库建设滞后、对海量数据不能充分使用等问题。

（5）还没有达到全行业规模化运作。物联网系统，需要把行业内所有的人、财、物都贴上信息标签，实时识别和管控，才能实现整体运营的规模优势。而现有的物联网技术应用还停留在物流、仓储等领域，在烟叶物流、卷烟生产物流、工商一体化物流等方面的应用仍需进一步探索。

（6）还未出现广泛适用的智能化工厂建设模式。目前，一些卷烟工厂实施的基于RFID（射频识别）的仓储物流、部分 3D 可视化等，都是零星的、区域性的智能化，还未达到整体化的智能生产管理水平。

6.2　未来发展趋势

数字化转型和智能制造是中国烟草科技创新发展和推动烟草行业高质量发展的必然选择。目前，卷烟智能制造还处于初级阶段，要系统、全面地实现数字烟草和智慧工厂还任重道远。未来 5 到 10 年，应坚持中式卷烟发展方向，以强化原料高效利用、产品质量效益持续提升、实现卷烟智能制造为目标，着力打造数字烟草。以大工艺系统化加工为引领，加快现代传感技术、大数据、云计算、人工智能等新一代信息技术与卷烟制造深度融合，构筑中式卷烟智能制造自主核心技术，系统提升原料高效利用、数字化加工和智能化制造水平，打造优质高效、敏捷智能、精准经济的现代卷烟制造体系。面向未来，中国烟草科技数字化重点发展方向如下：

1. 烟草科学大数据

烟草科学大数据必将是推动烟草产业链和创新链协同转型的关键。下一步，要深化烟草科学数据研究与应用，加快推动科研范式和研发模式向数据驱动型转变，发展重点方向主要包括以下 3 个方面：

（1）构建数据采集、加工与治理技术体系。深入开展烟草科学数据自动采集、安全传输、加工处理、科学存储等相关技术研究。建立数据实时采集监测等自动数据采集系统，研制相应的接口与工具，研发烟草科学数据汇交工具和烟草大数据融汇治理技术，构建数据采集、加工与治理技术体系，实现不同来源、不同类型、不同种类数据的汇交和融合。

（2）研究大数据分析与挖掘技术。利用大数据、机器学习、自然语言处理、神经网络、人工智能等技术，针对科技创新、烟叶生产、卷烟生产等不同应用领域和场景，开展数据治理、数据挖掘、模型算法、数据可视化等关键技术的研究开发，充分挖掘烟草科学数据的价值。

（3）研发大数据技术应用平台。针对科技创新、烟叶生产技术、打叶复烤、卷烟制造技术、市场营销、烟草物流等重点领域，研究开发相应的大数据系统平台。

2. 智慧烟叶生产

当前中国烟叶生产正处于转型升级的关键时期，为提高烟叶生产现代化水平，发展重点方向主要包括以下 5 个方面：

（1）搭建空天地一体的烟田动态监测技术体系。建设准确度和传输效率更高的农业物联网，升级多维数据获取和传输技术，为烟株营养监测与精准施肥、病虫害科学防控、产质量预测等提供支撑。

（2）研制智能化烟草农业设备。开发出一批适用性更强的水肥灌溉智能设施、烘烤信息智能获取装备、无人机、智能采收机器人等智能农机，实现传统农用设备的智能化升级。

（3）构建烟叶智慧生产决策体系。开发烟草农业大数据应用平台，研制烟叶智能生产的决策支持系统和智能烘烤工艺匹配系统，提升烟叶生产智慧化水平。

（4）打造气候智慧型健康烟草农业。创新烟田土壤健康理论与定向保育技术，实现烟田废弃物的资源化利用，提升烟草土壤生态系统固碳减排能力，实现烟草种植生态系统良性循环。

（5）加强烟草微生物组研究。运用多组学和大数据技术解析烟草微生物组，揭示其组织结构和形成机制、功能与结构的物质基础、微生物组的稳定性与可塑性、物种与环境互作机制、生物跨界的信息交流等，为行业优质烟叶产量和品质提升提供新的思路和解决方案。

3. 数字化产品设计

随着创新产品不断迭代发展，可以预见，未来烟草制品数字化设计的实现程度，将与行业各类型产品的开发速度、维护效率、品质控制和投放精度息息相关，并深刻影响整个产业的核心竞争力。下一步，数字化产品设计重点发展方向主要包括以下 4 个方面：

（1）构建烟草制品感官关键成分组群多组学技术体系。建立嗅觉、味觉和化学感官成分的感官导向分析方法和平台，构建基于代谢组学、感官组学技术的产品感官特征多维度量化评价体系，建立表征产品感官特征的数字化模型。

（2）揭示烟气成分的产生、截留、释放机制。研制烟气成分热解蒸馏和传输模拟装置，研发气溶胶原位采样技术和原位实时分析方法，阐明烟气成分的产生、截留、释放机制，构建烟气产生、截留、释放的计算机仿真模型。

（3）升级全息化学成分导向的数字化配方技术。立足近红外快速分析技术，应用机器学习、人工智能和大数据等前沿技术，构建卷烟设计全流程数据库和评价设计模型，构建涵盖复烤模块组配、叶组配方设计的多级配方数字化设计技术体系。

（4）升级降焦减害技术体系。研究通用降焦减害措施的感官提质技术，研发低焦油、低有害成分释放量的卷烟数字化设计技术，开发消费者可感知的降焦减害功能材料及应用技术，研究烟草制品中烟碱含量及释放量的精准调控技术，推进降焦减害技术集成及产品应用。

4. 卷烟智能制造

当前行业总体智能制造成熟水平位于国内中上游水平，下一步智能工厂建设重点发展方向主要包括以下 3 个方面：

（1）构建卷烟智能制造标准体系。形成以通用、安全、检测、评价、认证等基础共性标准为根本，以烟草通用智能装备、智能工厂、智能服务、智能赋能和工业网络等行业关键技术标准为支撑，以面向各系统层级和卷烟制造周期各环节应用标准为示范推广的标准体系。

（2）加强卷烟智能制造关键核心技术研发。按照"数据—信息—知识—智慧"的智能化演进路线，着力开展数字化感知、精准化加工和智能化生产等关键技术研究，构建成体系、有支撑、可掌控的卷烟智能制造应用基础和关键共性技术体系。

（3）打造智能制造成熟度更高等级的卷烟智能工厂。以智能制造标准为基础，通过卷烟智能制造关键核心技术的集成应用，构建基于数据流、决策流闭环的卷烟智能制造系统，实现从单个设备到生产线、车间乃至整个工厂的智能决策和动态优化，打造优质高效、敏捷智能、绿色环保的现代卷烟制造体系。

5. 网络信息协同建设

重点发展方向主要包括以下 4 个方面：

（1）推进建立产业链配套、供应链协同的网络化生产体系，提供具备小批量、多规格、多品牌、多类别的卷烟产品柔性化定制生产的技术平台，不断提升卷烟工业企业快速响应市场能力。

（2）充分利用网络技术和信息技术，推进卷烟工业企业内部协同，通过制造过程与业务管理系统的深度集成，实现企业内部原料、工艺、产品、设备和人员等生产要素的高度灵活配置。

（3）推进行业供应链智能协同，推动供应链内及跨供应链间企业在原料供应、产品研发、制造、管理、市场营销各环节协同，形成烟叶原料生产、收购、复烤加工到卷烟制造、市场营销的完整信息链，实现供应链数据的一网贯通，构建订单驱动生产的高效、敏捷、协同的供应链管理模式。

（4）支持卷烟工业企业加快推进"订单驱动、滚动配货、实施合同"的货源供应模式，稳步推进"按订单组织货源"向"按需求驱动生产"延伸。

6. 产品精准评价

烟草制品评价主要包括感官品质评价和安全风险评估。当前，多组学、脑科学、分子模拟技术的兴起以及微纳尺度传感器技术和人工智能技术的发展，为产品的精准评价开拓了宽广道路。下一步重点发展方向主要包括以下两个方面：

（1）研究风味感知数字化表征方法。系统考察烟草关键风味成分的受体激活模式，研究不同人群风味感知遗传基础，探索风味感知影响行为决策的神经生物学机制，实现烟草代表性风味效应在受体层面和脑区效应层面的数字化表征。创制类器官仿生的卷烟消费者感官认知量化表征系统，构建感官认知定量评价模型。

（2）构建基于中国人群的烟草制品暴露风险评估体系。建立健全烟草制品的危害性风险科学识别技术，构建基于有害结局路径的烟气毒理学模型，揭示基因多态性对烟草制品消费者吸烟行为、成瘾性和疾病风险的影响，形成完善的烟草制品暴露量评估方法，创立量化的暴露风险指数，为制定暴露风险改良烟草制品中国市场准入规则提供支撑。

总之，创新是引领发展的第一动力，数字化转型是推动新一轮科技革命和产业革命的重要引擎，是中烟草科技创新的必然选择。面向未来，烟草企业要勇当现代烟草产业链的"链长"，强化企业技术创新主体地位，坚持目标导向和结果导向，全面推进烟草行业创新链、产业链、供应链向数字化、智能化、智慧化变革；行业战略科技力量要勇当烟草原创技术的"策源地"，培养壮大数字科技人才队伍，依靠数字密集型科研新范式实现更多"从 0 到 1"的原始创新，加速烟草产业技术体系从数字化向数智化迈进；烟草产品创新要充分用数赋能，依靠科技创新培育壮大发展新动能，持续支撑行业高质量发展。

参考文献

[1] 伍乐生. 计算机仿真技术的发展现状与创新研究[J]. 吉林广播电视大学学报，2017（10）：34-35.

[2] 范文慧. 计算机仿真技术发展及其在物流行业中的应用展望[J]. 物流技术与应用，2021（9）：120-122.

[3] 汪洋. 计算机仿真技术的发展及其应用研究[J]. 信息记录材料，2021，22（12）：75-77.

[4] 候彦庆. 计算机仿真技术的应用与发展趋势[J]. 信息通信，2016，（2）：181-182.

[5] 伍乐生. 计算机仿真技术的发展现状与创新研究[J]. 吉林广播电视大学学报，2017，（10）：34-35.

[6] 李浩杰. 计算机仿真在制造业中的应用及展望[J]. 消费导刊，2019，（44）：75.

[7] 崔建亭. 计算机仿真在制造业中的应用及展望[J]. 山东工业技术，2014（23）：126.

[8] 刘智慧，张泉灵. 大数据技术研究综述[J]. 浙江大学学报（工学版），2014，48（6）：957-972.

[9] 张婧雅. 大数据在智能制造中的应用[J]. 现代工业经济和信息化，2023（11）：134-136.

[10] 熊先青，张美，岳心怡，等. 大数据技术在家具智能制造中的应用研究进展[J]. 世界林业研究，2023，36（2）：74-81.

[11] 李沂修. 云计算和大数据的特点与风险分析[J]. 电子技术，2022，51（7）：100-101.

[12] 高卓. 基于大数据分析技术的动设备运行状况预测研究[J]. 信息记录材料，2024，25（1）：127-129.

[13] 董欣格. 大数据核心课程的模块化教学设计和事件[J]. 集成电路应用，2024，41（1）：116-117.

[14] 魏明君. 大数据技术在港口航运智慧化管理中的应用[J]. 中国航务周刊，2023（51）：43-45.

[15] 郭尚志，孟菲，章光裕，等. 云计算的发展与挑战[J]. 软件，2023，44（9）：5-7；48.

[16] 吴伟，杨以兵，王清，等. 基于云计算的工业数字化转型研究[J]. 科技与创新，2023（24）：26-28；31.

[17] 陈真兴，曾怡，覃磊. 云计算技术在卷烟厂智能制造中的应用构想[J]. 数字技术与应用，2023，41（11）：29-31.

[18] 王家祥，雷艾虎，王昆能，等. 云计算技术在电力系统大数据系统中的应用[J]. 集成电路应用，2023，40（9）：288-289.

[19] 曹沁愉，刘晓楠. 基于云计算的电力大数据分析技术应用[J]. 集成电路应用，2023，40（8）：292-293.

[20] 李晓霞. 基于云计算的数据分析课程在线教育资源共享平台[J]. 信息与电脑（理论版），2023，

35（14）：9-11.

[21] 许威广，罗娜，张楠，等. 基于云计算技术的电路与电子技术教学模式研究[J]. 科技风，2024（5）：130-132.

[22] 任伟伟. 基于云计算的医疗平台建设与发展探究[J]. 投资与创业，2023，34（24）：139-141.

[23] 斯雪明，潘恒，刘建美，等. Web3.0下的区块链相关技术进展[J]. 科技导报，2023，41（15）：36-45.

[24] 方鹏，赵凡，王保全，等. 区块链3.0的发展、技术与应用[J]. 计算机应用，2024.

[25] 张一树. 区块链技术在金融风险管理中的应用于展望[J]. 商场现代化，2024（2）：127-129.

[26] 邓宾劲，李夏，刘晓凤. 基于区块链技术的产业金融数字化研究[J]. 金融科技时代，2024，32（1）：60-67.

[27] 朱敏，李冠楠，禇润堂. 区块链在教育领域中的应用[J]. 数字技术与应用，2023，41（12）：128-130.

[28] 余淇. 区块链技术在交通运输领域的应用[J]. 中国航务周刊，2023，51：49-51.

[29] 俞思伟，傅马，冯露漪，等. 卫生健康领域区块链应用现状研究与趋势分析[J]. 中国数字医学，2024，19（1）：1-6.

[30] 李余党. 物联网技术与应用发展的探讨[J]. 计算机工程应用技术，2010（7）：123-124.

[31] 高清华. 物联网技术在智慧交通中的应用研究[J]. 中国航务周刊，2024（5）：76-78.

[32] 胡斌. 物联网技术在智慧交通中的应用[J]. 无线互联科技，2023，20（16）：103-105.

[33] 杨霞，田申，龙婷. 物联网技术在智慧物流中的应用研究[J]. 物流科技，2024，47（8）：39-42.

[34] 孙杨. 物联网技术在智慧物流领域的应用[J]. 无线互联科技，2022，19（20）：36-38.

[35] 曲藩蕊. 物联网技术在智慧医疗中的应用[J]. 互联网周刊，2022（22）：45-47.

[36] 杨永泉. 物联网技术在智能制造中的应用[J]. 现代制造技术与装备，2022，58（10）：121-123.

[37] 周文武，宋巧玲，吴旭东. 物联网技术在智慧农业中的应用[J]. 南方农机，2023，54（10）：71-73.